Physikalisches Wissen im Geschlechterdiskurs

Dorit Heinsohn, Dr. phil., studierte Chemie, Evangelische Theologie und Erziehungswissenschaft an der Universität Hamburg. Nach Forschungsaufenthalten am Programm *Women's Studies* des MIT und an der Harvard University arbeitete sie an der Internationalen Frauenuniversität *ifu*. 2001 wurde sie mit dem Frauenförderpreis der Universität Hamburg für herausragendes Engagement für feministische Naturwissenschaftsforschung ausgezeichnet. Sie ist wissenschaftliche Mitarbeiterin am Fachbereich Erziehungswissenschaft der Universität Hamburg.

Dorit Heinsohn

Physikalisches Wissen im Geschlechterdiskurs

Thermodynamik und Frauenstudium um 1900

Campus Verlag
Frankfurt/New York

Gedruckt mit Unterstützung der Hans Böckler Stiftung

2. Auflage, unveränderter Nachdruck 2022
Druck und Bindung: Books on Demand

Bibliografische Information der Deutschen Bibliothek
Die Deutsche Bibliothek verzeichnet diese Publikation in der Deutschen Nationalbibliografie.
Detaillierte bibliografische Daten sind im Internet über http://dnb.ddb.de abrufbar.
ISBN 3-593-37274-6

Druck und Bindung: BoD, Norderstedt
Gedruckt auf säurefreiem und chlorfrei gebleichtem Papier.
Printed in Germany

Besuchen Sie uns im Internet: www.campus.de

für Elly und für Helga

Inhalt

Danksagung

Mit dem Erscheinen dieses Buches findet ein Projekt seinen Abschluss, das mich mehrere Jahre intensiv begleitet hat. Das Auf und Ab, das Für und Wider, der Zweifel, die Zuversicht, das Loslassen können, die pure Freude, der Stillstand – das Weitermachen wollen – und ein wenig Trotz war sicherlich auch mit dabei. All diese Gefühle teilte ich mit Menschen, die einfach bei mir waren, und mir das Wissen schenkten, dass die Fertigstellung eines Werkes allein nicht ausreicht, um Freude zu entfalten. Freude lässt sich erst erleben, wenn sie von den engsten Begleiter/innen geteilt wird. Es ist schön sich an den Moment zu erinnern, an dem sich über dieses Buch meine Mutter, Elly Heinsohn und Helga Fernández Kettler, meine Lebensgefährtin, über alle Maßen mit mir zusammen gefreut haben. Beiden ist dieses Buch in ewiger Liebe und Dankbarkeit gewidmet. Dies an dieser Stelle noch einmal hervorzuheben, ist mir wichtig.

Danken möchte ich auch von Herzen meinem Vater, für seinen umsichtigen klugen Umgang. Er hat mich auf vielen Wegen begleitet, auch auf Wegen begleitet, die er selbst nicht für richtig hielt.

Die endgültige Fertigstellung dieser Arbeit war sicherlich auch ein freudiges Ereignis für meine Doktormutter Barbara Schenk. Ihre uneingeschränkte Unterstützung gab mir die Kraft und die Ausdauer meine Arbeit erfolgreich zu beenden. Indem sie mir einen Büroraum zur Verfügung stellte, konnte ich konzentriert und kontinuierlich an meiner Dissertation arbeiten. Ein seltenes Privileg für Doktorand/innen.

Auch Sigrid Metz-Göckel möchte ich herzlich dafür danken, dass sie sich meiner Arbeit als Zweitgutachterin angenommen hat. Ich habe sie in den USA kennen- und schätzen gelernt und bin heute noch froh über ihre hilfreichen Beiträge, die in diese Arbeit hinein geflossen sind. Unvergessen natürlich auch Mechthild Oechsle für Ihre Betreuung im DFG-Graduiertenkolleg „Geschlechterverhältnis und sozialer Wandel“. Ohne die Möglichkeit eines kontinuierlichen wissenschaftlichen Austauschs wäre so manche These unformuliert geblieben.

Monika Renneberg hat mir das Exposé korrigiert und mich bei der Themenfindung beraten. Ohne Ihren inhaltlichen und persönlichen Rückhalt wäre die Verwirklichung meiner interdisziplinär ausgerichteten Arbeit nicht möglich gewesen. Skuli Sigurdsón, dem besten Networker den ich kenne, danke ich, dass er meine Bewerbung für das MIT korrigiert hat und dass er mir alle seine Kontakte zur Harvard Universität zugänglich gemacht hat. Dass ich so einen wunderbaren Einstieg in Boston fand, habe ich Petra Lucht und ihrem Ehemann Wolfgang Lucht zu verdanken. Ihre Herzlichkeit und ihre Gastfreundschaft haben es ermöglicht, dass der Aufenthalt in Boston von Beginn an gelang.

Mein Denken zu schärfen habe ich auch Everett Mendelson zu verdanken. Er war eine beständige Quelle der Ermutigung während ich an dieser Arbeit schrieb. Kurzum, er ist der beste Lehrer, den ich kenne. Mein Dank gilt Erwin Hiebert, Robert Brain und Norton Wise, die mich in den letzten Jahren zum Nachdenken herausgefordert haben. Ohne ihre durchdachten Kommentare hätte meine Arbeit nicht diese wissenschaftliche Reife erreicht.

Unschätzbar auch die Unterstützung durch Meinert Meier. Seine ermutigenden Kommentare und Korrekturvorschläge für meine Doktorarbeit haben zur Vollendung des Werkes beigetragen. Ich bin glücklich und dankbar mit Smilla Ebeling, Helene Götschel und Heike Wiesner befreundet zu sein. Sie haben meine Arbeit aufmerksam Korrektur gelesen und die Arbeit in die endgültige Fassung gebracht. Das es überhaupt soweit kommen konnte, habe ich sicherlich nicht zuletzt Fulbert Steffensky zu verdanken. Ohne sein hervorragendes Gutachten für die DFG wäre diese Publikation in dieser Form nicht zustande gekommen.

Zum Schluss möchte ich gerne den Menschen danken, die an mich gedacht bzw. um mich herum gewirkt haben, ohne vielleicht selber direkt in Erscheinung zu treten. Auch Ihnen schulde ich meinen Dank.

Rückblickend bin ich froh darüber, dass ich das Ganze nicht nur wissenschaftlich gereift überstanden habe. Die Arbeit hat mir darüber hinaus auch Einblicke in meine persönlichen Möglichkeiten und Wünsche gewährt.

1. Einleitung

> „Noch weniger aber entspricht das Studium der Physik und Chemie der weiblichen Natur. (...) der weibliche Geist [wird] versagen und erlahmen, es fehlt ihm dazu die nachhaltende Kraft und Energie.“[1]

Die Begriffe Thermodynamik und Geschlecht in einem Titel zusammen zu lesen entspricht nicht unseren Lese- und Denkroutinen. In vielerlei Situationen konnte ich in Reaktion auf diesen Titel Befremden wahrnehmen. Oft kam dieses Befremden in der Form eines herzlichen Lachens, so wie über einen absurden Gedanken gelacht wird, zum Ausdruck. Aber warum erscheint die Verbindung von Thermodynamik und Geschlecht absurd?

Versetzen Sie sich an einen konkreten Ort: Sie sind weiblich, studieren Physik und hören eine Vorlesung über Thermodynamik. Unter den ca. 300 Anwesenden erblicken sie außer sich selbst nur wenige weitere weibliche Studierende.[2] In dieser Situation, die eine von mehreren Ebenen des Zusammenhangs von Thermodynamik und Geschlecht betrifft, ist die Kategorie Geschlecht überdimensional präsent. Die Relevanz der Kategorie Geschlecht in diesem konkreten Setting ist unübersehbar und drängt sich geradezu auf. Aber gibt es einen Zusammenhang zwischen der Überrepräsentanz von Männern in dieser Wissensgemeinschaft und den Fachinhalten dieser Wissenschaft? Dem ersten Anschein nach nicht. Die überdimensionierte Geschlechtlichkeit des Faches auf der Ebene der Geschlechtszugehörigkeit ihrer Akteure – eine Physikerin hat

1 Bischoff, Theodor W.: Das Studium und die Ausübung der Medicin durch Frauen. München 1872b, S. 27.

2 Für aktuelle statistische Daten zum Anteil von Frauen in den Naturwissenschaften siehe Kap. 2.5.1.

Physik in diesem Zusammenhang eine ‚Männermonokultur' genannt[3] – korreliert auf der Ebene der Fachinhalte mit der Kategorie Geschlecht als Leerstelle. ‚Geschlecht' kommt in der Physik auf der Ebene der Fachinhalte schlichtweg nicht vor. In den physikalischen Wissenschaften werden Forschungsgegenstände nicht durch die Zuschreibung ‚männlich' versus ‚weiblich' bestimmt. Anders als bei Menschen, Tieren, Pflanzen, Bakterien und Hormonen wird physikalischen Zustandsgrößen kein Geschlecht zugeordnet – jedenfalls nicht in der gleichen expliziten Weise wie Gegenständen der Lebenswissenschaften.

Für die eben imaginierte Studentin, die eine Vorlesung über Thermodynamik hört, macht diese Paradoxie in Bezug auf die Kategorie Geschlecht, der Zustand zwischen Überdimensioniertheit auf der einen und ihr Status als Leerstelle auf der anderen Ebene, einen Teil der Widersprüche aus, die es bedeutet Physiker und weiblich zu sein.

Diese Geschlechter-Paradoxie der Ebenen der physikalischen Wissenschaften motiviert die vorliegende Untersuchung über den Zusammenhang zwischen Thermodynamik und Geschlecht auf der Ebene der Fachinhalte. Für diese Ebene lassen sich zwei Untersuchungsperspektiven unterscheiden: In der einen gilt es, die soziokulturellen Einschreibungen des gesellschaftlichen Verhältnisses der Geschlechter in die Entstehung physikalisch-chemischen Wissens zu rekonstruieren. Der Untersuchungsblick ist – bildlich gesprochen – vom Standpunkt des gesellschaftlichen Kontextes aus auf das Wechselverhältnis zwischen Gesellschaft und physikalischen Wissenschaften gerichtet und die Forschungsfrage lautet: Wie schreibt sich die Kategorie Geschlecht in die Entstehung physikalisch-chemischen Wissens ein? In der zweiten Untersuchungsperspektive des Wechselverhältnisses von physikalischen Wissenschaften und gesellschaftlichem Verhältnis der Geschlechter gilt es, den Anteil physikalisch-chemischen Wissens an Geschlechterkonstruktionen zu beschreiben. In dieser zweiten Perspektive richtet sich der Blick vom Standpunkt der physikalischen Wissenschaften aus auf das Geschlechterverhältnis und die Forschungsfrage lautet in umgekehrter Richtung: Wie geht physikalisch-chemisches Wissen in Vorstellungen über Männlichkeit und Weiblichkeit sowie in Konstruktionsprozesse ihres Verhältnisses zueinander ein?

In der vorliegenden Arbeit verfolge ich die zweitgenannte Untersuchungsperspektive und frage am Beispiel eines historisch spezifischen Gegenstandes,

---

3 Rübsamen, Rosemarie: „Feministische Forschung in der Physik? Probleme und Perspektiven". In: L. Blattmann [et al.] (Hrsg.): Feministische Perspektiven in der Wissenschaft. Zürich 1993, S. 151-168, hier S. 155.

des Diskurses über das Frauenstudium in Deutschland um 1900, ob physikalisch-chemisches Wissen Teil der Konstruktion von Männlichkeit, Weiblichkeit, Bildung und Wissenschaft war. Sollte dies der Fall sein, verlören die physikalischen Wissenschaften ein Stück weit ihren epistemologischen Sonderstatus[4], den sie durch die vermeintliche Abstraktion von soziokulturellen Prozessen beanspruchen. Die Kategorie Geschlecht verlöre ihren Status als Leerstelle und die physikalischen Wissenschaften wären Teil des Ensembles der naturwissenschaftlichen ‚Geschlechterwissenschaften', zu denen bisher allein die Lebenswissenschaften gezählt wurden.

Die Fragestellung der vorliegenden Arbeit ist originär interdisziplinär. Sowohl dem physikalisch-chemischen Fachwissen als auch dem Fachwissen der Geschlechterforschung muss Rechnung getragen werden. Dabei ist an dieser interdisziplinären Aufgabenstellung weniger das Problem, beide Positionen einnehmen zu können und mit den fachspezifischen Termini und Argumentationsweisen umgehen zu können. Die interdisziplinäre Herausforderung besteht vielmehr darin, beide Wissenskulturen miteinander zu verbinden und eine Sprache für diese Verbindung zu finden. Damit ist ein methodisches Problem angesprochen: In den physikalischen Wissenschaften stellt die Kategorie Geschlecht – wie bereits gesagt – auf der inhaltlichen Ebene eine Leerstelle dar. In ihrem Vokabular taucht der Terminus Geschlecht nicht auf. In der Geschlechterforschung hingegen ist die Kategorie Geschlecht die zentrale Erkenntniskategorie. Obwohl Geschlechterforschung theoretisch ein interdisziplinäres Forschungsfeld ist, dominieren bisher sozial- und kulturwissenschaftliche Ansätze. Die interdisziplinäre Herausforderung dieser Arbeit besteht darin, zwei wissenschaftliche Disziplinen, von der die eine die Kategorie Geschlecht nicht kennt, die andere sie zentral erforscht und von der die eine mit mathematisch-naturwissenschaftlichen, die andere mit sozial- und kulturwissenschaftlich Methoden operiert, in Verbindung zu bringen. Mit einem diskursanalytischen Ansatz ist es möglich, die beiden unterschiedlichen Wissensfelder in einem gemeinsamen Fokus zu untersuchen. Beide Wissenschaften stellen in diesem Ansatz ‚Diskurse' dar. Damit werden sie methodisch auf eine vergleichbare Ebene befördert – über alle Differenzen hinweg. Diskursanalytisch gefasst lautet die Forschungsfrage dann: Gibt es Koppelungen und Überschneidungen dieser verschiedenartigen Diskurse? Die

4 Den Begriff des ‚epistemologischen Sonderstatus' entlehne ich: Heintz, Bettina: „Wissenschaft im Kontext. Neuere Entwicklungen der Wissenschaftssoziologie". In: Kölner Zeitschrift für Soziologie und Sozialpsychologie. Jg. 45, Nr. 3 (1993), S. 528-552, hier S. 531.

Aufgabe ist, diese Diskursüberschneidungen zu untersuchen und zu fragen, inwieweit physikalisch-chemisches Wissen dabei als Geschlechterwissen fungierte.

Mit der übergeordneten Fragestellung nach dem Verhältnis von Geschlecht und physikalisch-chemischem Wissen ist die Arbeit im Forschungsfeld der feministischen Naturwissenschaftsforschung verortet. Der historische Untersuchungsgegenstand des Frauenstudiumsdiskurses liefert darüber hinaus Beiträge zur Geschlechtergeschichte im Allgemeinen und zur historischen Bildungsforschung im Besonderen.

Im zweiten Kapitel systematisiere ich das Forschungsfeld der feministischen Naturwissenschaftsforschung und unterscheide dabei drei Forschungsperspektiven (2.5). Ich beschreibe den Entstehungskontext in Deutschland (2.1), arbeite querliegende Problemfelder heraus wie die Frage der Objektivität (2.2), den Umgang mit der Kategorie Geschlecht (2.3) und der Herausforderung der Interdisziplinarität (2.4). Am Forschungsstand der feministischen Naturwissenschaftsforschung wird eine Grenzziehung zwischen den Lebenswissenschaften und den als ‚hart' titulierten physikalischen Wissenschaften sichtbar, die das Forschungsdefizit benennt, das die vorliegende Arbeit zu schließen beabsichtigt (2.6).

Die Frage nach dem Anteil physikalisch-chemischen Wissens an Geschlechterkonstruktionen wird im dritten Kapitel historisch an einem konkreten Gegenstand untersucht, dem Diskurs über das Frauenstudium in Deutschland um 1900. Wie lässt sich die Forschungsfrage an die historischen Quellen herantragen, und welche Theorie leitet die Sprachwahl bei der Rekonstruktion des Verhältnisses von physikalischen Wissenschaften und Geschlechterpolitik? Die theoretischen Annahmen und methodischen Werkzeuge, welche die Durchführung der historischen Fallstudie leiten, sind durch Michel Foucault und Jürgen Link inspiriert. Begriffe wie Diskurs, Interdiskurs, Grenzziehung, Normalisierung sind theoriegeladen und werden an dieser Stelle eingeführt (3.1). Welche historischen Quellen eignen sich für die spezielle Fragestellung nach Anteilen physikalisch-chemischen Wissens im Diskurs über das Frauenstudium? Die Diskussion dieser Frage leitet den Vergleich verschiedener Quellenkorpora ein und führt zur Präsentation der Studie von Arthur Kirchhoff zum Frauenstudium, die das Quellenmaterial für die vorliegende Fallstudie darstellt (3.2). Für den diskursanalytischen Erkenntnisprozess ist es wichtig, eine epistemologische Offenheit in dem Sinne zu praktizieren, dass mögliche Diskursverknüpfungen nicht vorschnell ausgeschlossen werden. Dies ist die Motivation für die Präsentation von Argumentationsfiguren, die nicht direkt auf naturwissenschaftliches Wissen rekurrieren und als übergreifend zu bezeichnen sind (3.3). Durch diese Strukturierung behalten die Argumentationsfiguren, die auf naturwissenschaftliches Wissen im Allgemeinen und physikalisch-chemisches Wissen im Besonderen rekurrieren, ihren Kontext (3.4). An dieser Stelle kommt die Thermodynamik in den Blick, denn in zwei Argumentationsfiguren wird eine Koppelung mit thermodynamischen Diskurselementen deutlich. Das Kapitel schließt nach dem Fazit (3.5) mit einer geschlechtertheoretischen Zwischenreflexion zum Verhältnis von Naturwissenschaften und Geschlechterkonstruktion (3.6).

An die empirischen Ergebnisse des dritten Kapitels anknüpfend, werden im vierten Kapitel Verweise auf thermodynamisches Wissen im Diskurs über das Frauenstudium verfolgt. Der Energieerhaltungssatz, auf den in zwei Argumentationsfiguren vermittelt verwiesen wurde, steht dabei im Mittelpunkt. Seine zentralen Gehalte, vor allem die Konstanzidee, und die Begriffe ‚Kraft', ‚Energie', ‚Wärme' und ‚Arbeit' werden wissenschaftshistorisch kontextualisiert (4.1).

Die interdiskursiven Konzepte ‚Energie' und ‚Arbeit' nahmen eine wichtige Funktion in der Koppelung von thermodynamischen und Körperdiskursen ein, die ich in der Metapher des Körpers als thermodynamischer Maschine identifiziere. Die thermodynamische Methode fand auf dem Gebiet der Stoffwechselphysiologie Anwendung, und die Vertreter dieses Forschungsprogramms nannten sich bezeichnenderweise ‚organische Physiker'. Zusätzliche Überschneidungen mit ökonomischen Diskursen ließen eine Diskursstruktur entstehen, die ich als ‚energetische Ökonomie des Menschen' bezeichne (4.2).

Die Geschlechtsspezifik dieser Diskursstruktur und die Einschreibung evolutionsstheoretischer Diskurselemente werden im darauf folgenden Abschnitt rekonstruiert (4.3). Dabei lassen sich drei Elemente der Verknüpfung von Thermodynamik, Physiologie, Ökonomie und Evolutionsbiologie unterscheiden: das Modell des begrenzten Energievorrats (4.3.1), das Spencersche Gesetz vom Antagonismus zwischen Individuation und Fortpflanzung (4.3.2) sowie das Prinzip der geschlechtsspezifischen physiologischen Arbeitsteilung (4.3.3). Das Netz von Diskursüberschneidungen, für das ich den Begriff ‚energetische Ökonomie der Geschlechterdifferenz' einführe, stellt das Ergebnis der Rekonstruktion dar und schließt den Kreis zur Forschungsfrage sowie zum empirischen Befund der historischen Fallstudie. Die energetische Ökonomie der Geschlechterdifferenz belegt, dass physikalisch-chemisches Wissen sich um 1900 in Geschlechterkonstruktionen einschrieb. Anhand der diskursanalytischen Rekonstruktion erschließen sich Modi, in denen der Zusammenhang zwischen Thermodynamik und Geschlecht erfassbar ist.

Feministische Kritiken zur Diskurstheorie haben auf die Notwendigkeit hingewiesen, einer Verstärkung hegemonialer Diskurse entgegenzuwirken und Diskurse als heterogen, widersprüchlich und um Hegemonie ringend zu fassen.[5] Damit wurde die Frage der Möglichkeit von Widerständigkeit im Rahmen der Diskurstheorie als Machttheorie angesprochen. Der Blick auf Aktivistinnen der ersten Frauenbewegung und die Diskussion ihrer Rezeption der energetischen Ökonomie der Geschlechterdifferenz öffnet den Blick für die historischen Varianten diskursiver Widerstandstrategien (4.4).

Im Schlusskapitel kehre ich zu der eingangs gestellten Forschungsfrage zurück und diskutiere sie in pointierter Weise unter Bezugnahme auf die Ergebnisse der vorliegenden historischen Fallstudie. Ausblickend argumentiere ich für einen Perspektivenwechsel in der erziehungswissenschaftlichen Diskussion um Geschlechterverhältnisse und naturwissenschaftliche Bildung und formuliere Konsequenzen für die Fachdidaktik der Physik und Chemie. Für die Weiterentwicklung der Forschung zu physikalischen Wissenschaften und Geschlecht zeige ich Perspektiven auf und präsentiere einen Vorschlag, wie die vorliegenden Fallstudie zu Thermodynamik und Geschlecht um 1900 erweitert werden könnte.

5 Vgl. Raab, Heike: Foucault und der feministische Poststrukturalismus. Dortmund 1998, S. 56, 60-62.

2. Feministische Naturwissenschaftsforschung – Zum Forschungsstand

Was ist feministische Naturwissenschaftsforschung? Woher kommt sie? Und worum geht es? Diese Fragen sind die Leitschnur durch dieses einführende Kapitel, welches das interdisziplinäre Forschungsfeld, in dem diese Arbeit situiert ist, beschreiben und auf das Forschungsdefizit, an das ich anknüpfe, hinführen wird.

Historische Bezüge des Entstehungskontextes dieses Forschungsfeldes reichen in die Naturwissenschaftlerinnen- und Technikerinnenbewegung der späten 1970er Jahre (Kap. 2.1). Von Anfang an begleitete eine Objektivitätskritik und das Ringen um alternative Objektivitätsentwürfe die feministische Naturwissenschaftsforschung (Kap. 2.2).

Die Verwendung der Analysekategorien Frau, Geschlecht, biologisches Geschlecht und soziales Geschlecht haben sich in der Entwicklung des Forschungsfeldes gewandelt und sind weiter in Diskussion. Ich beschreibe den Wandel im Umgang mit diesen Kategorien (Kap. 2.3) und analysiere anhand dieser Thematik das Verhältnis zwischen feministischer Naturwissenschaftsforschung und gesellschaftswissenschaftlicher Geschlechterforschung (Kap. 2.4). Dieses Verhältnis führt weiter zu einer Auseinandersetzung mit der Verortung der feministischen Naturwissenschaftsforschung zwischen den Disziplinen bzw. zwischen den beiden großen Wissenschaftskulturen.

Um die Frage zu beantworten, worum es bei feministischer Naturwissenschaftsforschung geht, stelle ich eine Systematik vor, welche die multiplen Forschungsperspektiven auf den Gegenstand ‚Geschlecht und Naturwissenschaft', die in diesem Forschungsfeld entwickelt wurden, darstellt (Kap. 2.5).

Der Forschungsstand belegt einen Mangel an Arbeiten zum Zusammenhang von Geschlecht und den sogenannten harten Naturwissenschaften. Gibt es einen Zusammenhang zwischen der sogenannten Härte der physikalischen Wissenschaften und dem Forschungsdefizit in der feministischen Naturwissenschaftsforschung? (Kap. 2.6) Mit Überlegungen zu dieser Frage schließe ich das Kapitel und leite über zur historischen Fallstudie zu ‚Thermodynamik und Geschlecht'.

2.1 „Naturwissenschaftlerinnen und Technikerinnen in Bewegung“[6] – Zum Kontext der Entwicklung eines Forschungsfeldes

In der Bundesrepublik Deutschland war der Beginn der Naturwissenschaftlerinnen- und Technikerinnenbewegung zugleich der Entstehungskontext für das Forschungsfeld ‚feministische Naturwissenschaftsforschung‘[7]:

„Wissenschaftstheoretische Analysen der Naturwissenschaft und Technik unter der Berücksichtigung des Geschlechterverhältnisses nahmen in der Bundesrepublik Ende der 70er Jahre ihren Anfang in den Diskussionen auf den *Kongressen von Frauen in Naturwissenschaft und Technik.*“ (Herv. i. O.)[8]

Zum ersten Kongress im Jahr 1977, damals noch „Treffen von Frauen in Naturwissenschaft und Technik“ genannt, kamen 60 Naturwissenschaftlerinnen und Technikerinnen; inzwischen nehmen ca. 600 Frauen an diesem jährlich stattfindenden Kongress teil. Zunächst ging es den Kongressteilnehmerinnen um einen Erfahrungsaustausch und um die Möglichkeit, kollektiv Strategien gegen Marginalisierung und Diskriminierung zu entwickeln. Diese berufspolitische Kritik wurde allerdings schnell auf eine Kritik an den Inhalten, Methoden und Konsequenzen der Naturwissenschaften ausgeweitet. Schon auf dem ersten Kongress im Jahr 1977 gründete sich der Arbeitskreis „Theorie und Geschichte“, später die Frauenredaktionsgruppe der naturwissenschaftskritischen Zeitschrift „Wechselwirkung“ und der Arbeitskreis „Feministische Kritik und Theorie“.[9]

6 Götschel, Helene: Naturwissenschaftlerinnen und Technikerinnen in Bewegung. Zur Geschichte des Kongresses von Frauen in Naturwissenschaft und Technik 1977 bis 1989. Mössingen-Talheim 2001.

7 Eine Geschichte des Forschungsfeldes, die frühere feministische Kritik an naturwissenschaftlichen Konstruktionen hierarchischer Geschlechterdifferenz rekonstruiert, gilt es noch zu schreiben. Einen ersten Schritt, auch die erste Frauenbewegung einzubeziehen, unternehme ich in Kapitel 4.4. Heike Wiesner gab den Hinweis, dass schon zu einer Zeit, in der Frauen noch keine allgemeine Hochschulzugangsberechtigung hatten, feministische Kritiken an Naturwissenschaften formuliert wurden und nannte die Repliken von Johanna Elberskirchen und Oda Olberg auf das prominente antifeministische Werk von Paul Julius Möbius ‚Über den physiologischen Schwachsinn des Weibes‘ als Beispiele. Vgl. Wiesner, Heike: Die Inszenierung der Geschlechter in den Naturwissenschaften. Wissenschafts- und Genderforschung im Dialog. Frankfurt a. M. und New York 2002, S. 25.

8 Götschel 2001 a.a.O., S. 315. Für das ausführliche Argument und seine historischen Belege siehe dort das Kapitel 5 „Feministische Naturwissenschaftsforschung“.

9 Vgl. Götschel 2001 a.a.O., S.166.

Aus dem letztgenannten Kreis entstanden die ersten deutschsprachigen Aufsätze zur feministischen Naturwissenschaftsforschung. Sie wurden zunächst 1981 in wissenschaftskritischen Fachzeitschriften veröffentlicht. 1983 machte Luise Pusch sie durch die Aufnahme in ihren Sammelband „Feminismus: Inspektion der Herrenkultur" einer größeren Öffentlichkeit bekannt. Die Autorinnen dieser beiden ersten Aufsätze sind die Physikerin Rosemarie Rübsamen und die Stadtplanerin Christiane Erlemann, beide Mitinitiatorinnen der Naturwissenschaftlerinnen- und Technikerinnenbewegung in der Bundesrepublik Deutschland.[10]

Rosemarie Rübsamen nahm in ihrem Aufsatz, den sie unter einem Pseudonym veröffentlichte, um sich vor negativen Auswirkungen im Rahmen ihres physikalischen Forschungsinstituts zu schützen, die Probleme von Naturwissenschaftlerinnen und Technikerinnen mit ihrem Beruf und Studienfach zum Ausgangspunkt, um dann festzustellen,

„(...) daß es mehr – oder überhaupt nur – an den Zielen und Inhalten unserer Fächer liegt, an den vielen unbeantworteten Fragen nach Zusammenhängen und Konsequenzen unserer Tätigkeit (...). Wir fragen uns: Welches sind die Ziele der Technik in einer patriarchalischen Gesellschaft? Und: Sagen die Naturgesetze vielleicht weniger (oder gar nichts) über die Natur aus, aber sehr viel über die patriarchalische Brille, durch die ‚die Natur' gesehen wird?"[11]

Für den US-amerikanischen Kontext ist eine vergleichbare Entwicklung festzustellen: Zunächst reflektierten Naturwissenschaftlerinnen über ihre berufliche Situation und weiteten die Kritik dann auf die Inhalte und Methoden von Naturwissenschaft und Technik aus.[12] Ein Unterschied zwischen der Entwicklung in den USA und der im deutschsprachigen Kontext ist jedoch, dass es eine dem „Kongress von Frauen in Naturwissenschaft und Technik" vergleichbare nichtakademische Organisation in den USA – bis heute – nicht gibt. In den USA waren es eher individuelle Wissenschaftlerinnen, die Impulse für feministische Kritiken an Naturwissenschaft und Technik gaben. Evelyn Fox Keller beschrieb in einem Rückblicksartikel von 1995, dass ihr eigener Aufsatz aus dem Jahr 1978 zur Kritik an den Paradoxien der Quantenmechanik die erste Veröffentlichung in

10 Rübsamen, Rosemarie (alias Kirschstein, Karin): „Patriarchat – der (un-)heimliche Inhalt der Naturwissenschaft und Technik". In: Wechselwirkung. Jg. 2, Nr. 8 (1981), S. 28-32 und in: Luise Pusch (Hrsg.): Feminismus. Inspektion der Herrenkultur. Frankfurt a. M. 1983, S. 290-307. Erlemann, Christiane: „Was ist feministische Architektur?". In: Arch+. Nr. 60 (1981), S. 43-45 und in: Luise Pusch (Hrsg.): Feminismus. Inspektion der Herrenkultur. Frankfurt a. M. 1983, S. 279-289.

11 Rübsamen 1983 a.a.O., S. 292.

12 Keller, Evelyn Fox: „Women in Science: A Social Analysis". In: Harvard Magazine. Oktober (1974), S. 14-19.

den USA war, in der der Begriff ‚Gender and Science' (ein äquivalenter Begriff zum deutschen der ‚feministischen Naturwissenschaftsforschung') auftauchte.[13]

Zwei Bücher aus dem US-amerikanischen Kontext hatten in den 80er Jahren einen großen Einfluss auf Diskussionen im deutschsprachigen Kontext: „Der Tod der Natur" von Carolyn Merchant und „Liebe, Macht und Erkenntnis" von Evelyn Fox Keller.[14] Merchant, eine der ersten feministischen Wissenschaftshistorikerinnen, zeigte die Bedeutung der Metapher ‚die Natur als Frau' im Übergang vom organizistischen Weltbild zum mechanistischen Weltbild im 16. und 17. Jahrhundert. Die Natur war von den Humanisten und Alchimisten zuvor in einer anthropomorphen Weise als Frau imaginiert worden. Mit der ‚mechanistischen Naturphilosophie' ersetzte das Bild der leblosen Materie die menschlich-weiblichen Eigenschaften der Natur.

„Der Prozeß der Mechanisierung des Weltbildes beseitigte die Hemmschwellen gegen die Umweltausbeutung (...). Der Mechanismus übernahm von der Naturmagie die Idee der Manipulierbarkeit der Materie, entkleidete die Materie jedoch ihrer Lebendigkeit und vitalen Wirksamkeit. Passivität der Materie, Äußerlichkeit der Bewegung und Beseitigung der weiblichen Weltseele veränderten den Charakter der Kosmologie und der mit ihr zusammenhängenden normativen Handlungshemmungen."[15]

Merchant zeigte, dass trotz dieses Metaphernwandels und dem Verschwinden des Anthropomorphismus die geschlechtspezifische Metaphorik in der mechanischen Naturphilosophie erhalten blieb. Sie argumentierte, dass der Paradigmenwechsel vom Organizismus zum Mechanismus einen symbolischen Gewaltakt sowohl gegen ‚die Natur als Frau' als auch gegen ‚die Frau als Natur' implizierte.

Evelyn Fox Keller, Physikerin und Wissenschaftshistorikerin, untersuchte in ihrem Buch „Liebe, Macht und Erkenntnis" die populäre Gleichsetzung von Männlichkeit und Objektivität aus historischer, psychologischer und wissenschaftstheoretischer Perspektive. Keller analysierte die Geschlechtsmetaphorik in Platons und Francis Bacons Erkenntnistheorien. Die Differenzen der Geschlechtermetaphorik Platons und Bacons kennzeichnete Keller folgendermaßen: „Die

13 Keller, Evelyn Fox: „Origin, History, and Politics of the Subject Called ‚Gender and Science's – A first Person Account". In: Sheila Jasanoff [et al.] (Hrsg.): Handbook of Science and Technology Studies. Thousand Oaks 1995, S. 80- 94.

14 Merchant, Carolyn: Der Tod der Natur. Ökologie, Frauen und neuzeitliche Naturwissenschaft. München. 2. Aufl. 1994 [am. Orig. 1980] und Keller, Evelyn Fox: Liebe, Macht und Erkenntnis. Männliche oder weibliche Wissenschaft? München, Wien 1986 [am. Orig. 1985].

15 Merchant 1994 a.a.O., S. 124f.

homoerotische Vereinigung wird ersetzt durch die heterosexuelle Unterwerfung."[16] Gemeinsam ist ihnen:

„In keinem der beiden Entwürfe ist die materielle Natur (die bei Platon und Bacon weiblich ist) in eine partnerschaftliche Liebesbeziehung einbezogen: In dem einen wird sie in einen anderen Bereich verwiesen, in dem anderen wird sie verführt und unterworfen."[17]

Untersuchte Keller im ersten Teil das geschlechtskonnotierte Verhältnis zwischen Wissenschaftler und Natur im naturwissenschaftlichen Erkenntnisprozess aus historischer Perspektive, nahm sie im zweiten Teil mit Hilfe der Objektbeziehungstheorie Donald W. Winnicotts eine psychoanalytische Perspektive auf das Subjekt-Objekt-Verhältnis in dem selben Prozess ein. Keller betrachtete emotionale und kognitive Entwicklung bzw. die Entwicklung von Autonomie und Objektivität parallel. An beide herkömmliche Konzepte richtete sie die Kritik einer zu strikten Abgrenzung in der Subjekt-Objekt-Beziehung. Anhand des Forschungsstils der Genetikerin Barbara McClintock und ihre psychoanalytischen Argumente aufgreifend, entwickelte Keller das feministische, alternative Konzept einer ‚dynamischen Objektivität'.[18]

Im dritten Teil wendete sie sich aktuellen Theorien und Praxen aus den Bereichen theoretische Physik, Genetik und theoretische Biologie zu. Anhand der Diskussionen zur Interpretation der Quantenmechanik machte sie das beharrliche Festhalten an einem positivistischen und objektivistischen Naturwissenschaftsverständnis deutlich, auch wenn immer wieder behauptet werde, dass dieses Wissenschaftsverständnis in der Physik mit der Durchsetzung der Relativitätstheorie und Quantenmechanik überwunden worden sei.

1989 erschien ein erstes deutschsprachiges Überblickswerk zur feministischen Naturwissenschaftsforschung.[19]

Der jährliche Kongress von Frauen in Naturwissenschaft und Technik ist weiter ein Rahmen für die fortlaufende Diskussion zur feministischen Naturwissenschaftsforschung.[20] Eine Institutionalisierung des Forschungsfeldes ist in Deutschland bisher noch nicht erreicht. In den USA, Großbritannien, Österreich und den Niederlanden hat teilweise eine Institutionalisierung im Rahmen von

---

16 Keller 1986 a.a.O., S. 38.

17 Ebd.

18 Zu diesem Konzept siehe mein folgendes Kapitel 2.2.1.

19 Maurer, Margarete: Feministische Kritik an Naturwissenschaft und Technik – Eine Einführung. Interdisziplinäres Zentrum für Hochschuldidaktik der Universität Hamburg (Hrsg.). Hamburg 1989.

20 Im Jahr 2001 fand dieser Kongress in Wien statt und hatte ‚Wissenschaftskritik' zum Schwerpunktthema. Vgl. http://fluminut.at, letzter Zugriff am 21.11.2001.

Graduiertenprogrammen zu ,Science, Technology, and Society' (STS) stattgefunden.[21] In Schweden wurde an der Luleå University of Technology ein Gender & Technology-Department gegründet.[22] Einmalig (nicht allein für Schweden, sondern für ganz Nordeuropa) ist an diesem Fachbereich, dass feministische Naturwissenschafts- und Technikforschung in einer technischen Fakultät angesiedelt ist. In diesen neuen institutionellen Kontexten entstehen sowohl in der Lehre als auch in der Forschung produktive Überschneidungen zwischen feministischen und naturwissenschaftlich-technischen Diskursen.

2.2 Die Objektivitätsfrage in der feministischen Naturwissenschaftsforschung

Wie halten feministische Naturwissenschaftsforscherinnen es mit der Objektivität? Ist eine feministische Objektivität denkbar? Objektivität und Kritik an traditionellen Konzepten von Objektivität in den Naturwissenschaften ist ein Dreh- und Angelpunkt feministischer Naturwissenschaftsforschung.

Das Offenlegen von Androzentrismus und Sexismus in wissenschaftlichen Beschreibungen und Erklärungen über ,die Natur' und ,die Natur der Frau' führte zu einer Kritik an der vermeintlichen Wertneutralität naturwissenschaftlichen Wissens und an dem Konzept, das den Kern des Selbstverständnisses von Wissenschaft trifft: wissenschaftliche Objektivität.

Aber kann feministische Kritik dabei stehen bleiben, diskriminierende Strukturen in den Naturwissenschaften aufzudecken und zu zeigen, dass Naturwissenschaft den eigenen Objektivitätsstandards nicht genügt? Wie könnte eine ,bessere' Naturwissenschaft aussehen? Welche Schlussfolgerungen sind aus der Erkenntnis zu ziehen, dass naturwissenschaftliches Wissen sozial konstruiert ist? Geht durch die sozialkonstruktivistische Auffassung von Naturwissenschaft die Möglichkeit verloren, darüber zu urteilen, welches Wissen das ,bessere' ist, da ja alles Wissen ohne Ausnahme sozial konstruiert ist?

---

21 In den USA gibt es laut Carl Mitcham an ungefähr einem Drittel der 3000 amerikanischen Colleges und Universitäten ausdrücklich mit ,STS' bezeichnete Kurse und ca. 100 anerkannte STS-Programme. Mitcham, Carl: „Interdisziplinäre Technikforschung und Programme fachübergreifender Studien der Wissenschaft, Technik und Gesellschaft". In: Fricke, Else (Hrsg.): Interdisziplinäre Technikforschung und Ingenieurausbildung. Bonn 1992, S. 87-111 zitiert nach Wiesner 2002 a.a.O., S. 21.

22 Vgl. http://www.luth.se/depts/arb/genus_tekn/indexen.htm, letzter Zugriff am 27.03.2001.

Neben diesen Fragen ging es in den Diskussionen am Anfang der 1980er Jahre auch um die radikale Frage, ob Feministinnen nicht gänzlich auf das Anknüpfen an das ‚männliche Projekt' der Naturwissenschaft verzichten sollten. Für die meisten feministischen Naturwissenschaftsforscherinnen, die oft noch in den Naturwissenschaften forschten oder dies lange getan hatten, war dies keine Option. Wie Keller in dem folgenden Zitat hervorhob, ging es darum, für Veränderungen einzutreten:

„Indem man die Objektivität als ein männliches Ideal ablehnt, leiht man seine Stimme einem Chor von Feinden und verurteilt die Frauen dazu, sich aus der Realpolitik der modernen Kultur herauszuhalten. Damit wird eben das Problem verschärft, das hierdurch gelöst werden sollte."[23]

Mit dem Entschluss, sich als feministische Naturwissenschaftsforscherinnen nicht von dem gesellschaftlichen Projekt ‚Naturwissenschaft' auszuschließen, wurden alternative Epistemologien und Konzepte von Objektivität entwickelt. In den folgenden drei Abschnitten stelle ich feministische Epistemologien naturwissenschaftlicher Erkenntnis vor[24] und kontrastiere diese in einem vierten Abschnitt mit Beiträgen aus der neueren Wissenschaftsforschung.

---

23 Keller, Evelyn Fox: „Feminism and Science". In: Signs. Jg. 7, Nr. 3 (1982), S. 589-602, hier S. 593.

24 Weitere alternative Objektivitätskonzepte legten die Wissenschaftsphilosophin Helen Longino (‚contextual empiricism') und die theoretische Physikerin Karen Barad (‚agential realism') vor. Siehe Longino, Helen: Science as Social Knowledge: Values and Objectivity in Scientific Inquiry. Princeton 1990, besonders S. 215-232 und dies.: „Knowledge, Bodies, and Values: Reproductive Technologies and their Scientific Context". In: Inquiry. Nr. 35 (1992), S. 232-340. Siehe Barad, Karen: „Meeting the Universe Halfway: Realism and Social Constructivism without Contradiction". In: Lynn Hankinson Nelson und Jack Nelson (Hrsg.): Feminism, Science, and the Philosophy of Science. Dordrecht 1996, S. 161-194 und dies.: „A Feminist Approach to Teaching Quantum Physics". In: S. V. Rosser (Hrsg.): Teaching the Majority: Breaking the Gender Barrier in Science, Mathematics, and Engineering. New York 1995. Für weitere Beiträge zur Diskussion um eine feministische Objektivitätskritik siehe Bordo, Susan: The Flight to Objectivity: Essays on Cartesianism & Culture. Albany 1987; Fee, Elizabeth: „Women's Nature and Scientific Objectivity". In: Marion Lowe und Ruth Hubbard (Hrsg.): Woman's Nature: Rationalizations of Inequality. New York 1981; Harding, Sandra und Hintikka, Merril (Hrsg.): Discovering Reality. Feminist Perspectives on Epistemology, Metaphysics, Methodology, and the Philosophy of Science. Dordrecht 1983; Nelson, Lynn Hankinson: Who Knows: From Quine to a Feminist Empiricism. Philadelphia 1990.

2.2.1 Dynamische Objektivität

Keller entwarf an psychoanalytische Theorien und den Forschungsstil der Genetikerin McClintock anknüpfend ein Konzept von Objektivität, das sie als dynamisch bezeichnete und der dominanten statischen Auffassung von Objektivität gegenüberstellte.[25] Angelehnt an die Forschungspraxis McClintocks formulierte Keller die Anerkennung von Differenz als eine zentrale erkenntnistheoretische Voraussetzung für eine ‚dynamische Objektivität':

> „Für McClintock erfüllt die Anerkennung der Differenz diese beiden Funktionen. Wenn sie sieht, daß etwas nicht zu passen scheint, so ist das eine Herausforderung für sie, das nächstgrößere vieldimensionale Muster herauszufinden, in das es hineinpaßt. Abnorme Körner einer Maispflanze sind nicht ein Beweis für Unordnung oder Ungesetzmäßigkeit, sondern für ein übergeordnetes Ordnungssystem, das nicht auf ein einziges Gesetz reduziert werden kann. Differenz erfordert also eine Art der Beschäftigung und des Verstehens, die den Schutz des Individuellen ermöglicht."[26]

Keller zog Parallelen zwischen dem emotionalen und dem kognitiven Subjekt-Objekt-Verhältnis. Die Erkenntnishaltung der herkömmlichen ‚statischen Objektivität' sei geprägt durch die Leugnung des Ichs im Erkenntnisprozess. Demgegenüber beschrieb sie ‚dynamische Objektivität' als „(...) ein Streben nach Wissen, das sich der subjektiven Erfahrung (...) im Interesse einer effektiveren Objektivität bedient."[27]

Auch wenn Kellers Entwurf nur skizzenhaft ist, sind ihre Betonung von ‚Differenz' und eines dynamischen Subjekt-Objekt-Verhältnisses, besonders durch ihre Veranschaulichung durch Beispiele aus der Forschung der Genetik und der Physik, wichtige Argumente in der Objektivitätsdebatte.

2.2.2 Strenge Objektivität

Auch in der feministischen Epistemologie der Wissenschaftsphilosophin Sandra Harding und ihrem Entwurf einer ‚strengen Objektivität' ist die produktive Anerkennung der Subjektgebundenheit naturwissenschaftlichen Wissens der Ausgangspunkt.[28] Harding rekurrierte auf marxistische Traditionen und u.a. auf

25 Vgl. Keller 1986 a.a.O., S. 121-134 und S. 171-177.

26 Keller 1986 a.a.O., S. 174.

27 Keller 1986 a.a.O., S. 123.

28 Zu Hardings Konzept einer ‚strong objectiviy', das schwer zu übersetzen ist und meist als ‚starke' oder ‚strenge' Objektivität übersetzt wird, vgl.: Harding, Sandra: Das Geschlecht des

Nancy Hardsocks Formulierung einer feministischen Standpunkttheorie.[29] Ihre Namensgebung der ‚strong objekticitity' erinnert an das ‚strong programme' der Soziologie naturwissenschaftlichen Wissens aus dem Jahr 1976.[30]

Sie stellte ihren Neuentwurf einer ‚strong objectivity' den traditionellen ‚schwachen' Erkenntnistheorien gegenüber:

> "The problem with the conventional conception of objectivity is not that it is too rigorous or too ‚objectifying' as some have argued, but that it is *not rigorous enough or objectifying enough*; it is too weak to accomplish even the goals which it has been designed for, (...)." (Herv. i. O.)[31]

Ein wichtiges Merkmal dieses Ansatzes ist, dass die soziale Verortung und Historizität naturwissenschaftlichen Wissens bewusst zum Ausgangspunkt des Erkenntnisprozesses erklärt wird. Sie sind Voraussetzung dafür, das Erkenntnisziel, objektiveres Wissen über diese Welt zu produzieren, zu erreichen. Diese bewusste Verortung in der Spannung zwischen Sozialkonstruktivismus bzw. Relativismus und Realismus mag paradox klingen, macht jedoch den Kern dieser Epistemologie aus. Hardings Argument war, dass in einer geschlechterhierarchisch strukturierten Gesellschaft ein Denken, das seinen Anfangspunkt in der Erfahrung und den Leben von Frauen (so verschieden diese sind) nimmt, die Objektivität der Forschungsergebnisse maximiert, indem es den wissenschaftlichen Erklärungsbedarf, der aus der hegemonialen Perspektive als nicht bemerkenswert erscheint, in den Blick bringt. Die privilegierte und hegemoniale Per-

---

Wissens. Frauen denken die Wissenschaft neu. Frankfurt, New York 1994 [am. Orig. 1991], S. 155-180; dies.: „After the Neutrality Ideal: Science Politics, and ‚Strong Objectivity' ". In: Social Research. Jg. 59 (1992) S. 567-587; dies.: „Rethinking Standpoint Epistemology: What is ‚Strong Objectivity'? In: Linda Alcoff und Elizabeth Potter (Hrsg.): Feminist Epistemologies. New York 1993, S. 49-82; dies.: Is Science Multicultural? Postcolonialisms, Feminisms, and Epistemologies. Bloomington und Indianapolis 1998, S. 124-145.

29 Hardsock, Nancy: Money, Sex, and Power. Toward a Feminist Historical Materialism. Boston 1983, vgl. besonders S. 231-263.

30 Der Autor dieses Manifests, David Bloor, gab damit der sogenannten Edinburgh Schule einen theoretischen Rahmen. Er entwarf darin vier Pfeiler einer Soziologie naturwissenschaftlichen Wissens: 1. Naturwissenschaftliche Inhalte und Anschauungen sollten kausal aus den sozialen Bedingungen erklärt werden. 2. Die Naturwissenschaftsforscher sollten unvoreingenommen in Bezug auf die Wahrheit und Falschheit einer naturwissenschaftlichen Aussage sein. 3. Sowohl wahre als auch falsche naturwissenschaftliche Aussagen bedürften einer soziologischen Erklärung. 4. Diese Prinzipien sollten nach dem Gebot der Reflexivität auf die Soziologie naturwissenschaftlichen Wissens selbst angewendet werden. Vgl. Bloor, David: Knowledge and Social Imagery. 2. Aufl. London. 1991 [1976], S. 3-23.

31 Harding 1993 a.a.O., S. 50f.

spektive habe sich im wissenschaftlichen Erkenntnisprozess als schwach, verzerrend und beschränkt erwiesen.

Hardings Konzept einer ‚strengen Objektivität' rekurriert meines Erachtens an einigen Stellen auf vermeintliche Selbstverständlichkeiten, wie z.B. dass deutlich sei, was unter ‚Standpunkt von Frauen' zu verstehen ist. Die Frage nach der Komplexität und Widersprüchlichkeit der Standpunkte von Frauen bedürfte größerer Aufmerksamkeit bei einer weiterführenden Diskussion um eine feministische Standpunktepistemologie.

2.2.3 Situiertes Wissen

Donna Haraway, Biologin und Wissenschaftshistorikerin, ging es wie Keller und Harding um die Frage, wie feministische Naturwissenschaftsforscherinnen die historische und soziale Gebundenheit jedes Wissens herausheben können und gleichzeitig an dem Ziel festhalten können, ‚besseres' Wissen über die ‚reale' Welt schaffen zu wollen.[32]

Als Gefahr einer relativistischen Interpretation des Sozialkonstruktivismus benannte sie mit feministischer Selbstironie:

> "(...) one more excuse for not learning any post-Newtonian physics and one more reason to drop the old feminist self-help practices of repairing our own cars. They're just texts anyway, so let the boys have them back."[33]

Ihr Konzept, mit dem sie den Dualismus zwischen ‚Relativismus' versus ‚Realismus' hinterfragte und zu überwinden beabsichtigte, nannte sie ‚situated knowledges'.[34] Haraway definierte Objektivität neu als in Körpern produziert, als partikulares Wissen. Sie hielt an der erkenntnistheoretischen Metapher der ‚Sicht' (‚vision') fest, gab der Metapher aber eine neue Bedeutung, indem sie ‚Sehen' als einen in Körpern situierten Prozess beschrieb. Damit kritisierte sie die Ent-Körperlichung, welche die Metapher des Sehens in der westlichen

32 Haraway, Donna: „Situated Knowledges: The Science Question in Feminism and the Privilege of Partial Perspective". In: Feminist Studies. Jg. 14, Nr. 3 (1988) neu aufgelegt und überarbeitet In: Dies.: Simians, Cyborgs, and Women: The Reinvention of Nature. New York 1991, S. 183-201.

33 Haraway 1991 a.a.O., S. 186.

34 Die gängige deutsche Übersetzung als ‚situiertes Wissen' ist nicht optimal, denn sie unterschlägt den Plural des Begriffs, der für Haraways Epistemologie zentral ist. Wie auch Keller (z.B. 1986 a.a.O., S. 191) betont sie die Notwendigkeit und die Produktivität von Pluralismus in der Naturwissenschaft.

Erkenntnistheorie beinhaltet. Objektivität ist danach gekennzeichnet als ein Sehen aus dem Nirgendwo (‚vision from nowhere'). Diese erkenntnistheoretische Strategie kritisierte sie als ‚God trick'. Durch das Streben nach Transzendenz und Unsichtbarmachung des Betrachtenden werde Objektivität erst hergestellt. Haraway historisiert den Objektivitätsbegriff in Anlehnung an das für die Wissenschaftsgeschichte äußerst einflussreiche Werk von Steven Shapin und Simon Schaffer über die Kontroverse zwischen Thomas Hobbes (1588-1679) und Robert Boyle (1627-1691) in den 1660er und 1670er Jahren in England.[35] Es ging dabei zentral um Fragen nach Wahrheit, nach Objektivität, um die ‚wissenschaftliche Methode' und die Fundierung der Naturphilosophie als experimentelle Wissenschaft. Diese Kontroverse war nach Shapin und Schaffer in Kontroversen um die soziale Ordnung eingebettet:

"We shall suggest that solutions to the problem of knowledge are embedded within practical solutions to the problem of social order, and that different practical solutions to the problem of social order encapsulate contrasting practical solutions to the problem of knowledge."[36]

Haraway bezog sich auf den Begriff ‚modest witness' den Shapin und Schaffer formulierten, um Boyles literarische und soziale Techniken zu beschreiben, aus Experimenten wissenschaftliche Fakten entstehen zu lassen.[37] Haraway merkte an, dass mit diesen objektivierenden Techniken nicht nur die moderne Wissenschaft gemacht worden war, sondern auch moderne Geschlechterverhältnisse. Sie strebt eine Neuinterpretation der ‚unmarked category' des ‚bescheidenen Zeugen' an:

35 Um die Historisierung des Objektivitätsbegriffs, seine historische Wandelbarkeit und die soziale Situiertheit dessen, was unter Objektivität verstanden wird und als solche in naturwissenschaftlichen Laboren praktiziert wird, hat sich besonders die Wissenschaftshistorikerin Lorraine Daston verdient gemacht. Vgl.: Daston, Lorraine J.: „Objectivity and the Escape from Perspective". In: Social Studies of Science. Nr. 22 (1992), S. 597-618; dies.: „The Moral Economy of Science". In: Osiris. Jg. 10 (1995), S. 3-24; dies. und Galison, Peter: „The Image of Objectivity". In: Representations. Nr. 40 (1992), S. 81-128; dies.: „Wordless Objectivity". In: Peter Becker und William Clark (Hrsg.): Little Tools of Knowledge: Historical Essays on Academic and Bureaucratic Practices. Ann Arbor 2000.

36 Shapin, Steven und Schaffer, Simon: Leviathan and the Air-Pump. Hobbes, Boyle and Experimental Life. Princeton 1985, hier S. 15.

37 Vgl. Shapin/Schaffer 1985 a.a.O., S. 22-79.

"(...) by asking how to queer the modest witness this time around so that s/he is constituted in the furnace of technoscientific practice as self-aware, accountable, anti-racist FemaleMan, (...)."[38]

Haraway gab der feministischen Diskussion um Objektivität neue Anstöße, und überschreitet mit ihrer eigenen wissenschaftlichen Praxis, ihrem Denk- und Schreibstil Grenzen zwischen Kunst und Wissenschaft, zwischen Science und Fiction. Sie betonte das bedeutsame Thema der Reflexivität bei der Diskussion um eine feministische Objektivität:

"So I think my problem and ‚our' problem is how to have *simultaneously* an account of radical historical contingency for all knowledge claims and knowing subjects, *a critical practice for recognizing our own ‚semiotic technologies' for making meanings*, and a no-nonsense commitment to faithful accounts of a ‚real, world, one that can be partially shared and friendly to earth-wide projects of finite freedom, adequate material abundance, modest meaning in suffering, and limited happiness." (Herv., D.H.)[39]

Sie benutzt selbst den physikalischen Begriff der Beugung (‚diffraction')[40] als Metapher für Reflexivität. Damit unterstreicht sie, dass es nicht um eine reine Spiegelung (‚reflection') geht, sondern vielmehr darum, Strukturen von Differenz wahrzunehmen und mit dem eigenen kritischen Bewusstsein orthodoxe Zyklen der immer währenden Reproduktion der gleichen Geschichten und Strukturen zu durchbrechen.[41] Im physikalischen Sinn bedeutet Reflexion, den selben Gegenstand identisch an den selben oder einen anderen Ort zu transportieren. Bei der Beugung geschieht hingegen eine irreversible Veränderung. Nach dem Durchtritt des Lichtstrahls durch die Spalte zeichnen sich Auslassungen und Betonungen ab und ergeben ein komplexes Muster von Überlagerungen. Nach meiner Interpretation betont Haraway mit dieser Metapher im Kontext der Objektivitätskritik den Erkenntnisprozess als einen Vorgang, in dem der Forschungsgegenstand unwiederbringlich eine durch das Medium determinierte Veränderung erfährt, die sich dadurch auszeichnet, dass eine Ebene betont und andere ausgelassen werden.

38 Haraway, Donna J.: Modest_Wittness@Second_Millenium.FemaleMan©_Meets_OncoMouse™. Feminism and Technoscience. New York und London 1997, hier S. 35.

39 Haraway 1991 a.a.O., S. 187.

40 In der Physik bezeichnet der Begriff der Beugung ein Phänomen, das die Welleneigenschaft des Lichtes zeigt. Tritt ein Lichtstrahl durch eine Spalte, bilden sich auf einer dahinter liegenden Projektionsfläche Interferenzmuster, die von einer Beugung der Lichtwelle zeugen. Die Interferenzen entstehen durch Verstärkungen und Löschungen bei der Überlagerung der gebeugten Lichtwellen.

41 Haraway 1997 a.a.O., S. 272.

In der Forschung bedarf es der Bewusstheit und des bewussten Umgangs mit diesem Prozess.

Der Harawaysche Ansatz bereicherte die Objektivitätsdebatte dahingehend, dass die feministische Diskussion um die alte dualistische Tradition der Subjekt-Objekt-Spaltung und seine Überwindung um eine weitere Dimension erweitert wurde:

"The concept of social relations must include the entire complex of interactions among people; objects including books, buildings and rocks; and animals."[42]

Dieses Engagement, nicht-menschliche Akteure in die Betrachtung von Naturwissenschaft einzubeziehen, teilt sie mit den VertreterInnen der ‚actor network theory'[43] innerhalb der neueren Wissenschaftsforschung, wobei sie sich kritisch auf die Arbeiten von Bruno Latour bezieht.[44] Haraway geht es immer wieder darum, Grenzziehungen zu hinterfragen und auf die Instabilität von Grenzen hinzuweisen. In ihrem viel und kritisch diskutierten „Manifesto for Cyborgs" aus dem Jahr 1985 beschrieb sie die Auflösung der Grenzen zwischen Mensch und Tier und zwischen Mensch und Maschine und plädierte in oft ironischem Stil für ein verantwortungsbewusstes Verwischen dieser Grenzziehungen:

"This chapter is an argument for *pleasure* in the confusion of boundaries and for *responsibility* in their construction. It is also an effort to contribute to socialist-feminist culture and theory in a postmodernist, non-naturalist mode and in the utopian tradition of imagining a world without gender (...)." (Herv. i. O.)[45]

In ihren Studien zur Primatologie nahm sie die Grenze zwischen Mensch und Tier in den Blick und rekonstruierte, wie Prozesse der Vergeschlechtlichung und

42 Haraway 1989 a.a.O., S. 55.

43 In diesem Ansatz innerhalb der neueren Wissenschaftsforschung geht es um den Versuch, eine ‚symmetrische Anthropologie' zu begründen, mit der Grenzen zwischen Natur und Gesellschaft, zwischen Technik und Sozialem, zwischen menschlichen und nicht-menschlichen Akteuren aufgehoben werden sollen. Nicht-menschliche Akteure und natürliche Objekte werden als Aktanten in einem Wissensprozess untersucht, bei dem die Betonung auf der Netzwerkbildung liegt, einem Prozess, in dem es um die Anwerbung von Verbündeten, Übersetzung und ‚interessement' geht. Verbündete bei dieser Netzwerkbildung zur Produktion wissenschaftlichen Wissens sind neben Menschen Institutionen, Öffentlichkeit, nicht-menschliche Akteure (z.B. Bakterien) und Instrumente.

44 Latour, Bruno: The Pasteurization of France. Cambridge und London 1988 [franz. Orig. 1984]; ders.: Science in Action. Cambridge 1987; ders.: We have never been modern. Cambridge 1993 [franz. Orig. 1991].

45 Haraway 1991, S. 149-181, hier 150. Die Erstveröffentlichung war in Socialist Review Nr. 80 (1985), S. 65-108.

Konstruktionsprozesse von Rassekategorien in diesen hierarchischen und dichotomen Strukturen verlaufen.

Das Konzept der ‚situated knowledges' lässt keine Möglichkeit, sich als außenstehend zu begreifen, und Haraway wird nicht müde, das Eingebundensein und die Verantwortung innerhalb des komplexen Gefüges von Naturwissenschaft – Technik – Gesellschaft zu betonen. „Wir sind immer mittendrin"[46] – so Haraway in einem Interview.

2.2.4 Politische Epistemologie

Abschließend ist es mir wichtig, darauf hinzuweisen, dass feministische Naturwissenschaftsforscherinnen nicht die einzigen Intellektuellen sind, die diese Diskussionen um die Konsequenzen sozialkonstruktivistischer Auffassungen von Naturwissenschaft geführt haben und weiter führen. Das Thema der Objektivität ist auch in der neueren Wissenschaftsforschung[47] ein wichtiges und vieldiskutiertes Problem. In seinem hervorragenden Überblicksartikel kontrastierte Joseph Rouse beide Forschungsrichtungen in Bezug auf ihre epistemologischen Auffassungen und Praxen.[48] Gemeinsam sei beiden, dass sie Wissenschaft als soziales Unternehmen auffassen, an traditionellen Erkenntnistheorien die Funktion der Legitimation und Autorität kritisieren, und dass beide politisch engagierte Wissenschaftsrichtungen darstellen. Rouses interessante These über die Differenzen beider Richtungen, abgesehen natürlich vom offensichtlichsten Unterschied, dass die Kategorie Geschlecht in der einen zentral und in der anderen kaum berücksichtigt wird, ist, dass feministische Naturwissenschaftsforschung im Vergleich zur neueren Wissenschaftsforschung ein ‚post-epistemologisches Projekt' sei. Verbreitet sei zwar die Einschätzung, dass feministische Naturwissenschaftsforschung wegen ihres Festhaltens an Objektivität traditioneller Wissenschaftsphilosophie näher stehe als die neuere Wissenschaftsforschung, Rouse arbeitete jedoch Dimensionen in der Diskussion um Objektivität heraus, in denen femi-

---

46 Haraway, Donna: Die Neuerfindung der Natur. Primaten, Cyborgs und Frauen. Frankfurt a. M. 1995, S. 98.

47 Mit diesem allgemeinen Begriff ist sowohl die sogenannte Edinburgh Schule (z.B. David Bloor, Donald McKenzie) als auch die sogenannte Französische Schule (z.B. Bruno Latour, Michel Callon) der Soziologie naturwissenschaftlichen Wissens bezeichnet.

48 Rouse, Joseph: „Feminism and the Social Construction of Scientific Knowledge". In: Lynn Hankinson Nelson und Jack Nelson (Hrsg.): Feminism, Science, and the Philosophy of Science. Dordrecht 1996, S. 195-215.

nistische Naturwissenschaftsforschung im Gegensatz zur neueren Wissenschaftsforschung die traditionelle Wissenschaftsphilosophie (und damit auch Epistemologie) überwindet. Nach Rouse betrachtet feministische Naturwissenschaftsforschung Wissen eher als relational und situiert denn als repräsentierend. Es gehe weniger allein um Sprache und neue Repräsentationsformen, denn um neue Wissens*praxen*. Trotz radikaler relativistischer Programmatiken in der neueren Wissenschaftsforschung (das ‚strong programme' in der Edinburgh Schule und die ‚symmetrische Anthropologie' der französischen Schule) praktizierten viele ihrer VertreterInnen eine Haltung der Loslösung, die Haraway als ‚God trick' und ‚view from nowhere' kritisierte. Dem gegenüber plädierten Feministinnen für einen partizipativen, nicht von sich selbst abstrahierenden epistemologischen Standpunkt. Weiter sah Rouse im Festhalten an Objektivität und dem epistemologischen Ziel, besseres Wissen für eine bessere Welt zu schaffen, durch die Betonung von Politik und Ethik ein Überwinden von Epistemologie in diesem Zusammenhang. Als letzte Dimension, in der feministische Naturwissenschaftsforschung Epistemologie im traditionellen Verständnis überwinde, benannte er Reflexivität. In der neueren Wissenschaftsforschung beziehe sich die Forderung nach Reflexivität auf die Konsistenz und Vollständigkeit des eigenen Wissens. Innerhalb der feministischen Naturwissenschaftsforschung stehe Reflexivität jedoch für das Erkennen der eigenen Partikularität, des eigenen Situiert-Seins. Diese Differenz wird nach Rouse besonders in der unterschiedlichen Rhetorik beider Richtungen deutlich. Innerhalb der feministischen Naturwissenschaftsforschung werde die eigene textuelle Selbstdarstellung reflektiert und das eigene Schreiben und Sprechen selbstkritisch als Handlungsform reflektiert, was in der neueren Wissenschaftsforschung fehle.

Rouses Artikel ist nicht nur wegen seiner erhellenden Analyse zur aktuellen Diskussion um eine kritische Epistemologie ein wichtiger Beitrag, sondern weil er überhaupt beide Forschungsrichtungen in einen Dialog bringt. Der Dialog zwischen beiden Seiten ist bisher wenig engagiert und wie Haraway (die Programmatik der neueren Wissenschaftsforschung auf die Schippe nehmend) anmerkte: „Immodestly, I think the failure to engage has not been symmetrical."[49]

---

49 Haraway 1997 a.a.O., S. 35. Dem Zitat geht unmittelbar Haraways eigene Diagnose des Verhältnisses von neuerer Wissenschaftsforschung und feministischer Naturwissenschaftsforschung voran: „Either critical scholars in antiracist, feminist cultural studies of science and technology have not been clear enough about racial formation, gender-in-the-making, the forging of class, and the discursive production of sexuality through the constitutive practices of technoscience production themselves, or the science studies scholars aren't reading or listening – or both." (Herv. i. O.).

Im letzten Abschnitt dieses Kapitels werde ich wieder auf das Verhältnis – auf die Konvergenzen und Differenzen – zwischen der neueren Wissenschaftsforschung und feministischer Naturwissenschaftsforschung zurückkommen.

2.3 Die Kategorie Geschlecht in der feministischen Naturwissenschaftsforschung: Sex versus Gender?

Die feministische Reflexion über Geschlecht als soziale Konstruktion und die Kritik an Vorstellungen von einer weiblichen Wesenhaftigkeit oder Essenz gehen zurück auf Simone de Beauvoirs Pionierwerk aus dem Jahre 1949, aus dem der viel zitierte Satz stammt: „Man kommt nicht als Frau zur Welt, man wird es.“ [50] Beauvoir diskutierte das Verhältnis von biologischem und sozialen Geschlecht als eng auf einander bezogen: „(...) der Leib [ist] nicht eine Sache, er ist doch eine Situation.“[51] Mit dem Begriff der Situation bezeichnete de Beauvoir Einflüsse von kulturell konstruierten Bildern, von Sozialstrukturen und von Sozialisation.

In den 70er und 80er Jahren wurde mit dem sex/gender-Modell zwischen einem biologischen Geschlecht (sex) und einem sozialen Geschlecht (gender) unterschieden. Das Konzept des sozialen Geschlechts war verortet in gesellschaftlichen Debatten um biologische Begründungen der Geschlechterhierarchie. Feministinnen reagierten damit auf Vorstellungen von Weiblichkeit als ‚biologischem Schicksal‘ (‚biology as destiny‘). Mit der Betonung des Gewordenseins und der Wandelbarkeit von Vorstellungen über Weiblichkeit und Männlichkeit wurde ein Raum geöffnet, in dem das Geschlechterverhältnis als gesellschaftliches Machtverhältnis thematisiert werden konnte.

In den feministischen Debatten der 90er Jahre wurde die Unterscheidung zwischen ‚sex‘ und ‚gender‘ reflektiert. Es wurde die Frage nach der sozialen Konstruktion von ‚sex‘ gestellt und an der Angemessenheit gezweifelt, eine definierbare Grenze zwischen einem außergesellschaftlichen biologischen Geschlecht und einem sozial hergestellten Geschlecht zu behaupten. Einen provozierenden und inspirierenden Anstoß zu dieser Debatte gab Judith Butler, indem sie fragte:

---

50 Beauvoir, Simone de: Das andere Geschlecht. Sitte und Sexus der Frau. Hamburg 1990 [franz. Orig. 1949], hier S. 265.

51 De Beauvoir 1990 a.a.O., S. 48.

"Are the ostensibly natural facts of sex discursively produced by various scientific discourses in the service of other political and social interests? If the immutable character of sex is contested, perhaps this construct called 'sex' is as culturally constructed as gender; indeed, perhaps it was always already gender, with the consequence that the distinction between sex and gender turns out to be no distinction at all."[52]

Gegenargumente wurden u.a. von Ökofeministinnen, Vertreterinnen der Differenztheorie und von Körperhistorikerinnen vorgebracht. Sie konstatierten eine Leugnung von Körperlichkeit und Materialität in diesem Ansatz.[53] Butler reagierte auf diese Kritik in ihrem zweiten Buch mit dem programmatischen Titel „Bodies that Matter". Sie plädierte darin für eine Auseinandersetzung mit Materialität in der feministischen Forschung und für die Erforschung von Materialisierungsprozessen:

"(...) how and why materiality has become a sign of irreducibility, that is, how is that the materiality of sex is understood as that which only bears cultural constructions and, therefore, cannot be a construction."[54]

Die feministische Naturwissenschaftsforschung ist meines Erachtens ein (interdisziplinärer) Ort, an dem genau dieses Ernstnehmen von Materialität und Materialisierungsprozessen stattfindet. Die Überzeugung, dass ‚matter matters' gehört gewissermaßen zu den Grundpfeilern einer Sozialisation als NaturwissenschaftlerIn. In dem späteren Abschnitt zu ‚science of gender' (Kap. 2.5.2) wird deutlich werden, dass die Frage nach der Materialität von Körpern und Geschlecht und wie diese in naturwissenschaftlichen Diskursen über Hormone, Gene, Eierstöcke, Hoden und andere Körperteile hergestellt wird, nicht erst seit den 1990ern erforscht wurde, sondern in der feministischen Naturwissenschaftsforschung seit Ende der 1970er Jahre bearbeitet wurde. Zu Beginn wurde diese Kritik nicht in den Rahmen einer sozialkonstruktivistischen Naturwissen-

52 Butler, Judith: Gender Trouble. Feminism and the Subversion of Identity. New York 1990, hier S. 7.

53 Für die Kritik an Butlers Ansatz vgl. Lindemann, Gesa: „Wider die Verdrängung des Leibes aus der Geschlechtskonstruktion". In: Feministische Studien. Jg. 11, Nr. 2 (1993), S. 44-54, dies.: „Generativität und Geschlecht. Ein blinder Fleck in der sex/gender Debatte". In: Theresa Wobbe (Hrsg.): Denkachsen. Zur theoretischen und institutionellen Rede von Geschlecht. Frankfurt a. M. 1994, S. 147-176 und aus der Perspektive der Körpergeschichte vgl. Duden, Barbara: „Die Frau ohne Unterleib. Zu Judith Butlers Entkörperung". In: Feministische Studien. Jg. 11, Nr. 2 (1993), S. 24-33.

54 Butler, Judith P.: Bodies that Matter: On the Discursive Limits of „Sex" New York 1993, hier S. 28.

schaftskritik gestellt, sondern im Rahmen einer Androzentrismus- und Sexismuskritik präsentiert. Sandra Harding benannte diese Arbeiten als empirisch, d.h. dass darin an einem Ideal von Objektivität festgehalten wurde, die herkömmliche Naturwissenschaft als nicht wertneutral entlarvt wurde und in den feministischen Rekonstruktionen nach den traditionellen Objektivitätsstandards eine bessere Beschreibung und eine bessere Erklärung des Sachverhalts präsentiert wurde. Die herkömmliche Wissenschaft wurde als vorurteilsbeladen entlarvt und mit ihren eigenen Mitteln widerlegt.

Ende der 1980er Jahre kritisierte Donna Haraway die sex/gender-Unterscheidung in der feministischen Theorie in ihrem monumentalen Werk über die Geschichte der Primatologie:

> "Nature is only the raw material of culture (...). Similarly, sex is only the matter to the act of gender; (...). This analytical and historical narrative logic accounts for my nervousness about the sex/gender distinction in the recent history of feminist theory (...)".[55]

Um Materialisierungsprozesse von Geschlecht zu untersuchen, ist es meines Erachtens notwendig, sich in die naturwissenschaftlichen Diskurse einzuarbeiten, Popularisierungsprozesse dieses Wissens zu untersuchen und im Detail nachzuvollziehen, welche sozio-politischen Vorstellungen über Geschlechterverhältnisse dieses Wissen mitkonstituierten.

2.4 Mangelnder Dialog zwischen den ‚zwei Kulturen': das disziplinierte Geschlecht[56]

An der Nachzeitigkeit der Diskussion um die soziale Determiniertheit der Kategorie sex zeigt sich, dass während der 1980er Jahre keine Dialoge zwischen fe-

55 Haraway, Donna: Primate Visions. Gender, Race, and Nature in the World of Modern Science. New York und London 1989, S. 13.

56 Das Bild der ‚zwei Kulturen' (der geisteswissenschaftlichen auf der einen und der naturwissenschaftlichen auf der anderen Seite) geht zurück auf eine Rede des Chemikers Charles Piercy Snow mit dem Titel „The Two Cultures and the Scientific Revolution" aus dem Jahr 1959. Snow, Charles Piercy: Two Cultures and the Scientific Revolution. 2. Aufl. Cambridge 1964. Inzwischen ist in der Diskussion über Interdisziplinarität auf eine dritte Kultur hingewiesen worden, die Soziologie. Lepenies, Wolf: Die drei Kulturen. Soziologie zwischen Literatur und Wissenschaft. Reinbek bei Hamburg 1988. Den Begriff des ‚disziplinierten Geschlechts' entlehne ich: Hark, Sabine: „Diszipliniertes Geschlecht. Konturen von Disziplinarität in der Frauen- und Geschlechterforschung". In: Die Philosophin. Nr. 23 (2001).

ministischen Naturwissenschaftsforscherinnen und feministischen Gesellschaftswissenschaftlerinnen stattfanden. Die kritischen Arbeiten von Biologinnen zur sozialen Konstruktion der Kategorie des biologischen Geschlechts (sex) wurden von feministischen Gesellschaftswissenschaftlerinnen in dieser Zeit nicht rezipiert. Lange wurde die Kategorie des biologischen Geschlechts in feministischen Theorien als unhinterfragter Fakt behandelt. Sicher spielte die Distanz zwischen den ‚zwei Kulturen' bei diesem mangelnden Austausch und darüber hinaus die Schwierigkeiten, einen Dialog über die Disziplinen hinweg zu praktizieren, eine Rolle. Mein Befund, dass die Kritik an der Kategorie des biologischen Geschlechts innerhalb der feministischen Naturwissenschaftsforschung der gesellschaftswissenschaftlichen Diskussion vorgängig war, macht die Notwendigkeit eines Dialogs über die beiden großen Wissenschaftskulturen hinweg deutlich.

Helene Götschel dokumentierte in ihrer Geschichte der Kongresse von Frauen in Naturwissenschaft und Technik, dass in der zweiten Hälfte der 80er Jahre eine konfliktreiche Auseinandersetzung zwischen Sozialwissenschaftlerinnen und Natur- und Technikwissenschaftlerinnen stattfand. Diese interdisziplinäre Konfrontation bezog sich auf berufssoziologische Forschungen zu Naturwissenschaftlerinnen und Ingenieurinnen. Natur- und Technikwissenschaftlerinnen stellten die Forderung auf, in sozialwissenschaftliche Studien als Forschungs*subjekte* einbezogen zu werden und nicht allein als Forschungs*objekte* der sozialwissenschaftlichen Frauenforscherinnen zu dienen. Ihre inhaltliche Kritik bezog sich auf die nicht ausreichend reflektierte Forderung nach einer Erhöhung des Frauenanteils in naturwissenschaftlichen und technischen Berufen, welche die Inhalte dieser Berufe gänzlich ausblende. Es müsse in der Forschung zu diesem Problemfeld weniger um ‚weibliche Technikdistanz' als vielmehr darum gehen, die Natur- und Technikwissenschaften einer kritischen Analyse zu unterziehen und diese mit dem Ausschluss von Frauen aus diesen Berufen in Zusammenhang zu setzen. Parallel müssten alternative Entwürfe von Naturwissenschaft und Technik entwickelt werden.[57]

Auch wenn in den 1990ern angefangen wurde, einander wahrzunehmen und sich gegenseitig auf einander zu beziehen[58], war der interdisziplinäre Dialog

---

57 Götschel 2001 a.a.O., S. 155f.

58 Butler bezog sich beispielsweise in dem in Abschnitt 2.3 zitierten Buch „Gender Trouble" auf Forschungsergebnisse von Fausto-Sterling zur Kritik an der Forschung David Pages von 1987 zum Gen, das vermeintlich das Geschlecht determiniert. Fausto-Sterling, Anne: „Life in the XY Corral". In: Women's Studies International Forum. Jg. 12, Nr. 3 (1989) zitiert in Butler 1990 a.a.0., S. 107-111. Die Standardwerke der feministischen Naturwissenschaftsforschung von

weiter beschwerlich. Aus der Perspektive der Naturwissenschaftlerinnen spielten sich bisherige Dialogversuche zu sehr in der Wissenschaftskultur (Erkenntnisinteressen, Fachsprache, theoretische Konzepte und methodische Ansätze) der Geistes- und Sozialwissenschaften ab. Diese Kritik bezieht sich auf eine mangelnde Bereitschaft, sich in naturwissenschaftliche Fachsprachen, Technologien und Praxen einzuarbeiten. Die Bedeutung der feministischen Auseinandersetzung mit Natur- und Technikwissenschaften wird von Seiten der Vertreterinnen der Gesellschaftswissenschaften nicht geleugnet, aber es fehlt an Engagement, sich über das theoretische Bekenntnis der sozialen Determiniertheit naturwissenschaftlichen Wissens und seiner Praxen hinaus im Detail in komplexe und auch widersprüchliche Zusammenhänge einzudenken.

Der Schwierigkeitsgrad dieses Dialoges liegt u.a. darin begründet, dass es darum geht, sich jeweils von der eigenen Sozialisation als WissenschaftlerIn innerhalb einer Disziplin ein Stück weit zu lösen und in ständiger Selbstreflexion die Grenzen der eigenen disziplinären Sprache, Methoden und Theorien in Bezug auf ein bestimmtes Problemfeld aufzuspüren.[59] Die Formulierung disziplinenübergreifender Problemfelder birgt das innovative Potential, das wissenschaftliche Denken zu ent-disziplinieren und gleichzeitig die Grundlagen der einzelnen Disziplinen kritisch zu überdenken.

Die Internationale Frauenuniversität ‚Technik und Kultur', deren erstes Semester im Sommer 2000 in Deutschland stattfand, ist ein Beispiel für einen gelungenen Versuch, feministische Forschung und Lehre in diesem Sinn weiterzuentwickeln. Als Hochschulreformprojekt wurde von der Organisation in disziplinären Fachbereichen Abstand genommen und sechs interdisziplinäre ‚Projektbereiche' eingerichtet. Als Koordinatorin des Projektbereichs ‚Information' konnte ich partiell Einblick in die interdisziplinäre Zusammenarbeit unter den Teilnehmerinnen gewinnen. Der Kern des Curriculums waren interdisziplinär und interkulturell entwickelte und zusammengesetzte Projekte, die

---

Evelyn Fox Keller, Sandra Harding und Donna Haraway listete Butler in einer Fußnote auf, S. 151-152.

59 Für weitere Beiträge zur Reflexion über diesen Dialog aus der Perspektive von naturwissenschaftlich-technisch sozialisierten Geschlechterforscherinnen siehe Bath, Corinna: „Für die Geschlechterforschung und -lehre in der Informatik Sorge tragen wie Coyote? Über die Schwierigkeit, in einer Doppelstruktur zwischen Informatik und feministischen Studien zu arbeiten". In: Frauenarbeit und Informatik. Jg. 23 (2001), S. 56-61 und Palm, Kerstin: Die Transdisziplinärin – Grenzüberschreiterin und Ausgegrenzte. Dokumentation des 26. Kongresses von Frauen in Naturwissenschaft und Technik, Darmstadt 2001, S. 135-144.

insgesamt der Leitidee ‚Information as a Social Resource' verpflichtet waren.[60] Neben den beiden Zieldimensionen der Interdisziplinarität und Interkulturalität wurde auch der Dialog zwischen Kunst und Wissenschaft und die Zusammenarbeit von Theoretikerinnen und Praktikerinnen (vor allem Aktivistinnen aus Nicht-Regierungs-Organisationen und Entwicklungsprojekten) angestrebt. Nach meiner Beobachtung waren diejenigen Projektgruppen erfolgreich in Bezug auf die Zieldimension ‚Interdisziplinarität', in denen disziplinäres Wissen tatsächlich geteilt und ausgetauscht wurde und in denen keine Arbeitsteilung nach Disziplinen stattfand. Schwierig und langwierig, aber erfolgreich waren Gruppenprozesse, in denen in jedem Projektstadium aus allen disziplinären Perspektiven gemeinsam diskutiert wurde. Weniger erfolgreich und befriedigend für die Teilnehmerinnen war eine Arbeitsweise, in der schnell eine Arbeitsteilung nach Disziplinen stattfand. Der Erkenntnisgewinn für die Einzelnen war geringer und es entstanden Konflikte, weil sich z.B. Informatikerinnen zu Technikerinnen reduziert empfanden, obwohl sie motiviert waren, sich mit neuen Methoden auseinander zu setzen.[61]

Längere Erfahrungen gibt es in interdisziplinären Einrichtungen in den USA.[62] In Deutschland ist die Gründungswelle von interdisziplinären Geschlechterforschungszentren und interdisziplinären Gender Studies Studiengängen aussichtsreich. Interdisziplinäre Zentren für Geschlechterforschung existieren bisher u.a. an den Berliner Universitäten, in Schleswig-Holstein (Kiel und Flensburg), an der Universität Hamburg, an der Universität Bremen und in Nordrhein-Westfalen an der Universität Bielefeld.[63] Interdisziplinäre Gender Studies

---

60 Vgl. Floyd, Christiane; Heinsohn, Dorit; Klein-Franke, Silvie: „Information als soziale Ressource". In: Aylâ Neusel (Hrsg.): Die eigene Universität. Internationale Frauenuniversität ‚Technik und Kultur'. Opladen 2000, S. 111-125.

61 Für eine umfassende Evaluation der Internationalen Frauenuniversität siehe Metz-Göckel, Sigrid (Hrsg.): Lehren und Lernen an der Internationalen Frauenuniversität. Ergebnisse einer wissenschaftlichen Begleituntersuchung. Opladen 2002.

62 Für eine Reflexion der interdisziplinären Dialoge im Rahmen von Graduiertenprogrammen in Women's Studies in den USA siehe Perry, Ruth [et al.]: Inventing a Feminist Institution in Boston: An Informal History of the Graduate Consortium in Women's Studies at Radcliffe College". In: National Women's Studies Association Journal. Jg. 8, Nr. 2 (1996), S. 60-83; Friedmann, Susan: „(Inter)Disciplinarity and the Question of the Women's Studies Ph.D.". In: Feminist Studies. Jg. 24, Nr. 2 (1998); Kitch, Sally und Allen, Judith: „Disciplined by Disciplines?: The Need for an Interdisciplinary Research Mission for Women's Studies". In: Feminist Studies. Jg. 24, Nr. 2 (1998).

63 Vgl. Batisweiler, Claudia: Bestandsaufnahme und Perspektiven der Gender Studies und Frauen-/Genderforschung an den niedersächsischen Hochschulen. Projektbericht Juli 2000.

Studiengänge wurden in Deutschland bisher an der Humboldt Universität Berlin (seit 1997), an der Universität Oldenburg (seit 1997), an der Universität Göttingen (seit 2001), an der Universität Freiburg i. Br. (seit 2001) und hochschulübergreifend in Hamburg eingerichtet.[64]

2.5 Drei Forschungsperspektiven

Welche Ziele verfolgt feministische Naturwissenschaftsforschung? Welche Fragen werden gestellt? Feministische Naturwissenschaftsforschung teilt mit der neueren Wissenschaftsforschung die Erkenntnishaltung, Wissenschaft als soziales Unternehmen zu begreifen und als solches zu rekonstruieren.[65] Feministische Naturwissenschaftsforschung kritisiert und erweitert diese Ansätze, indem sie das empirische Phänomen, dass die Akteure des Wissenschaftssystems zu einer überwältigenden Mehrheit Männer sind, zum erklärungsbedürftigen Ausgangspunkt nimmt. Rosemarie Rübsamen hat für diesen Befund den Begriff der Männermonokultur – also Naturwissenschaft als Männermonokultur – geprägt.[66] Folgende Fragen schließen sich an und hinterfragen Naturwissenschaft als ‚Männermonokultur': Wie funktioniert der systematische Ausschluss von Frauen aus der Naturwissenschaft? Welche Konsequenzen hat der systematische Ausschluss von Frauen aus der Naturwissenschaft für die Naturwissenschaft selbst bzw. für das naturwissenschaftliche Wissen? Und: Welches wissenschaftliche Wissen wird über Geschlechterdifferenz produziert?

Diese erkenntnisleitenden Fragen verweisen auf unterschiedliche Dimensionen des Verhältnisses von Frauen und Naturwissenschaft bzw. von Geschlecht und Naturwissenschaft. Der Vorschlag einer Dreiteilung der verschiedenen Dimensionen von feministischer Naturwissenschaftsforschung stammt von Evelyn

64 Vgl. Universität Freiburg: http://www.zag.uni-freiburg.de/gemeinsames/grundseiten/start.html; Universität Göttingen: http://www.geschlechterforschung.uni-goettingen.de/; Humboldt Universität Berlin: http://www2.hu-berlin.de/zif/; Univ. Oldenburg: http://www.uni-oldenburg.de/zfg/ und Hamburg: http://www.frauenforschung-hamburg.de/genderstudies/ (letzter Zugriff für alle Adressen am 18.11.2002).

65 Für ein Einführungswerk und einen hervorragenden Überblicksartikel zur Wissenschaftsforschung siehe Felt, Ulrike; Nowotny, Helga; Taschwer, Klaus: Wissenschaftsforschung – eine Einführung. Frankfurt a. M. und New York 1995 und Heintz 1993 a.a.O.

66 Rübsamen 1993 a.a.O., S. 155.

Fox Keller.[67] Besonders ihre Unterscheidung der Kategorien Frauen und Geschlecht erscheint mir wichtig, weil sie einer noch oft anzutreffenden Gleichsetzung von Forschungen über Frauen und Forschungen über Geschlecht vorbeugt. Die Analysekategorie Frauen und die Analysekategorie Geschlecht sind nicht gleichzusetzen; Geschlecht ist eine Analysekategorie für alle sozialen Akteure, nicht allein für Frauen. Die Kategorie Geschlecht umfasst Geschlechter*verhältnisse,* wie das System der Zweigeschlechtlichkeit und Heteronormativität. Im Begriff der Geschlechterforschung sind sowohl Studien über Konzeptionen von Weiblichkeit als auch Studien über Konzeptionen von Männlichkeit gefasst und das Verhältnis, in dem beide zueinander stehen. Der Begriff Geschlecht verweist außerdem auf Geschlecht als soziale Strukturkategorie und wendet sich gegen biologisch-deterministische Fundierungen.

2.5.1 Frauen in den Naturwissenschaften (Women in Science)

> „Die ‚natürliche' soziale Form des Wissenschaftsbetriebes ist der Männerbund."[68]

Historische und biographische Studien einzelner Naturwissenschaftlerinnen dienen dem Ziel, den verleugneten Anteil von Frauen an der naturwissenschaftlichen Forschung aufzudecken. Auch wenn Frauen in den Naturwissenschaften zu jeder Zeit eine Minderheit waren und es bis heute sind, ist es wichtig, der Tendenz entgegenzuwirken, dass sie in der Geschichtsschreibung unerwähnt bleiben. Dabei werden sowohl Naturwissenschaftlerinnen überhaupt erst sichtbar gemacht als auch das Leben schon bekannter Naturwissenschaftlerinnen mit dem Blick auf die Kategorie Geschlecht untersucht.

---

67 Die drei Dimensionen lauten: „Women in Science", „Science of Gender" und „Gender in Science". Vgl. Keller 1995 a.a.O., S. 86. Für weitere Systematiken des Forschungsfeldes siehe Woesler de Panafieu, Christine: „Feministische Kritik am wissenschaftlichen Androzentrismus". In: Ursula Beer (Hrsg.): Klasse Geschlecht. Bielefeld 1989, S. 95-131 und Orland, Barbara und Rössler, Mechtild: „Women in Science – Gender and Science. Ansätze feministischer Naturwissenschaftskritik im Überblick". In: Barbara Orland und Elvira Scheich (Hrsg.): Das Geschlecht der Natur: Feministische Beiträge zur Geschichte und Theorie der Naturwissenschaften. Frankfurt a. M. 1995, S. 13-63.

68 Mehrtens, Herbert: „'Unser geistiger Homosexualismus ist auch eine Verirrung!' Geschlecht als Thema der Naturwissenschaftsgeschichte". In: Christoph Meinel und Monika Renneberg (Hrsg.): Geschlechterverhältnisse in Medizin, Naturwissenschaft und Technik. Bassum und Stuttgart 1996, S. 43-54, hier S. 50.

Im Forschungsstand zu diesem Feld spiegeln sich unterschiedliche Forschungsansätze. Man kann Forschung zu herausragenden Naturwissenschaftlerinnen, zu Frauen, deren Beitrag bisher geleugnet wurde oder unsichtbar war (z.B. die Forschung zu Ehefrauen berühmter Wissenschaftler wie Mileva Maric-Einstein und Madame Lavoisier) und die Forschung zu Berufsgruppen und Netzwerken von Naturwissenschaftlerinnen unterscheiden.

Zur ersten Gruppe gehören die Biographien der Physikerin Lise Meitner (1878-1968) von der Chemieprofessorin Ruth Lewin Sime (Sacramento City College, USA) und die der Chemikerin und Physikerin Marie Curie (zweifache Nobelpreisträgerin) (1867-1934) von der französischen Erfolgsautorin Francoise Giroud.[69] Vierzehn Kurzbiographien bzw. Fallstudien über Naturwissenschaftlerinnen, die einen Nobelpreis gewannen oder an Arbeiten beteiligt waren, die mit dem Nobelpreis ausgezeichnet wurden, wurden von Sharon Bertsch McGrayne zusammengetragen. Eine umfassende Interviewstudie aller 86 weiblichen Mitglieder der National Academy of Science führte Elga Ruth Wasserman durch und suchte dabei nach Gemeinsamkeiten in ihren Karriereverläufen.[70]

Zu der Gruppe der Biographien von zuvor einer breiten Öffentlichkeit nicht bekannten und bisher nicht gewürdigten Naturwissenschaftlerinnen gehört die Biographie der Physikerin Laura Bassi (1711-1778) von der Wissenschaftshistorikerin Beate Ceranski, die Biographie der Zellgenetikerin Barbara McClintock (1902-1992) von der Physikerin und Wissenschaftshistorikerin Evelyn Fox Keller[71], die Biographie der Chemikerin Clara Immerwahr (1870-1915) von Gerit von Leitner und die Biographie der Mathematikerin Mileva Einstein-Maric (1875-1948) von der Mathematik-, Physik- und Astronomie-Professorin Desanka Trbuhovic-Gjuric. Die Einstein-Maric-Biographie wies auf bisher verleugnete Beiträge der Mathematikerin zu den Forschungen Albert Einsteins hin. Die Historikerin und Wissenschaftshistorikerin Londa Schiebinger gab einen Überblick

---

69 Sime, Ruth Lewin: Lise Meitner. A Life in Physics. Berkeley 1996; Giroud, Francoise: „Die Menschheit braucht auch Träumer“: Marie Curie. München 1999 [franz. Orig. 1981].

70 McGrayne, Sharon Bertsch: Nobel Prize Women in Science: Their Lives, Struggles, and Momentous Discoveries. 2. Aufl. Washington 2001; Wasserman, Elga Ruth: The Door in the Dream. Conversations with Eminent Women in Science. Washington 2000.

71 Auch wenn McClintock seit ihrer Auszeichnung mit dem Nobelpreis 1983 zu den ‚Heldinnen‘ der Wissenschaftsgeschichte zählt, gehört Kellers Biographie doch nicht der Kategorie der ‚Heldinnen-Geschichtsschreibung‘ an. Nicht nur, weil McClintock den Nobelpreis erst fünf Monate nach der Veröffentlichung von Kellers Buch erhielt, sondern weil Keller die Entwicklung von McClintocks Konzept der genetischen Transposition verfolgte und fragte, in welchem Zusammenhang ihr Forschungsstil und ihr Außenseiterinnenstatus mit der Entwicklung dieses innovativen Konzepts steht.

über Wissenschaftlerinnen in Europa im 17. und 18. Jahrhundert und ihren allmählichen Ausschluss auf dem Weg in das 19. Jahrhundert. Schiebinger diskutierte über die reine Frauengeschichtsschreibung hinaus gehend das Aufkommen neuer Vorstellungen von Geschlechterdifferenz und sich wandelnder Weiblichkeitsbilder sowie den Einfluss des Geschlechterverhältnisses auf die Wissenschaft.[72]

Mit der McClintock-Biographie verfolgte Keller ebenfalls ein über Frauengeschichtsschreibung hinausgehendes Interesse. Sie fragte am Beispiel McClintocks nach dem Zusammenhang zwischen dem Außenseiterinnenstatus von Frauen in der Naturwissenschaft und ihren Forschungsinteressen und Forschungsstilen. McClintock vertrat als Außenseiterin in der Wissenschaftsgemeinde der Genetik in den 1930er Jahren mit ihrer klassisch genetischen Methode einen Forschungsstil, der marginal gegenüber dem dominanten molekulargenetischen Ansatz war. Die molekulargenetische Schule forschte an Fruchtfliegen (*Drosophila*), interessierte sich für Populationsgenetik und Fragen nach den Eigenschaften der Gene, der Vererbung, der Variation und Mutation. McClintock forschte an Maispflanzen, interessierte sich entgegen dem biologischen Mainstream weniger für molekularbiologische Fragen als für entwicklungsbiologische und forschte mit einem Blick auf Ausnahmen und auf den gesamten Organismus. Ein Ergebnis ihrer Forschungen war das Konzept der genetischen Transposition, mit dem sie einen Mechanismus formulierte, in dem genetische Elemente von einer Stelle auf den Chromosomen zu einer anderen gelangen (auch bekannt unter dem Stichwort ‚springende Gene'). Aufgrund ihres Außenseiterinnenstatus und ihres abweichenden Forschungsstils fand McClintock nur schwer eine Sprache, dieses Forschungsergebnis in der biologischen Wissenschaftsgemeinde zu kommunizieren. Einen gesicherten Arbeitsplatz erhielt sie erst im Alter von vierzig Jahren, obwohl sie schon seit ihren 20er Jahren von Fachkollegen anerkannte Beiträge zur klassischen Genetik und Zytologie geleistet hatte. Öffentliche Anerkennung erhielt sie erst 35 Jahre nach der Veröffentlichung der Ergebnisse zur ‚genetischen Transposition' im Jahr 1983 durch das Nobelpreiskomitee. McClintocks soziales Geschlecht und ihre in der Wissenschaft marginale Position wurde von Keller nicht allein mit ihrem marginalen Forschungsstil in Verbindung gebracht, sondern in ein Netzwerk von biographischen und institutionellen Determinanten eingebunden.

---

72 Schiebinger, Londa: The Mind Has No Sex?: Women in the Origins of Modern Science. Cambridge 1989.

Eine weitere Methode, die Analysekategorie Geschlecht in die Wissenschaftsgeschichte zu integrieren, schlug Pnina G. Abir-Am vor.[73] Sie argumentierte, dass der Fokus auf herausragende AkteurInnen der Wissenschaftsgeschichte die Bearbeitung der Fragen nach dem Zusammenhang von der Entwicklung naturwissenschaftlichen Wissens und dem sozio-historischen Kontext nicht genügend zulässt. Sie schlug vor, soziale Gruppierungen, intellektuelle Zirkel, kleine Netzwerke und besonders wissenschaftliche Schulen (‚research schools‘) stärker in den Blick zu nehmen. Dieser Forschungsansatz habe außerdem den Vorteil, dass er eine systematische Ausblendung der Analysekategorie Geschlecht erschweren würde. In diesem Forschungsansatz stehen zwischenmenschliche Beziehungen, Wissenschaftspolitik und Arbeitsbedingungen im Vordergrund und Abir-Am illustrierte diese theoretischen Reflexionen zur Methodologie der Wissenschaftsgeschichte am Beispiel der Entstehung einer wissenschaftlichen Schule, der chemischen Kristallographie an der Oxford University, 1934-1970, die von der Nobelpreisträgerin Dorothy M. C. Hodgkin geleitet wurde. Sie argumentierte z.B., dass es im Mentoring wissenschaftlicher Karrieren einen Unterschied mache, ob die Mentorenschaft geschlechtshomogen sei oder ‚cross-gendered‘.

Über Einzelbiographien hinaus liegen auch Studien über die Berufsgeschichte und über Netzwerke von Naturwissenschaftlerinnen vor. Für die USA ist das zweibändige Werk von Margaret Rossiter ein Standardwerk. Christine Roloff dokumentierte die Berufs- und Vernetzungsgeschichte von Informatikerinnen und Chemikerinnen in Deutschland, und Helene Götschel schrieb eine Geschichte der Kongresse von Frauen in Naturwissenschaft und Technik.[74]

Soziologische Studien über die gegenwärtige Situation von Frauen in den Naturwissenschaften beschäftigen sich unter anderem mit folgenden Fragen: Wie verlaufen Karrieren von Naturwissenschaftlerinnen? Welche Faktoren beeinflussen ihre Entscheidung, aus den Naturwissenschaften auszusteigen? Für die Chemie ist die Studie von Barbara Nägele ein wichtiger Beitrag.[75] Nägele er-

---

73 Abir-Am, Pnina G.: „Women in Research Schools: Approaching an Analytical Lacuna in the History of Chemistry and Allied Sciences“. In: Seymour Mauskopf (Hrsg.): Chemical Sciences in the Modern World, Philadelphia 1993, S. 375-391.

74 Rossiter, Margaret: Women Scientists in America. Bd. 1: Struggles and Strategies to 1940. Baltimore 1982. Bd. 2: Before Affirmative Action 1940-1972. Baltimore 1995; Roloff, Christine: Von der Schmiegsamkeit zur Einmischung. Professionalisierung der Chemikerinnen und Informatikerinnen. Pfaffenweiler 1989; Götschel 2001 a.a.O.

75 Nägele, Barbara: Von ‚Mädchen‘ und ‚Kollegen‘. Zum Geschlechterverhältnis am Fachbereich Chemie. Mössingen-Talheim 1998. Siehe auch Pnina, Abir-Am und Outram, Dorinda (Hrsg.):

forschte darin die Fachkultur am Fachbereich Chemie der Universität Göttingen. Sie führte Interviews mit allen Professoren und ergänzte diese durch teilnehmende Beobachtung der Fachkultur. Eine ihrer Hauptthesen lautete, dass der Ausschluss von Frauen aus dem Berufsfeld der akademischen Chemie mit getragen sei durch die geschlechtsspezifische Konstruktion des Berufsfeldes Chemie. Der Begriff ‚geschlechtsspezifisches Berufsfeld' bedeutet, dass das Idealbild davon, was einen guten Chemiker ausmacht, nicht geschlechtsneutral ist, sondern der Beruf ‚Chemiker' als Männerberuf konstruiert ist. Der zentrale Punkt dieser These ist, dass nicht nur Frauen und Männern bestimmte Fähigkeiten zu- oder abgesprochen werden, sondern dass dem Fach Chemie selbst und der Arbeit in diesem Beruf ein Geschlecht zugewiesen wird. Ihre Forschungsfrage „Hat die Chemie ein Geschlecht?" bejahte die Autorin uneingeschränkt. Ein interessantes Ergebnis ist, dass all die Fähigkeiten, die nach Ansicht ihrer Informanten einen erfolgreichen Chemiker ausmachen, nicht nur als männlich konnotiert präsentiert wurden, sondern außerdem gemeinsam hatten, dass sie nicht erlernbar sind, sondern als angeborene Fähigkeiten und besondere Talente dargestellt wurden. Nägele bezeichnete diesen Mechanismus als Naturalisierung der Zusammensetzung wissenschaftlicher Eliten und zog eine Parallele zur Naturalisierung von Geschlechterverhältnissen im Allgemeinen. So wie im Beruf des Chemikers die Entwicklungs- und Lernprozesse zur Herausbildung von spezifischen Fähigkeiten geleugnet werden, werden auch die Prozesse zur Herstellung von Geschlechterhierarchien negiert. Sowohl das Berufsbild als auch das Geschlechterbild erscheinen als gegeben und naturhaft.

Ein Foto, das die Verknüpfung von Naturwissenschaft und Geschlecht auf eine Weise anspricht, die nach meiner Erfahrung eine starke Reaktion bei den Betrachtenden auslöst, sei sie positiver oder negativer Art, ist das folgende Porträt einer Chemiedozentin der Edinburgh University:

Das Foto war Teil der Ausstellung „Portraits of Excellence", die zuerst 1997 der ‚Scottish National Portrait Gallery' in Edinburgh gezeigt wurde. Alle Exponate stellten WissenschaftlerInnen der Edinburgh University dar. Die Art, in der Yellowlees in diesem Setting gekleidet ist[76], überrascht sehr. Das Bild provo-

---

Uneasy Careers and Intimate Lifes. Women in Science, 1789-1979. New Brunswick und London 1987, Teil 1, S. 1-125, zu britischen Botanikerinnen im frühen 19. Jahrhundert, nordamerikanischen Botanikerinnen im 19. Jahrhundert, Medizinerinnen im 19. und 20. Jahrhundert in den USA und Ornithologinnen in der ersten Hälfte des 20. Jahrhunderts in den USA.

76 Ein Begleittext im Ausstellungskatalog beschreibt die Motivation der Portraitierten für die von ihr gewählte Inszenierung: „But there is more to life than chemistry; family, friends, laughter,

ziert meines Erachtens, weil es einer Reihe von Annahmen über Naturwissenschaften, Frauen und Kleidung in einem Labor widerspricht. Eine Frau in Abendkleidung und entblößtem Dekolleté in einem Chemielabor zu sehen, entspricht nicht dem Erwarteten. Die nach meiner Erfahrung starken Reaktionen auf dieses Bild hängen mit Überzeugungen zu Geschlecht, Körperlichkeit und Naturwissenschaften zusammen. Es scheint, dass die im Abendkleid inszenierte Weiblichkeit im Widerspruch zu den mit dem Setting des chemischen Labors assoziierten Werten steht.

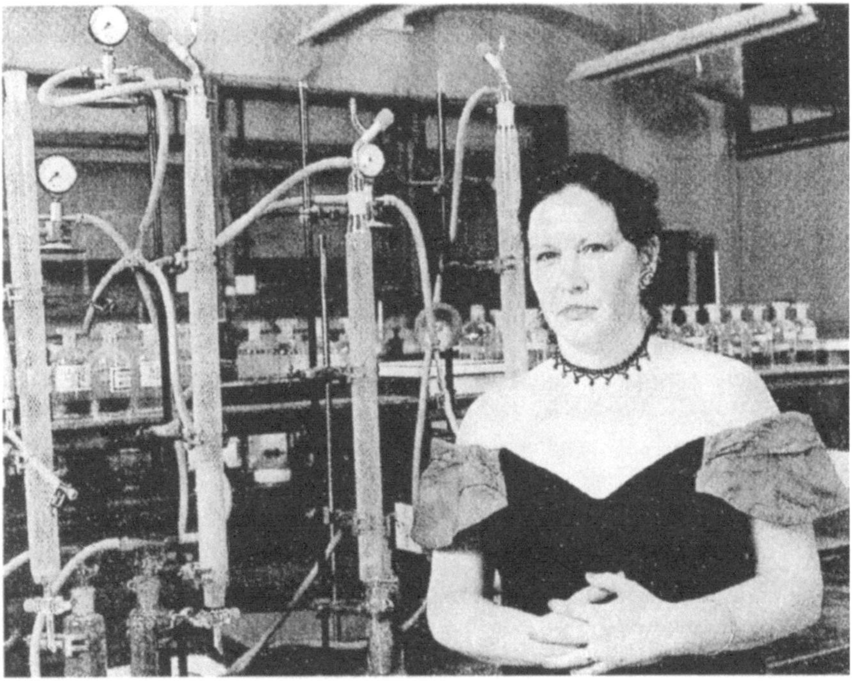

Abb. 1: Porträt von Dr. Lesley J. Yellowlees

Christiane Erlemann leistete mit ihrer qualitativen Studie zu Aussteigerinnen aus dem Ingenieursberuf einen wichtigen Beitrag zur Erforschung der Ausschlussmechanismen in naturwissenschaftlich-technischen Berufsfeldern. Ihre Analyse autobiographischer narrativer Interviews von Ingenieurinnen, die sich zu einem bestimmten Punkt ihrer Lebensgeschichte für eine Berufswechsel ent-

holidays and perhaps golf have their part to play in my life." http://www.visres.ed.ac.uk/-portraits/gallery_26_txt.htm (letzter Zugriff, 28.11.2002).

schieden, zeigt ein facettenreiches Geflecht von strukturellen und subjektkonstitutiven Elementen, die im Zusammenhang mit dem Ausstieg von Frauen aus dem Ingenieursberuf stehen. Erlemann zeigte eindrücklich, wie eng die Nicht-Thematisierung von Geschlecht in Studium und Beruf mit der gleichzeitigen Diskriminierung qua Geschlecht zusammenhängt und welche Effekte diese paradoxe Struktur für Ingenieurinnen hat.[77]

Zusätzlich zu historischen, biographischen und qualitativ soziologischen Studien sind aktuelle statistische Daten zu Studentinnen und Professorinnen in den Naturwissenschaften von andauerndem Interesse, um die Entwicklung von Frauenanteilen zu verfolgen. Im folgenden präsentiere ich aktuelle Eckdaten zum Anteil von Frauen bei den StudienanfängerInnen, AbsolventInnen (Diplom) und Hochschulpersonal (wissenschaftliche MitarbeiterInnen, DozentInnen und AssistentInnen, ProfessorInnen) in den Fachbereichen Physik, Chemie und Biologie.[78]

In der gesamten Bundesrepublik Deutschland gab es im Jahr 2000 nur 32 Frauen mit dem Beruf ‚Physikprofessorin'. Ihnen standen 1120 männliche Kollegen gegenüber.[79] Dieser extreme empirische Befund – nach mehreren Generationen von Frauenförderprogrammen an Hochschulen[80] – zeigt die Notwendigkeit, den Zusammenhang zwischen Geschlecht und Naturwissenschaften auf der Ebene von Politik und Wissenschaft weiter zu erforschen und kontinuierlich neue Strategien zur Frauenförderung zu entwickeln.

---

77 Erlemann, Christiane: „Ich trauer meinem Ingenieurdasein nicht mehr nach". Warum Ingenieurinnen den Beruf wechseln – eine qualitative empirische Studie. Bielefeld 2002.

78 Eigene Berechnungen nach: Bundesministerium für Bildung und Forschung (Hrsg.): Studierende und Studienanfänger an Hochschulen 1975 bis 2000. Berlin 2001; Bundesministerium für Bildung und Forschung (Hrsg.): Prüfungen an Hochschulen 1973 bis 2000. Berlin 2001; Statistisches Bundesamt (Hrsg.) Fachserie 11, Reihe 4.4, Personal an Hochschulen 1995-2000. Wiesbaden 1996-2001.

79 Daten über die jeweilige Fachrichtung innerhalb der Physik und die Besoldungsgruppe wären für eine detailliertere Analyse von Interesse.

80 Für eine Evaluation der Hochschulsonderprogramme II-III siehe Erdmann Regina I. und Schlegel, Monika: Frauenfördernde Maßnahmen der Hochschulsonderprogramme II und III. Ein Evaluationsbericht für Niedersachsen. Niedersächsisches Ministerium für Wissenschaft und Kultur (Hrsg.) Hannover 2000 und Dreas, Susanne A.: Förderung von Frauen nach dem HSP III. Bericht zur Auswertung der Förderphase 1997-2000. Hochschule für Wirtschaft und Politik Hamburg (Hrsg.) Hamburg 2001.

Tabelle 1: Frauenanteile in Physikfachbereichen in Deutschland

		1995	1996	1997	1998	1999	2000
StudienanfängerInnen *	M	2241	2172	2146	2208	2584	2997
	F	402	396	450	518	654	811
	%F	15,21	15,42	17,33	19,00	20,20	21,30
AbsolventInnen**	M	3230	3465	3103	2593	2139	1796
	F	327	345	363	250	214	194
	%F	9,19	9,06	10,47	8,79	9,09	9,75
Wissenschaftliche MitarbeiterInnen	M	5415	5523	5464	5397	5223	5006
	F	458	443	483	503	565	556
	%F	7,80	7,43	8,12	8,53	9,76	11,11
DozentInnen, AssistentInnen	M	623	647	710	591	583	538
	F	57	53	54	51	48	43
	%F	8,38	7,57	7,07	7,94	7,61	8,00
ProfessorInnen	M	1364	1351	1357	1322	1324	1120
	F	20	21	21	24	28	32
	%F	1,45	1,53	1,52	1,78	2,07	2,86

* *Die Angabe bezieht sich auf DiplomstudentInnen im ersten Hochschulsemester (also exklusive LehramtsstudentInnen und StudienwechslerInnen).*

** *Die Zahl bezieht sich auf bestandene Diplomprüfungen (also exklusive Promotionen und 1. Staatsexamina).*

Der Frauenanteil unter den StudienanfängerInnen im Fach Physik steigerte sich in der zweiten Hälfte der 1990er Jahre um sechs Prozentpunkte. Die 50-Prozent-Marke im Fach Physik zu erreichen scheint noch ein sehr langer Weg zu sein, denn obwohl die Studierendenzahlen zwischen 1995 und 2000 um absolut 1165 StudienanfängerInnen gestiegen sind, machen Frauen unter diesen zusätzlichen Studierenden noch nicht die Hälfte aus. Die AnfängerInnenzahlen stiegen, der Trend hängt demnach nicht mit einem generellen Trend sinkender StudienanfängerInnenzahlen zusammen, sondern es konnten nicht genügend Studentinnen geworben werden, um die Überrepräsentanz von Männern im Fach Physik signifikant und nachhaltig auszugleichen.

Im Fach Chemie ist die 50-Prozent-Marke bei den Studienanfängerinnen beinahe erreicht. Der Frauenanteil unter den StudienanfängerInnen steigerte sich von 1995 bis 2000 um neun Prozentpunkte. Die Biologie hat im Ensemble der Naturwissenschaften schon länger den Ruf eines ‚weiblichen Faches'. Die 50-Prozent-Marke bei den Studienanfängerinnen ist schon lange überschritten und steigerte sich in der zweiten Hälfte der 90er Jahre langsam weiter auf inzwischen über 63 Prozent.

Tabelle 2: Frauenanteile in Chemiefachbereichen in Deutschland

		1995	1996	1997	1998	1999	2000
StudienanfängerInnen*	M	1851	1805	1933	2009	2142	2460
	F	1252	1445	1542	1750	2030	2439
	%F	40,35	44,46	44,37	46,55	48,66	49,79
AbsolventInnen**	M	2424	2452	2075	1854	1340	1201
	F	1101	1012	906	692	615	527
	%F	31,23	29,21	30,39	27,18	31,46	30,50
Wissenschaftliche MitarbeiterInnnen	M	5434	5420	5348	5153	4953	4502
	F	1404	1444	1413	1377	1364	1361
	%F	20,53	21,04	20,90	21,09	21,60	23,21
DozentInnen, AssistentInnen	M	389	387	359	293	316	292
	F	121	122	93	60	70	64
	%F	23,73	23,97	20,58	17,00	18,13	17,98
ProfessorInnen	M	1133	1112	1103	1067	1047	896
	F	36	38	42	48	52	34
	%F	3,08	3,30	3,67	4,30	4,73	3,66

* *Die Angabe bezieht sich auf DiplomstudentInnen im ersten Hochschulsemester (also exklusive LehramtsstudentInnen und StudienwechslerInnen).*

** *Die Zahl bezieht sich auf bestandene Diplomprüfungen (also exklusive Promotionen und 1. Staatsexamina).*

Aussagen über die Anzahl der Studienabbrecherinnen lassen diese Daten nicht zu. Es ließe sich zwar eine Schwundbilanz errechnen, in der allerdings die Studienfachwechslerinnen, die Zuwanderung an Studentinnen, die Änderung der Studienzeit sowie die Änderungen der Studienanfängerinnenzahlen nicht berücksichtigt wären. Eine verlässliche Studienabbruchquote lieferte eine nach Geschlecht differenzierende Studienverlaufsstatistik, in der das Studienverhalten jedes und jeder einzelnen Studierenden (inkl. Fachwechsel, Hochschulwechsel, Unterbrechung des Studiums) erfasst wäre. Eine solche Studie wurde in Deutschland bisher nicht durchgeführt.

Tabelle 3: Frauenanteile in Biologiefachbereichen in Deutschland

		1995	1996	1997	1998	1999	2000
StudienanfängerInnen*	M	1651	1913	1973	1988	2010	2142
	F	2655	2777	2979	3051	3411	3712
	%F	61,66	59,21	60,16	60,55	62,92	63,41
AbsolventInnen**	M	1610	1615	1316	1281	1348	1150
	F	1891	1771	1620	1549	1748	1587
	%F	54,01	52,30	55,18	54,78	56,46	57,98
Wissenschaftliche MitarbeiterInnnen	M	2665	2737	2679	2753	2687	2629
	F	1440	1519	1461	1515	1599	1545
	%F	35,08	35,55	35,29	35,50	37,31	37,01
DozentInnen, AssistentInnen	M	422	439	485	454	449	433
	F	130	125	161	153	147	155
	%F	23,55	22,16	24,92	25,21	24,66	26,36
ProfessorInnen	M	969	939	947	918	909	863
	F	70	78	88	91	98	91
	%F	6,74	7,67	8,50	9,02	9,73	9,54

* *Die Angabe bezieht sich auf DiplomstudentInnen im ersten Hochschulsemester (also exklusive LehramtsstudentInnen und StudienwechslerInnen).*

** *Die Zahl bezieht sich auf bestandene Diplomprüfungen (also exklusive Promotionen und 1. Staatsexamina).*

Das Hochschul-Informations-System (HIS) veröffentlichte im Jahr 2002 eine Studienabbruchstudie, in der mit bereinigten AnfängerInnen- und AbsolventInnenzahlen Studienabbruchquoten für einzelne Fachgruppen und Fächer ermittelt wurden.[81] Leider wird in dieser Studie zwar bei der Fächergruppe „Mathematik, Naturwissenschaften" noch nach Geschlecht differenziert, jedoch bei den Studienabbruchquoten für einzelne Fächer wie Physik, Chemie und Biologie nicht mehr. Weil die Geschlechterverhältnisse in den einzelnen Fächer der Fächergruppe und auch die Studienabbruchquoten sehr unterschiedlich sind, ist diese Quote nicht aussagekräftig. Verlässliche, fach- und geschlechtsspezifische Zahlen für die einzelnen naturwissenschaftlichen Fächer wären von großer Bedeutung, um der Frage nach geschlechtsspezifischen Ausschluss- und Fördermechanismen in den unterschiedlichen naturwissenschaftlichen Fachkulturen nachzugehen.

Von oben nach unten gelesen, belegen die Tabellen in allen drei Fächern eine Struktur, die sich als ‚vertikaler Ausschluss von Frauen' bezeichnen lässt. Über die Karriere- und Hierarchiestufen innerhalb der Universität nehmen die Anteile

81 Heublein, Ulrich et al.: Studienabbruchstudie 2002. Die Studienabbrecherquoten in den Fächergruppen und Studienbereichen der Universitäten und Fachhochschulen. Hannover 2002

von Frauen sprunghaft ab bzw. nehmen bei Männern sprunghaft zu. Je höher die Besoldung, die institutionellen Ressourcen und das Prestige, desto geringer ist der Anteil von Frauen in der jeweiligen Statusgruppe. Haben frühere Untersuchungen gezeigt, dass die Promotion eine entscheidende Barriere mit den höchsten Ausstiegsraten von Frauen in der Wissenschaftskarriere ist[82], so deuten diese aktuellen Zahlen darauf hin, dass eine Verlagerung stattgefunden hat. Im Fach Physik findet der augenscheinlichste Abfall des Frauenanteils (nach der Verminderung des Frauenanteils von 50 Prozent zwischen Studienanfang und Studienabschluss) in der Phase der Berufung auf eine Professur statt. Die Zahlen der Absolventinnen, Promovendinnen und Assistentinnen/Dozentinnen liegen in der Physik über diese drei Statusgruppen hinweg bei sieben bis elf Prozent. Mit diesen Zahlen ist kein signifikanter Anstieg im relativen Ausschlussgrad von Frauen in der Karrierephase vom Diplom über die Promotion bis zur Habilitation festzustellen, jedoch vermehrt nach der Habilitation in der Phase der Berufung auf eine Professur.[83] Die absoluten Zahlen dokumentieren in allen drei Naturwissenschaften einen Stellenabbau. In allen drei Fächern war die Erhöhung der Frauenanteils nicht rückläufig, summarisch waren Professorinnen nicht vom Stellenabbau betroffen (Daten über Neuberufungen von Frauen liegen leider nicht vor). Jedoch sind diese Entwicklungen mit Hinblick auf den Gesamtkontext der weiter enormen Geschlechteruntergleichheit in Bezug auf diese Statusgruppe innerhalb der Universität weit davon entfernt, auf einen geschlechterdemokratischen Wandel innerhalb der Institution Universität hinauszulaufen. Für eine Trendwende wären Steigerungsraten in anderer Dimension notwendig. Professorinnen machten im Jahr 2000 in diesen drei Naturwissenschaften nur ca. drei Prozent (Physik), ca. vier Prozent (Chemie) und ca. zehn Prozent (Biologie) der ProfessorInnenschaft aus. Diese Zahlen erhöhten sich in der zweiten Hälfte der 1990er Jahre nur minimal. An Physikfachbereichen ist eine Steigerungsrate der Frauenanteile unter den professoralen Mitgliedern um 1,4 Prozentpunkte, in der Chemie um 0,6 Prozentpunkte und in der Biologie um 2,8 Prozentpunkte festzustellen. In absoluten Zahlen ausgedrückt wurden zwischen 1995 und 2000 nur

82 Niedersächsisches Ministerium für Wissenschaft und Kultur (Hrsg.): Frauenförderung ist Hochschulreform – Frauenforschung ist Wissenschaftskritik. Bericht der niedersächsischen Kommission zur Förderung von Frauenforschung und zur Förderung von Frauen in Lehre und Forschung. Hannover 1994, S. 50f.

83 Dieses Ergebnis ist fächerspezifisch, für die aktuelle Situation in der Erziehungswissenschaft siehe Schenk, Barbara: „Geschlechterverhältnis". In: Hans-Uwe Otto [et al.]: Datenreport Erziehungswissenschaft. Befunde und Materialien zur Lage und Entwicklung des Faches in der Bundesrepublik. Opladen 2000, S. 99-116, hier S. 114f.

acht (zusätzliche) Professorinnen an Physik-Fachbereiche berufen. In der Chemie verringerte sich die absolute Anzahl von Professorinnen in diesem Zeitraum sogar von 36 auf 34. In der Biologie wurden 28 (zusätzliche) Professorinnen berufen.

Die Reihenfolge der Fächer in Bezug auf die Frauenanteile in den verschiedenen Statusgruppen, gleich ob Studienanfängerinnen, -absolventinnen etc., wurde nie durchbrochen. Die Physik führte die Liste der relativen Ausschlussgrade von Frauen immer an, immer gefolgt von der Chemie und der Biologie mit den relativ größten Frauenanteilen.

Diese statistischen Daten geben einen groben Überblick über die Situation von Frauen in den Naturwissenschaften. Sie werfen weitere Fragen nach den Mechanismen der Unterrepräsentanz von Frauen bzw. Überrepräsentanz von Männern und nach Substrukturen innerhalb der Fächer auf, z.B. ob es Forschungsfelder gibt, in denen die wenigen Naturwissenschaftlerinnen eher anzutreffen sind als in anderen.

Margaret Rossiter, amerikanische Wissenschaftshistorikerin, erarbeitete am Beispiel des Berufes der ‚chemische Bibliothekarin' (‚chemical librarian') heraus, dass der Ausschluss von Frauen nicht allein, wie sie es nennt, territorial stattfindet, sondern zusätzlich hierarchisch.[84] Mit dem Begriff ‚territorialer Ausschluss' beschreibt Rossiter, dass Frauen im Berufsfeld ‚Chemie' insgesamt unterrepräsentiert sind. Mit ihrem Begriff der ‚hierarchical segregation' benennt sie, dass die Frauen, die als Chemikerinnen in der Industrie arbeiten, in ganz bestimmten Subfelder des Berufes und auf unteren Hierarchiestufen anzutreffen sind. Der Fall ist interessant, weil sich in diesem Beruf ein Wandel von einer am Prestige und an der Entlohnung gemessenen niedrigen Position in der Hierarchie der chemischen Berufsfelder hin zu einer höheren Position vollzog.[85] Frauen mit College- und Universitätsabschluss in Chemie wurden in den 1940er und 50er Jahren in den USA speziell für diese Tätigkeit mit dem Slogan „Chemische Bibliothekarin: eine Berufschance für Frauen in der chemischen Industrie" angeworben. Der Beruf der chemischen Bibliothekarin zeichnete sich zu jener Zeit durch ein vergleichsweise geringes Gehalt, ein beschränktes Maß an Eigenverantwortlichkeit und wenig Prestige aus. Der sogenannte Sputnikschock im

84 Rossiter, Margaret: „Chemical Librarianship: A Kind of ‚Women's Work' in America". In: Ambix. Jg. 43, (XLIII) Nr. 1 (1996), S. 46-58.

85 Zu geschlechtsspezifischen Subfeldern innerhalb des chemischen Berufes siehe auch Roloff, Christine: „Chemikerinnen. Zur Bildungs- und Berufsfrage in der Chemie". In: Anne Schlüter (Hrsg.): Pionierinnen, Feministinnen, Karrierefrauen? Zur Geschichte des Frauenstudiums in Deutschland. Pfaffenweiler 1992, S. 201-215, hier 211ff.

Jahre 1957 leitete den Wandel ein. Es wurde viel Geld in chemische Informationssysteme investiert, das alte weibliche Tätigkeitsfeld ‚chemische Bibliothekarin' wurde umbenannt, mit dem modernen Begriff ‚Information' versehen und die alten Stellen wurden in der Managementetage von chemischen Firmen angesiedelt. Rossiter beobachtete parallel zu diesem Wandel, der den Beruf ‚chemische Bibliothekarin' aufwertete, eine Maskulinisierung desselben. In Programmen von Fachkonferenzen tauchten immer weniger Frauen auf und statt mit dem weiblichen Pronomen bezog man sich nun mit dem männlichen Pronomen auf diesen Beruf.[86]

In internationalen Vergleichen über Frauenanteile in naturwissenschaftlichen Disziplinen wird die Annahme von der Weiterentwicklung nord/westeuropäischer Staaten und den USA auf den Kopf gestellt. Tatsächlich war der Frauenanteil 1990 an Physikprofessuren in Ungarn und Portugal um fast das Zehnfache höher als in Deutschland und in den USA. Auch die Türkei und Italien liegen mit einem Frauenanteil an Physikprofessuren von ca. 24 Prozent an den Stellen sechs und sieben eines internationalen Rankings, das in der populären US-amerikanischen Zeitschrift „Science" veröffentlicht wurde.[87]

Die Vielfalt der historischen Methoden, Frauen als Akteurinnen in den Naturwissenschaften zu erforschen reicht von Einzelbiographien über Netzwerkbiographien hin zu professionshistorischen Studien. Im soziologischen Zugang umspannt die Methodenvielfalt qualitative biographische Studien, Studien über Institutionen und quantitatives Datenmaterial zum Anteil von Frauen in unterschiedlichen Ausbildungs- und Karriereabschnitten.

Mit dem Übergang zum folgenden Abschnitt wird ein Wechsel von der Analyseebene ‚Frau' hin zur Analyseebene ‚Geschlecht' vollzogen. Die Analysekategorien Frau und Geschlecht sind, wie bereits erwähnt, nicht gleichzusetzen. Mit der Kategorie Geschlecht werden sowohl Konzeptionen von Weiblichkeit als auch Konzeptionen von Männlichkeit gefasst und das Verhältnis, in dem beide zueinander stehen.

---

86 Rossiter 1996 a.a.O., S. 52ff.

87 Science Sonderheft zu ‚Women in Science – Comparison Across Cultures'. Nr. 11, März (1994), hier S. 1468.

2.5.2 Naturwissenschaftliche Konstruktionen hierarchischer Geschlechterdifferenz (Science of Gender)

> "The more we look for a simple physical basis for ‚sex', the more it becomes clear that ‚sex' is not a pure physical category"[88]

Mit dieser Forschungsperspektive wird nach den Anteilen von naturwissenschaftlichem Wissen an der Konstruktion hierarchischer Geschlechterdifferenz gefragt. Es geht um Prozesse, in denen mittels naturwissenschaftlicher Autorität gesellschaftliche Machtverhältnisse wie das Geschlechterverhältnis naturalisiert und legitimiert werden.

In der Biologie und Medizin wird Geschlecht auf vier Ebenen bestimmt:[89]

- Genetisches Geschlecht (XX-XY-Chromosomen-Modell)
- Gonadales Geschlecht (Keimdrüsengeschlecht, Eierstöcke versus Hoden)
- Hormonelles Geschlecht (‚weibliche, Hormone versus ‚männliche, Hormone)
- Morphologisches Geschlecht (Sexualorgane wie Klitoris versus Penis)

Zu jeder dieser Ebenen der biologisch-medizinischen Klassifikation von ‚männlich' versus ‚weiblich' liegen kritische Analysen von Biologinnen vor.[90] Sie zeigen, dass keine dieser Bestimmungsebenen ein scharfes Entweder-Oder liefert, sondern dass sich zwischen den idealtypischen ‚Männlich-' und ‚Weiblich'-Polen verschiedene Variationen und kontinuierliche Übergänge finden: „A body's sex is simply too complex. There is no either/or. Rather there are shades of differences."[91]

---

88 Fausto-Sterling, Anne: Sexing the Body: Gender Politics and the Construction of Sexuality. New York 2000, S. 4.

89 Mit leicht modifizierten Begrifflichkeiten nach Reimers, Tekla: Die Natur des Geschlechterverhältnisses: biologische Grundlagen und soziale Folgen sexueller Unterschiede. Frankfurt a. M. 1994, S. 43-45.

90 Birke, Lynda: Women, Feminism, and Biology: The Feminist Challenge. Brighton 1986; dies.: Feminism and the Biological Body. Edinburgh 1999; Bleier, Ruth: Science and Gender: A Critique of Biology and its Theories on Women. New York 1984; Hubbard, Ruth; Henefin, Mary Sue; Fried, Barbara (Hrsg.): Biological Woman – The Convenient Myth. Cambridge 1982; Hubbard, Ruth: The Politics of Women's Biology. New Brunswick 1990; Fausto-Sterling, Anne: Myths of Gender. Biological Theories about Women and Men. New York 1985; dies.: „The Five Sexes: Why Male and Female Are Not Enough". In: The Sciences. März/April (1993), S. 20-24; dies. 2000 a.a.O.; Reimers, Tekla 1994 a.a.O.; Spanier, Bonnie: Im/Partial Science. Gender Ideology in Molecular Biology. Bloomington und Indianapolis 1995.

91 Fausto-Sterling 2000 a.a.O., S. 3.

Das XX-XY-Chromosomen-Modell besagt zum Beispiel, dass Männer und Frauen sich genetisch eindeutig unterscheiden. Zusätzlich zu den 22 Chromosomenpaaren, den sogenannten Autosomen, besitzen Frauen demnach zwei X-Chromosomen und Männer ein X- und ein Y-Chromosom. Weil diese Chromosomen mit der Geschlechtsentwicklung in Zusammenhang gebracht werden, werden sie auch Gonosomen oder Geschlechtschromosomen genannt. Dieses Geschlechtschromosomenmodell erweist sich u.a. deshalb als begrenzt, weil es die Chromosomenkombinationen XXY (Klinefelter Syndrom), X0 (Turner Syndrom) und andere Formen von weder XX- noch XY-Chromosomenkombinationen nicht zu fassen vermag.[92]

Die Konstruktion von ‚männlichen' versus ‚weiblichen' Hormonen (Androgene versus Östrogene) erweist sich ebenfalls als problematisch. Sowohl Männer als auch Frauen besitzen beide Hormone. Sie können sich außerdem im Körper ineinander umwandeln, weil sie einander chemisch sehr ähnlich sind. Das Verhältnis beider Hormonanteile entspricht ebenso wenig dem strikten Modell der biologischen Zweigeschlechtlichkeit, denn die Anteile weichen eher in kontinuierlicher Weise voneinander ab, als dass sie in Individuen bipolar verschieden wären. Zusätzlich variiert der Anteil des jeweiligen sogenannten Sexualhormons mit dem Lebensalter eines Menschen, so dass Frauen nach den Wechseljahren mehr ‚männliche' Hormone besitzen können als Männer.[93] Die frühe Assoziierung von Hormonen mit der Kategorie Geschlecht und ihre Klassifizierung als ‚Sexualhormone' in der Geschichte der Endokrinologie wirkt bis heute nach. Auch nach umfassender Forschung, die zeigte, dass Steroide ganz allgemein Wachstumsregulatoren sind, bleibt die Geschlechtssymbolik an ihnen haften. So entstehen absurde Zuschreibungseffekte, z.B. dass Organe, die eindeutig keine Fortpflanzungsfunktion besitzen, als Geschlechtsorgane gesehen werden. „Chemicals infuse the body, from head to toe, with gender meanings."[94]

Zusätzlich zu dieser kontinuierlichen Varianz innerhalb der verschiedenen Klassifikationskategorien von genetischem, hormonellen, gonodalen und morphologischen Geschlecht scheint es keinen kausalen Zusammenhang zwischen

92 Fausto-Sterling gibt als Häufigkeiten dieser Chromosomenkombinationen, welche die chromosomale Definition von Zweigeschlechtlichkeit nicht bestätigen, an: 0,0639 pro 100 Lebendgeburten (weder XX noch XY), 0,0369 (Turner Syndrom) und 0,0922 (Klinefelter Syndrom), Fausto-Sterling 2000, S. 53, Tabelle 3.2.

93 Spanier 1995 a.a.O., S. 68.

94 Fausto-Sterling 2000, S. 147. Für eine detaillierte und erhellende feministische Historiographie der Endokrinologie siehe dies. 2000 a.a.O., Kapitel 6 ‚Sex Glands, Hormones, and Gender Chemistry' und Kapitel 7 ‚Do Sex Hormones Really Exist (Gender becomes Chemical)'.

den vier Kategorien zu geben.[95] Die vier Ebenen der Geschlechtsdefinition korrelieren nicht auf deterministische Weise miteinander. Es gibt also Menschen, die z.B. per genetischer Kategorie als Mann bestimmt, per morphologischer Kategorie aber als Frau definiert werden. Im Zusammenhang mit den Olympischen Spielen gelangt dieses Thema hin und wieder in die Tagespresse. Sportlerinnen müssen sich zur Zulassung zu den Olympischen Spielen einer sogenannten Geschlechtskontrolle unterziehen, bei der das genetische Geschlecht festgestellt wird. Dieser Test wurde bei den Leichtathletik-Europameisterschaften 1966 zum ersten Mal international durchgeführt und ist seit 1968 bei den Olympischen Spielen die Regel. In der Geschichte der Olympischen Spiele gibt es mehrere Fälle von Sportlerinnen, die, weil sie diesen ‚Weiblichkeitstest' nicht bestanden, von den Spielen ausgeschlossen wurden. Zwischen 1974 und 1984 wurde schätzungsweise eine von 400 Athletinnen ausgeschlossen. Allein 1984, bei den Spielen in Los Angeles, fielen sechs Frauen bei dem Weiblichkeitstest durch.[96] Die spanische Hürdenläuferin Maria Patiño, Olympiateilnehmerin von 1988, bei der im Sex-Test ein Y-Chromosom festgestellt wurde und die deshalb disqualifiziert wurde, war die erste männlich, getestete Olympiateilnehmerin, die gegen das Sex-Testing des IOC protestierte – leider ohne Erfolg.[97]

Widersprüche in der Anwendung des biologisch-medizinischen Klassifikationssystems der Geschlechtsdefinition zeigen, dass sich, wenn alle Ebenen der Geschlechtsdefinition addiert werden, kein eindeutiges Ergebnis von hundertprozentig männlich oder hundertprozentig weiblich ergibt. Dass dieses bipolare Klassifikationsschema von Mann versus Frau der Diversität menschlicher Körper nicht gerecht wird, sollte eigentlich zu Kritik an dieser idealtypischen Konstruktion des biologischen Mannes und der biologischen Frau führen. Aufmerksamkeit und Kritik erfährt dieses strikte System der Zweigeschlechtlichkeit vor allem durch die Intersexuellenbewegung und verbündete WissenschaftlerInnen.[98] Denn dieses Geschlechtersystem hat für Menschen, die dem Schema nicht entsprechen,

---

95 Für eine aktuelle Kritik an den Bestimmungsebenen ‚gonadales' und ‚morphologisches' Geschlecht siehe Fausto-Sterling 2000, Kapitel 2-4.

96 Vines, Gail: „Olympiade Geschlechtertest". In: Orgyn. Nr. 1 (1993), S. 23-25; Welzel, Petra: „Olympias ‚schöne' Töchter". In: Freitag vom 15.09.2000, S. 38.

97 Fausto-Sterling 2000 a.a.O., S. 1ff.

98 Vgl. Reiter, Birgit Michel: „‚It's easier to make a hole than to build a pole' – Genitale Korrekturen an intersexuellen Menschen". In: Koryphäe. Nr. 21 (1997), S. 47-51, dies./ders.: „Kindergynäkologie und Pädiatrie: Geschlechter- und Körperkonstrukteure. Ein Vortrag über die Vernichtung intersexueller Menschen". In: 23. Kongress von Frauen in Naturwissenschaft und Technik. Dokumentation, Darmstadt (1997), S. 381-385.

zum Teil drastische Auswirkungen. Deviante Körper werden pathologisiert, und die Pädiatrie greift bei Abweichungen von eindeutiger Geschlechtszuweisbarkeit ein. Ärzte werden zu Geschlechterkonstrukteuren. Kinder, deren Körper dem bipolaren Konstrukt von Zweigeschlechtlichkeit nicht entsprechen, werden ‚korrektiven' chirurgischen, hormonellen und psychologischen Eingriffen und Behandlungen ausgesetzt.[99]

Menschen, die dem biologischen Modell der Zweigeschlechtlichkeit nicht entsprechen, in den Blick zu bringen und den Umgang einer Gesellschaft mit ihnen zu thematisieren, liefert Erkenntnisse über die Mechanismen der kontinuierlichen Herstellung von Geschlecht und der Konstruiertheit von Geschlecht. Anhand des Themas Intersexualität wird die Konstruiertheit der Kategorie des biologischen Geschlechts deutlich, und dass die Zuweisung eines biologischen Geschlechts eine sozial determinierte Entscheidung und Handlung ist. Alice Domurat Dreger analysierte in ihrer historischen Studie den Wandel im Umgang mit intersexuellen Menschen und der Definition von biologischem Geschlecht um 1900. Sie beschrieb die Entwicklung der Medizin in Frankreich und Großbritannien und deren Auswirkung auf Menschen, die nicht in das Modell biologischer Zweigeschlechtlichkeit passten. Zunehmende gynäkologische Versorgung und eine wachsende Anzahl von Berichten über diagnostizierten Hermaphrodismus in medizinischen Fachorganen machte es um 1900 notwendig, die Definition von biologischem Geschlecht zu modifizieren. Eine Ausarbeitung der Differenzen zwischen biologischer ‚Weiblichkeit' und ‚Männlichkeit' war nach Dreger notwendig, um das Modell der biologische Zweigeschlechtlichkeit zu stabilisieren.[100] Die Historisierung von biologisch-medizinischen Geschlechterdefinitionen ist eine wirksame Perspektive, um die soziale Determiniertheit dieser Geschlechterdefinitionen zu zeigen.[101]

---

99 Populär wurde das Thema der Intersexualität in Deutschland gegen Ende 2000 mit der Veröffentlichung der Leidensgeschichte des David/Brenda Reimers, der als Junge geboren und nach einem Unfall 1967, bei dem er seinen Penis verlor, von dem amerikanischen Sexualwissenschaftler John Money durch chirurgische, hormonelle und psychologische Eingriffe zum Mädchen therapiert werden sollte. Colapinto, John: Der Junge, der als Mädchen aufwuchs. Düsseldorf 2000.

100 Dreger, Alice Domurat: Hermaphrodites and the Medical Invention of Sex. Cambridge 1998.

101 Vgl. Duden, Barbara: Geschichte unter der Haut: Ein Eisenacher Arzt und seine Patientinnen um 1730. Stuttgart 1987; Honegger, Claudia: Die Ordnung der Geschlechter. Die Wissenschaften vom Menschen und das Weib, 1750-1850. Frankfurt a. M. 1991; Jordanova, Ludmilla: Sexual Visions. Images of Gender in Science and Medicine between the Eighteenth and Twentieth Centuries. Madison 1989; Laqueur, Thomas: Making Sex. Body and Gender from the Greeks to Freud. Cambridge und London 1990; Russett, Cynthia Eagle: Sexual

Thomas Laqueur brachte mit seiner Studie über Geschlechterkonstruktionen von der Antike bis Freud eine interessante These in die feministische Diskussion ein. Er fasste seine Forschungsergebnisse folgendermaßen zusammen: Von der Antike bis zur Aufklärung lässt sich die Auffassung über das biologische Geschlecht als ,one-sex-model' beschreiben. In diesem Modell ist das soziale Geschlecht entscheidend, das biologische hat eine untergeordnete Bedeutung. Im ,one-sex-model' wurden darüber hinaus Geschlechterdifferenzen als graduell und nicht als kategorial verstanden:

"For Aristotle, therefore, and for the long tradition founded on his thought, the generative substances are interconvertible elements in the economy of a single-sex body whose higher form is male."[102]

,Sex' ist zu dieser Zeit eine ganz und gar soziale Kategorie. Erst im 18. Jahrhundert wurde nach Laqueur das ,biologische Geschlecht', in seiner heutigen Bedeutung, erfunden. Es etablierte sich ein ,two-sex-model', mit dem die Geschlechterhierarchie mit Bezug auf biologische Differenzen legitimiert wurde. ,Sex' wurde mit diesem Wandel zur grundlegenden Kategorie des Geschlechterverhältnisses und löste ,gender' ab.

Ein Ziel der feministischen Kritik an biologisch-medizinischen Konstruktionen von Zweigeschlechtlichkeit ist es, der Naturalisierung gesellschaftlicher Machtverhältnisse entgegen zu wirken. Die Naturalisierung gesellschaftlicher Machtverhältnisse erscheint wie eine Art dynamischer, interaktiver Zirkelschluss. Zum einen bilden sich gesellschaftliche Machtverhältnisse in naturwissenschaftlichen Theorien ab (,gender in science'), zum anderen dienen diese Theorien und sogenannte Naturgesetze als Legitimation eben dieser gesellschaftlichen Verhältnisse (,science of gender'). Der Sinn und die Bedeutung, die NaturwissenschaftlerInnen in ihrem Material ,entdecken', bewegt sich in einem gesellschaftlichen Kontext von Sinn- und Bedeutungsproduktionen. Das Material, dem Bedeutung zugeschriebenen wird, und die Sinn gebende naturwissenschaftliche Theorie zirkulieren und produzieren Sinn für nicht-naturwissenschaftliche Phänomene in anderen gesellschaftlichen Diskursen. Diese Art von zirkelschlussartigen Bewe-

Science. The Victorian Construction of Womanhood. Cambridge und London 1989; Schiebinger, Londa: Nature's Body. Gender in the Making of Modem Science. Boston 1993; Schmersahl, Katrin: Medizin und Geschlecht. Zur Konstruktion der Kategorie Geschlecht im medizinischen Diskurs des 19. Jahrhunderts. Opladen 1998; Tuana, Nancy: The Less Noble Sex. Scientific, Religious, and Philosophical Conceptions of Woman's Nature. Bloomington und Indianapolis 1993.

102 Laqueur 1990 a.a.O., S. 42.

gungen bestimmen das Verhältnis zwischen Naturwissenschaften und dem größeren gesellschaftlichen Rahmen, in den sie eingebettet sind. Die medizinischen Eingriffe in deviante Körper sind ein Beispiel dafür, dass es sich hier nicht allein um Ideen, Konzepte und Theorien handelt, die in verschiedenen gesellschaftlichen Sphären zirkulieren, sondern dass sie mit Praxen korrelieren, die diese Konzepte materialisieren.

Die Konstruktion von ‚sex' findet nicht isoliert, sondern im Zusammenhang mit multiplen sozialen Strukturkategorien statt. Dem Zusammenwirken komplexer Machtstrukturen nachzugehen und sie zu verstehen, ist eine bleibende und große Herausforderung an feministische Theorien. Kritik am Konzept ‚Rasse' und an der genetischen Definition menschlicher Rassen wurde auch innerhalb der biologischen Wissenschaftsgemeinschaft vorgebracht.[103] Für die naturwissenschaftliche Konstruktion von ‚Geschlecht' und von ‚Rasse' und ihr Zusammenwirken haben feministische Naturwissenschaftsforscherinnen erste Beiträge geleistet.[104] In diesen Studien zeigte sich, dass eine einfach additive Beschreibung von Machtverhältnissen den komplexen Dynamiken nicht gerecht wird.[105] Durch

---

103 Livingstone, Frank B.: „On the Nonexistence of Human Races". In: Sandra Harding (Hrsg.): The ‚Racial' Economy of Science. Toward a Democratic Future. Bloomington und Indianapolis 1993 [1964], S. 133-141; Lewontin, Richard: „The Apportionment of Genetic Diversity". In: Evolutionary Biology. Jg. 6 (1972), S. 381-389. In diesen frühen Studien wurde argumentiert, dass das auf das Klassifikationssystem des schwedischen Botanikers Carolus Linnaeus (1707-1778) zurückgehende Rassekonzept für die Anthropologie und die Humangenetik wissenschaftlich überholt sei. Die Autoren wiesen nach, dass die genetische Diversität innerhalb von ‚Rassen' größer ist als die Differenz zwischen ihnen.

104 Vgl. u.a. Stepan, Nancy: „Race and Gender: The Role of Analogy in Science". In: Harding 1993 [1986] a.a.O., S. 359-376; Schiebinger, Londa: „The Anatomy of Difference: Race and Sex in the in the 18th Century Science. In: Eighteenth Century Studies. " Jg. 23, Nr. 4 (1990), S. 387-405; dies.: „Theories of Gender and Race". In: Dies.: Nature's Body. Gender in the Making of Modern Science. Boston 1993, S. 143-183; Fausto-Sterling, Anne: „Gender, Race, and Nation: The Comparative Anatomy of ‚Hottentot' Women in Europe, 1815-1817". In: J. Terry und J. Urla (Hrsg.): Deviant Bodies. Bloomington und Indianapolis 1995, S. 19-48; Hammonds, Evelynn: „Race, Sex, and AIDS: The construction of the ‚other' ". In: Radical America. Jg. 20, Nr. 6 (1986), S. 28-38.

105 Aus der Perspektive von ‚Women in Science' hat Evelynn Hammonds, die erste Schwarze Wissenschaftlerin (die Großschreibung des Adjektivs ‚schwarz' wurde innerhalb von antirassistischen Bewegungen entwickeln, um die politische Dimension der Kategorie ‚schwarz' von ihrer ethnisierenden Bedeutung abzuheben), die an der US-amerikanischen Eliteuniversität ‚Massachusetts Institut of Technology' auf eine ordentliche Professur berufen wurde, das Verwobensein beider Strukturkategorien in einem biographischen Interview auf den Punkt gebracht. „Aimee Sands: You said that you experienced sexism as an overriding problem at MIT when we first started talking about it. But the way you talked about it since then it really sounds

Interaktionen und Bezüge verändern sich vorherige Assoziationen und Zuordnungen. In Abhandlungen über ,menschliche Rassen' aus dem 18. und 19. Jahrhundert, die auf Evolutionstheorien rekurrierten, wurden z.B. nicht-europäische Männer feminisiert dargestellt und eine klare Positionierung europäischer Frauen innerhalb einer hierarchischen Klassifikation gelang erst durch die Abgrenzung von nicht-europäischen Frauen.

Ich bin in diesem Abschnitt allein auf biologisches und medizinisches Wissen eingegangen, woraus aber nicht der Schluss gezogen werden sollte, dass den physikalischen Wissenschaften per se eine Sonderrolle gebührt, aufgrund derer sie von der Frage nach dem Anteil ihres Wissens an der Konstruktion hierarchischer Geschlechterdifferenz ausgenommen werden sollten. Allerdings gibt es zu dieser Dimension feministischer Naturwissenschaftsforschung ein eklatantes Forschungsdefizit. Mir ist keine Veröffentlichung bekannt, in der Anteile von physikalisch-chemischem Wissen in Konstruktionsprozessen hierarchischer Geschlechterdifferenz herausgearbeitet werden.

Auf diese Forschungslücke aufmerksam zu machen und einen Beitrag zu leisten, sie zu füllen, ist Anliegen der vorliegenden Arbeit. Dieses Anliegen erscheint mir auch aus einer epistemologischen Perspektive dringlich. Der bisherige Forschungsstand zu ,science of gender' reproduziert eine Grenzziehung innerhalb der Naturwissenschaften, mit der die sogenannten Lebenswissenschaften und die physikalischen Wissenschaften in eine Hierarchie eingeordnet werden, in der die Lebenswissenschaften als involvierter in geschlechterpolitische Prozesse scheinen als die physikalischen Wissenschaften. Damit wird den physikalischen Wissenschaften ein epistemologischer Status zugeschrieben, der sie als von gesellschaftlichen Bedingungen abstrahierender und letztendlich objektiver erscheinen lässt.[106]

---

like it was racism that really affected you most. Evelynn Hammonds: They are not separate. Because they aren't separate in me. I am always Black and female. I can't say ,well that was just a sexist remark' without wondering would he have made the same sexist remark to a white woman. So does that make it a sexist, racist remark? (...) and that takes a lot of energy to be constantly trying to figure out which one it is, I don't do that anymore (...)." An Interview with Evelynn Hammonds by Aimee Sands „Never Meant to Survive. A Black Woman's Journey". In: Sandra Harding (Hrsg.): The ,Racial' Economy of Science. Toward a Democratic Future. Bloomington und Indianapolis 1993, S. 239-248, hier S. 248.

106 Zum epistemologischen Sonderstatus der physikalischen Wissenschaften siehe meine Diskussion im Abschnitt 2.6.2.

2.5.3 Geschlecht als Kategorie in naturwissenschaftlichem Wissen (Gender in Science)

> „Eine solche Sichtweise impliziert einen Richtungswechsel der feministischen Kritik, denn sie führt nicht den Biologismus wissenschaftlicher Theorien auf die sexistische Legitimation der sozialen Ungleichheit zurück, sondern sucht jene abstrakten Formen der Gesellschaftlichkeit in den biologischen Vorstellungen auf, die die androzentrischen Implikationen in der naturwissenschaftlichen Theorie von der Evolution (...) verursachen.[107]

Im vorangehenden Abschnitt habe ich die Konstruiertheit biologischer Zweigeschlechtlichkeit, wie sie in der feministischen Naturwissenschaftsforschung thematisiert wird, dargestellt. Die Rolle der biologischen und medizinischen Wissenschaften ist (seit dem 19. Jahrhundert) in der Konstruktion des Geschlechterdualismus dominant. Dies war nicht immer so; zu anderen Zeiten spielten juristische und moralische Diskurse eine dominante Rolle.

Die Kategorie Geschlecht ist über diese unmittelbare Weise der Konstruktion von biologischer Zweigeschlechtlichkeit hinaus in weiteren, vermittelteren Formen Bestandteil naturwissenschaftlichen Wissens. In diesem Abschnitt zu ‚gender in science' geht es deshalb allgemeiner als im vorangehenden Abschnitt um den Zusammenhang von Naturwissenschaft und dem gesellschaftlichen Verhältnis der Geschlechter. Ich verlasse den engen Definitionsrahmen von naturwissenschaftlichem Wissen, das unmittelbare Aussagen über die menschliche, biologische Zweigeschlechtlichkeit macht, und wende mich den physikalischen Naturwissenschaften und den Bereichen der Lebenswissenschaften zu, in denen die menschliche Sexualität und biologische Geschlechterdifferenzen nicht direkt thematisiert werden.

Im Folgenden wähle ich bevorzugt Fallstudien zu den physikalischen Wissenschaften, weil sie dem Erkenntnisinteresse der vorliegenden Arbeit näher liegen als Fallstudien zur Biologie und Medizin, die den Zusammenhang von ‚gender in science' ebenso illustrieren könnten.[108]

---

107 Scheich, Elvira: Naturbeherrschung und Weiblichkeit. Denkformen und Phantasmen der modernen Naturwissenschaften. Pfaffenweiler 1989, S. 201.

108 Zur Primatologie: Haraway 1989 a.a.O. und Small, Meredith: Female Choices: Sexual Behavior of Female Primates. Ithaca 1993; zur Molekularbiologie: Spanier 1995 a.a.O.; zur Botanik: Koerner, Lisbet: „Goethe's Botany. Lessons from a Feminine Science". In: Isis. Jg. 84 (1993), S.

Um die vermittelteren Formen des Zusammenhangs zwischen Naturwissenschaften und dem Geschlechterverhältnis theoretisch und methodisch zu fassen, bedarf es eher eines Netzwerks von Ansätzen als eines alleinigen und stringent durchgeführten methodischen Zugangs. Die Reduktion auf eine theoretische Sicht auf das Verhältnis von Naturwissenschaften und Geschlecht würde der Herausforderung des Problems nicht gerecht. Haraway führte in der Einleitung zu ihrer Geschichte der Primatologie die vier Theorien und Methoden, auf die sie sich in ihrer Studie stützte, als ‚Versuchungen' ein. Sie stellen nach Haraway deshalb Versuchungen dar, weil sie das Verlangen und die Gefahr mitführen, eine Theorie zur Einzigen zu erklären und damit alle anderen zum Schweigen zu bringen. Haraway kritisierte damit das Primat der einen Methode und plädierte für den Erhalt der Transparenz und den kreativen und reflektierten Umgang mit mannigfaltigen und partikularen Erkenntnisansprüchen.[109] In diesem Sinn verstehe ich die verschiedenen Ansätze, das Verhältnis von Naturwissenschaften und Geschlecht theoretisch und methodisch zu fassen, nicht als um die epistemische Alleinherrschaft konkurrierende Schulen, sondern als ein Netzwerk von Annäherungen an dieses Verhältnis.

Nicht in allen naturwissenschaftlichen Wissensbereichen wird explizit von den Zuschreibungen ‚männlich' versus ‚weiblich' Gebrauch gemacht. Menschen, Tieren, Pflanzen, ja sogar Wetterlagen wird ein Geschlecht zugeschrieben, aber geht es um Moleküle und physikalische Zustandsgrößen, ist auf den ersten Blick kein Zusammenhang mit dem Geschlechterverhältnis zu erkennen.

Um den Zusammenhang zwischen dem Geschlechterverhältnis und diesen Wissenschaften (wie z.B. Physik, Chemie, Molekularbiologie) zu erforschen, ist es notwendig, sich über die eng definierten Gegenstandsbereiche und Methoden dieser naturwissenschaftlichen Disziplinen hinaus zu bewegen. Historische, sprachwissenschaftliche, philosophische und soziologische Methoden können hilfreich sein, um einen Zusammenhang mit dem Geschlechterverhältnis zu rekonstruieren. Dieser Blick über die naturwissenschaftlichen Disziplingrenzen hinaus ist weit mehr als ein methodischer Trick für die Geschlechteranalyse. Die

---

470-495 und Schiebinger, Londa: „The private lives of plants". In: Dies. 1993 a.a.O., S. 11-39; zur Hirnforschung: Fausto-Sterling, Anne: „Sexing the Brain: How Biologists Make a Difference". In: Dies. 2000 a.a.O., S. 115-145; zur Endokrinologie: Wijngaard, Marianne van den: Reinventing the Sexes. The Biomedical Construction of Femininity and Masculinity. Bloomington 1997.

109 Haraway 1989 a.a.O., S. 6-8. Haraways vier ‚Versuchungen', ihre theoretischen Bezüge, sind: die Aktor-Netzwerk-Theorie, die Standpunkttheorie, der naturwissenschaftliche Realismus und feministisch-antirassistische Theorien.

Grenze zwischen dem, was als Naturwissenschaft und dem, was nicht als Naturwissenschaft gilt, lässt sich bei so einer kritischen Rekonstruktion schwer aufrechterhalten. Die vermeintliche Grenze zwischen internen wissenschaftlichen Faktoren und externen gesellschaftlichen Faktoren birgt ein problematisches Verständnis von Naturwissenschaft und der Abgrenzbarkeit von Naturwissenschaft und ihrem gesellschaftlichem Kontext. Diese Grenzen werden durch kontextualisierende feministische Analysen in Frage gestellt.

Wenn sich in Sprachanalysen Metaphern als grundlegender Bestandteil naturwissenschaftlicher Theorien erweisen und über diese Metaphern eine Interaktion zwischen verschiedenen gesellschaftlichen Diskursen sichtbar wird, ist es schwer, die vermeintlich klare Grenze zwischen einer scheinbar metaphernlosen naturwissenschaftlicher Sprache und z.B. literarischen Sprachformen aufrecht zu erhalten. Die Interaktion zwischen verschiedenen gesellschaftlichen Diskursen mittels Metaphern lässt Wechselwirkungen erkennen. Naturwissenschaftliches Wissen wird in dieser Sichtweise weniger streng abgrenzbar von nicht-naturwissenschaftlichem Wissen.[110]

Innerhalb der feministischen Naturwissenschaftsforschung beschäftigte Keller sich intensiv mit Metaphernanalysen und dem Zusammenhang von Naturwissenschaft, Sprache und Geschlecht. Ihre Metaphernanalysen zur Genetik belegen eindrücklich Wechselwirkungen, z.B. zwischen Informationswissenschaften und Biologie. Die Metapher ‚Organismus' migrierte in beide Richtungen, formte die Wahrnehmung im wissenschaftlichen Erkenntnisprozess, erfuhr durch die Interaktion und Migration zwischen beiden fachwissenschaftlichen Diskursen neue Bedeutungszuschreibungen und war an der Herstellung neuen naturwissenschaft-

---

110 Zur Metapherntheorie allgemein und Metaphernanalysen in der Naturwissenschaftsforschung siehe die umfangreiche Website unter http://www.csc.liv.ac.uk./~rcp/metaphor.html (letzter Zugriff 1.02.2001). Einflussreich war vor allem das kultur- und sprachwissenschaftliche Werk von Lakoff, George und Johnson, Mark: Metaphors we live by. Chicago 1980 und in der Wissenschaftstheorie die Arbeiten von Mary Hesse zu Modellen, Analogien und Metaphern in der Naturwissenschaft. Hesse, Mary: Models and Analogies in Science. 2. Aufl. Notre Dame 1970, zu Metaphern siehe S. 157-177. Für einen aktuellen Beitrag aus der Wissenssoziologie, in dem die schnelle Verbreitung von Metaphern über verschiedene wissenschaftliche Diskurse und Alltagsdiskurse an Fallstudien untersucht und ein theoretischer Ansatz zur ‚Metaphernanalyse' entwickelt wurde, siehe Maasen, Sabine und Weingart, Peter: Metaphors and the Dynamics of Knowledge. New York und London 2000. Zur Methode der Metaphernanalyse in der feministischen Naturwissenschaftsforschung am Fallbeispiel der evolutionsbiologischen Parthenogeneseforschung siehe Ebeling, Kirsten Smilla: Die Fortpflanzung der Geschlechterverhältnisse. Das metaphorische Feld der Parthenogenese in der Evolutionsbiologie. Mössingen-Talheim 2002.

lichen Wissens beteiligt.[111] Keller beschäftigte sich weiter mit dem Konzept ‚Gen' und zeigte durch Metaphernanalysen, wie und in welchem Geflecht von Bedeutungszuschreibungen aus dem abstrakten Begriff ‚Gen' eine ‚Realität' wurde, die viele Konsequenzen u.a. für die Sicht auf Reproduktion mit sich brachte. In ihrem aktuellsten Buch schlägt sie alternative Vokabeln und Metaphern vor, die eine Überwindung des ‚genetischen Determinismus', für den das 20. Jahrhundert als ‚Jahrhundert des Gens' steht, zum Ziel haben.[112]

Eine historisierende Blickweise auf naturwissenschaftliches Wissen kann zeigen, wie wandelbar Vorstellungen darüber sind, was als gesichertes naturwissenschaftliches Wissen gilt und was nicht. Wie sind z.B. jahrelange, intensive Kontroversen in den Naturwissenschaften möglich? Sollten die Objektivitätsstandards der Naturwissenschaften nicht eine unspektakuläre Entscheidung darüber ermöglichen, welche von zwei oder mehreren alternativen Theorien die ‚bessere' ist?

Die Zeiträume in der Geschichte einer naturwissenschaftlichen Theorie oder eines Forschungsprogramms, in der kein Konsens unter den betreffenden NaturwissenschaftlerInnen hergestellt werden konnte, können aufschlussreich für feministische Analysen sein. Die naturwissenschaftliche Kontroverse kann als in eine umfassendere gesellschaftliche Dynamik eingebettet interpretiert werden, in der Fragen des Geschlechterverhältnisses eine Rolle spielen können. So kann die Kategorie Geschlecht in naturwissenschaftlichem Wissen sichtbar werden, auch wenn auf den ersten Blick kein Zusammenhang zwischen dem Gegenstand einer naturwissenschaftlichen Theorie und dem Geschlechterverhältnis erkennbar ist. In einer kontextualisierenden Analyse einer naturwissenschaftlichen Theorie kehren wir an den historischen Ort und Zeitpunkt zurück, an dem eine wissenschaftliche Tatsache noch keine Tatsache war, sondern umstritten und im Begriff, eine wissenschaftliche Tatsache zu werden.[113]

Controversy Studies sind in der neueren Wissenschaftsforschung etabliert, wobei es über den Konsens hinaus, dass diese Zeiträume aus sozialkonstrukti-

---

111 Keller, Evelyn Fox: „Der Organismus: Verschwinden, Wiederentdeckung und Transformation einer biologischen Kategorie" In: Elvira Scheich (Hrsg.): Vermittelte Weiblichkeit. Feministische Wissenschafts- und Gesellschaftstheorie. Hamburg 1996, S. 313-334.

112 Keller, Evelyn Fox: Secrets of Life – Secrets of Death. Essays on Language, Gender, and Science. New York und London 1992; Dies.: Refiguring Life. Metaphors of Twentieth-Century Biology. New York 1995; Dies.: The Century of the Gene. Cambridge 2000.

113 Ein faszinierendes Pionierwerk aus dem Jahr 1935 zu dieser Sicht auf Naturwissenschaft ist die Studie des Arztes und Bakteriologen Ludwik Fleck über die Entstehung des Syphilisbegriffs. Fleck, Ludwik: Die Entstehung und Entwicklung einer wissenschaftlichen Tatsache. 2. Aufl. Frankfurt a. M. 1980.

vistischer Perspektive interessant sind, verschiedene theoretische und methodische Variationen gibt. Meine obige Beschreibung ist aus dem Rahmen eines ‚Interessen-Modells' formuliert, mit dem nach gesellschaftlichen Einflüssen auf die Entwicklung naturwissenschaftlichen Wissens geforscht wird.

Auch in der Aktor-Netzwerk-Theorie liegt der Fokus auf den ‚heißen' Phasen der Wissensentwicklung. In Bruno Latours Metaphorik ist dies eine Phase, die es ermöglicht, die Netzwerke zu erforschen, die in den Prozess eingebunden sind, Aussagen zu Fakten ‚erkalten' und ‚erhärten' zu lassen.

"We will not try to analyse the final products (...). We go from final products to production, from 'cold' stable objects to 'warmer' and unstable ones."[114]

An Prozessen der Netzwerkbildung zur Stabilisierung wissenschaftlicher Aussagen haben nach Latour menschliche Akteure wie auch nicht-menschliche ‚Aktanten' teil. Der Latoursche Begriff ‚Aktant' bezeichnet nicht-menschliche Netzwerk-Verbündete wie Technologien und Forschungsobjekte.[115] Latour lehnte das oben erwähnte Interessen-Modell der sogenannten Edinburgh Schule, mit dem versucht wird, den Verlauf von naturwissenschaftlichen Erkenntnisprozessen durch soziale Einflüsse zu erklären, im Rahmen seiner ‚symmetrischen Anthropologie' ab. Nach Latour sollten weder ‚Gesellschaft' durch ‚Natur' noch ‚Natur' durch ‚Gesellschaft' erklärt werden. Diese Auffassung komprimierte er in der zweiten und dritten methodischen Regel seiner Aktor-Netzwerk-Theorie:

"Since the settlement of a controversy is the *cause* of Nature's representation, not its consequence, we can never use this consequence 'Nature' to explain how and why a controversy has been settled. (...) Since the settlement of a controversy is the *cause* of Society's stability, we cannot use Society to explain how and why a controversy has been settled. We should consider symmetrically the efforts to enrol human and non-human resources." (Herv. i. O.)[116]

Im Aktor-Netzwerk-Ansatz wurde, wie Heike Wiesner überzeugend heraus arbeitete, ein radikaler ‚semiotic turn' vollzogen:

„Im (oft verkannten) Zentrum der Latourschen ANT-Variante (ANT = Aktor-Netzwerk-Theorie, D.H.) steht also eine radikale Semiotik, die die absolute Unterscheidung zwischen Repräsentation von Dingen und den Dingen selbst für obsolet erklärt (...)."[117]

114 Latour 1987 a.a.O., S. 21.

115 Zum Begriff ‚actant' vgl. Latour 1987 a.a.O, S. 84.

116 Latour 1987 a.a.O., S. 258.

117 Wiesner 2002 a.a.O., S. 207.

In Donna Haraways Ansatz ist in ihrer Verwendung des Cyborg-Begriffs[118] im Vergleich zum Forschungsstand innerhalb der neueren Wissenschaftsforschung sehr früh ein Fokus auf nicht-menschliche Akteure bzw. auf Akteure, die in Grenzgebieten zwischen Mensch/Tier und Mensch/Maschine existieren, formuliert worden.[119] Haraway kritisierte Latour aus erkenntnistheoretischer Perspektive für seinen impliziten Erkenntnisstandpunkt, den sie als ‚rein' und ‚außerhalb' der von ihm betonten Netzwerke beschrieb: „Latour tends to occupy an odd analytical noplace, outside the networks, collectives, and mediations."[120] Diese Kritik trifft den Kern des Problems, warum es Latour in seinem ANT-Ansatz gelingt, die Kategorie Geschlecht zu ignorieren. Erst die Sensibilität für verkörperte Perspektiven, Standpunkte und Blickweisen von Akteuren, Aktanten und Cyborgs bringt Kategorien wie Geschlecht, Ethnizität, Klasse und Nation und ihre komplexe Verwobenheit in den Blick.

Eine beeindruckende feministische Fallstudie innerhalb der Controversy Studies ist Elisabeth Potters Rekonstruktion der Kontroverse zwischen Vertretern der Korpuskularphilosophie und Vertretern der Naturmagie im England der Mitte des 17. Jahrhunderts.[121] Potter rekonstruierte den Einfluss von Geschlechterpolitik auf die Formulierung und Durchsetzung der Korpuskularphilosophie. Sie zeigte, dass das zentrale Prinzip dieser Naturphilosophie, dass Materie tot und passiv, nicht aktiv und lebendig ist, entscheidende Implikationen für Fragen zum Geschlechterverhältnis hatte. Einer der Hauptakteure in dieser Kontroverse war der Naturphilosoph Robert Boyle (1626-1691), der sich zwischen Ende der 40er und Anfang der 50er Jahre des 17. Jahrhunderts von der Tradition der Naturmagie abwendete und zu einem zentralen Befürworter der neuen mechanistischen Korpuskularphilosophie wurde. In den Vorstellungen der Naturmagie und des Hermetismus wohnt Gott und die Weltseele in allem sich Bewegendem. Die ganze Welt ist in Bewegung, Bewegung bedeutet Leben aus sich heraus, und so ist alle Materie aktiv und lebendig.

---

118 Abgeleitet aus ‚cybernetic organism'.

119 In ‚Science in Action' (1987) war der Aktanten-Begriff noch nicht mehr als eine Randnotiz und wurde erst später von Latour ausgearbeitet. Haraway gab ihren Impuls zum Fokus auf Cyborgs und Hybride 1985 mit ihrem kontrovers diskutierten ‚Manifesto for Cyborgs'. Vgl. Wiesner 2002 a.a.O., S. 187.

120 Haraway, Donna: „Never Modern, Never Been, Never Ever: Some Thoughts about Never-Never Land in Science Studies". Kommentar zu Latour, Bruno :We have Never Been Modern. Cambridge 1993 auf der Konferenz der Society for Social Studies of Science im October 1994 in New Orleans, USA. Unveröffentlichtes Manuskript, 10 S., hier S. 5.

121 Potter, Elizabeth: „Modeling the Gender Politics in Science". In: Nancy Tuana (Hrsg.): Feminism & Science. Bloomington und Indianapolis 1989, S. 132-146.

Nach Potter waren die Naturphilosophien zugleich Sozialphilosophien:

"Boyle and his compatriots shared a widely held conviction that the natural order on the one hand and the moral and social order on the other are mutually reflective."[122]

Die Frage, ob Materie lebendig sei oder tot und von Gott in Bewegung gesetzt, war in diesem Kontext zugleich eine Frage, ob Gott und die Weltseele in allen und allem wohne und so von jedem Menschen, unabhängig von seiner/ihrer Stellung in der Hierarchie der Kirche und des Staates, erfahrbar sei oder ob Vermittler und Herrscher wie Priester, Bischöfe und Könige notwendig seien, um den Willen Gottes zu empfangen und durchzusetzen. Die Übernahme der Korpuskularphilosophie hatte in diesem Zusammenhang deutliche Implikationen für die sozialen Kämpfe während des Bürgerkrieges in England. Die politischen RebellInnen beriefen sich auf egalitäre Ideen der Tradition der Naturmagie. Die Natur- und Sozialphilosophie der Anhänger der Tradition der Naturmagie und des Hermetismus bedrohte die bestehende Geschlechterhierarchie. Frauen konnten in unabhängigen Kirchen wählen und predigen. Die ‚Leveller Women' forderten während der 40er Jahre des 17. Jahrhunderts mit der Argumentation, dass alle Menschen in Gott gleich seien, dass Frauen die gleichen weltlichen Rechte wie Männern zugestanden werden müssten.

Potters Rekonstruktion macht deutlich, wie eng Naturwissenschaft bzw. Naturphilosophie, Religion und Politik miteinander verwoben waren. Diese netzwerkartigen Interaktionen von Auffassungen über Natur, Gott und Weiblichkeit verdeutlichen, dass Boyles Position in der Kontroverse um die Natur von Atomen mit seiner Position in der Kontroverse um den Status von Frauen zusammenhing. Potter füllte den Zusammenhang von Naturwissenschaft und Geschlechterverhältnis nicht allein über die Verknüpfung von Theorien und Weltdeutungen, sondern auch über einzelne Akteure und Gruppen von Akteuren. Boyle stellte in seinen Schriften zur Geschlechterpolitik diese Verknüpfung zur Naturphilosophie her und auch die ‚Leveller Women' verbanden Theologie, Naturphilosophie und (emanzipatorische) Geschlechterpolitik.

Ich habe bisher die Ansätze Metaphernanalyse, Netzwerkanalyse und Controversy Study dargestellt, mit denen der Zusammenhang zwischen den Naturwissenschaften und dem Geschlechterverhältnis erforscht werden kann. In der Tradition der Frankfurter Schule verortet ist der Ansatz der Physikerin und Politologin Elvira Scheich.[123] Scheich knüpfte an die Arbeiten von Alfred Sohn-

---

122 Potter 1989 a.a.O., S. 136.

123 Scheich 1989 a.a.O.

Rethel an und entwickelte seine Überlegungen zum Zusammenhang von naturwissenschaftlichen Theorien und gesellschaftlichen Strukturen mit der Geschlechterperspektive weiter.[124] Mit dem Paradigma der ‚Dialektik der Aufklärung' rückt das Verhältnis zwischen Ökonomieform und Denkform einer Gesellschaft in den Blick, ein in anderen Ansätzen sowohl der in feministischen Naturwissenschaftsforschung als auch in der neueren Wissenschaftsforschung vernachlässigter Aspekt der sozialen Konstruktion naturwissenschaftlichen Wissens. Scheich brachte das Naturverhältnis kapitalistischer Gesellschaften in Zusammenhang mit dem Geschlechterverhältnis und bezog beide Verhältnisse auf die Warenförmigkeit dieser Gesellschaften zurück. Das Naturverhältnis als Naturbeherrschung ist in dieser Analyse nicht allein ein Herrschaftsverhältnis zwischen Mensch und Natur. Durch die Naturalisierung weiblicher, privater Reproduktionsarbeit und Fortpflanzung und durch die Identifizierung von Frauen als Natur ist das Naturverhältnis zugleich ein Geschlechterverhältnis, in dem Frauen ‚als Natur' ausgebeutet werden:

„Im Umbruch zu ihrer neuzeitlichen Formation und der Herausbildung neuer Formen des Naturumgangs finden die Ausgrenzung der Frauen und ihre Festlegung auf private Reproduktionsarbeit und Fortpflanzung ebenso ihre Begründung wie die Umgestaltung der Natur zu einem Mechanismus, den es technisch zu beherrschen gilt. Symbolisch vermittelt sind beide Ebenen durch die ältere patriarchale Tradition der Identifizierung von Frau und Natur (...)."[125]

Scheich zeichnete den Zusammenhang dieser Verhältnisse in Prozessen der Aus- und Eingrenzung nach. Frauen werden aus der Produktionssphäre ausgegrenzt und gleichzeitig mit der Integration ‚weiblicher Qualitäten', die im Kontext der Reproduktionsarbeit der Frauen stehen, wiederum ‚eingegrenzt'.

Anhand der Studie von Michael Wolff zur Impetustheorie, die im 14. Jahrhundert formuliert wurde, rekonstruierte sie einen Zusammenhang zwischen der Ablösung des physikalischen Bewegungsbegriffs von der Materie, der Herausbildung des Kapitals und der Reduktion gesellschaftlicher Arbeit von Frauen als ‚Naturressource'. Über die Analyse der Impetustheorie als ökonomischer Theorie zeigte Scheich den Zusammenhang mit dem gesellschaftlichen Verhältnis der Geschlechter auf. Die selbstständige Akkumulationsbewegung des Geldes als Kapital steht in Analogie zur physikalischen Deutung von Wurf- und Fallbewegungen als Kraftübertragung auf einen Gegenstand, die selbständig fortwirkt

124 Sohn-Rethel, Alfred: Geistige und körperliche Arbeit. Frankfurt a. M. 1973 und ders.: Warenform und Denkform. Frankfurt a. M. 1978.

125 Scheich 1989 a.a.O., S. 50f.

und die Erhaltung der Bewegung verursacht.[126] Vorher war in der aristotelischen Physik davon ausgegangen worden, dass für die Ortsbewegung unbelebter Objekte immer ein begleitender Beweger ursächlich sei. Scheich erhellte den Zusammenhang dieser Abstraktionen der physikalischen und ökonomischen Theorie mit der Abstraktion von gesellschaftlichem Naturbezug und der Ausgrenzung von Frauen aus der Produktionssphäre. Scheichs Ansatz ist ein wichtiger Beitrag innerhalb des Forschungsfeldes, weil sie ökonomische Strukturen als konstitutiv für Gesellschaft behandelt. Sie zeigte mit ihrer Fallstudie zur Impetustheorie einen Weg auf, auch physikalisches Wissen in feministische Naturwissenschaftsforschung einzubeziehen. Ihr Weg ist, die Gesamtstruktur einer Theorie und besonders das mit dieser Theorie Ausgegrenzte in den Blick zu nehmen und nach konstitutiven Anteilen der Kategorie Geschlecht zu forschen.

2.6 Physikalische Wissenschaften und Geschlecht – The Hardest Case?

In diesem abschließenden Abschnitt meiner Systematisierung des Forschungsstandes werde ich ein Forschungsdefizit innerhalb der feministischen Naturwissenschaftsforschung beleuchten. Dieses Defizit verstehe ich in der vorliegenden Arbeit als Herausforderung, einen Beitrag zu Weiterentwicklung des Forschungsfeldes zu leisten.

Forschungsarbeiten zu physikalisch-chemischem Wissen und Geschlecht gibt es kaum und sind erst in Ansätzen entwickelt. Dieses Forschungsdefizit betrifft sowohl die Frage nach dem Anteil physikalisch-chemischen Wissens an der Konstruktion hierarchischer Geschlechterdifferenz (Forschungsperspektive ,science of gender') als auch die Frage nach dem Einfluss der gesellschaftlichen Hierarchie der Geschlechter auf die Entwicklung physikalisch-chemischen Wissens (Forschungsperspektive ,gender in science'). Die erstgenannte Forschungsfrage wurde meines Erachtens noch überhaupt nicht gestellt und folglich liegen keine Arbeiten vor. Die bisher publizierten Aufsätze zur zweitgenannten Forschungsfrage lassen sich im Format einer Fußnote auflisten.[127] In der Bundesrepublik

126 Scheich 1989 a.a.O., S.18.

127 Scheich, Elvira: „Was hält die Welt in Schwung? Feministische Ergänzungen zur Geschichte der Impetustheorie". In: Feministische Studien. Nr. 1 (1985), S. 10-32; Osietzki, Maria: „Vom Perpetuum Mobile zur Energietechnik. Leibliche ,Beharrlichkeiten' in männlichen

Deutschland arbeiten Elvira Scheich und die Technikhistorikerin Maria Osietzki aus feministischer Perspektive zu physikalisch-chemischem Wissen. Die Physikerin Rübsamen hat ihr feministisches Engagement in den Naturwissenschaften inzwischen auf die Didaktik und auf die Energiepolitik gerichtet.[128] Zuvor initiierte sie ein Projekt, in dem Physikerinnen gemeinsam ein Problem innerhalb der Quantenfeldtheorie feministisch interpretieren wollten.[129] Für die Perspektive von feministischer Forschung zur Physik argumentierte sie:

„Obwohl Frauenforschung in den ‚harten' Natur- und Ingenieurswissenschaften zunächst als nicht durchführbar erscheint, da in den Gegenständen der Fächer die Kategorien des Geschlechts fehlen, gibt es doch einen bedeutsamen Gesichtspunkt, der neue Perspektiven eröffnet. (...) Obwohl diese Fächer scheinbar geschlechtsneutral sind, gibt es doch offensichtlich einen mächtigen geschlechtsspezifischen Selektionsmechanismus für den Zugang zu diesen Wissenschaften. Deshalb muss also nach abstrakten patriarchalen Strukturen gesucht werden, die jenseits des Vorhandenseins konkreter geschlechtlicher Kategorien wirksam sind." [130]

Phantasmen". In: Metis. Nr. 1 (1995), S. 18-28; dies.: „Energie und Entropie – Überlegungen zur Konstruktion der Geschlechter". In: Christoph Meinel und Monika Renneberg (Hrsg.): Geschlechterverhältnisse in Medizin, Naturwissenschaft und Technik. Bassum und Stuttgart 1996, S. 182-198; Barad 1995 a.a.O.; Bug, Amy: „Gender and Physical Science: A Hard Look at Hard Science". In: Jody Bart (Hrsg.): Women Succeeding in the Sciences: Theories and Practices Across Disciplines. West Lafayette 2000, S. 221-244; Potter, Elisabeth 1989 a.a.O. und dies.: Gender and Boyle's Law of Gases. Bloomington und Indianapolis 2001; Traweek, Sharon: Beamtimes and Lifetimes. The World of High Energy Physicists. Cambridge und London 1988. Nach meiner Interpretation ging Traweek nicht primär der Frage nach, wie ein wissenschaftlicher Fakt in Hochenergiephysiklaboren konstruiert wird, sondern vielmehr der Frage, wie ein ‚Hochenergiephysiker' konstruiert wird. Sie zeichnete beeindruckend den ‚Pilgerweg' vom Studenten zum gestandenen Wissenschaftler nach und arbeitete die Rolle, die das Geschlecht in diesem Sozialisationsprozess spielt, heraus.; Rübsamen 1993 a.a.O.; Hayles, Katharine: „Gender Encoding in Fluid Mechanics: Masculine Channels and Feminine Flows". In: Differences. Jg. 4, Sommer (1992), S. 16-44.

128 Rübsamen, Rosemarie: „Physik für die Medizin – Ein Lehrbuchprojekt mit feministischer Zielsetzung". In: Verein Feministische Wissenschaft Schweiz und FrauenForum Naturwissenschaften (Hrsg.): Im Widerstreit mit der Objektivität – Frauen in den Naturwissenschaften. Zürich 1991, S. 101-110.

129 Mit der Quantenfeldtheorie werden Wechselwirkungen im Bereich der Hochenergiephysik beschrieben. Die von Rübsamen initiierte Arbeitsgruppe nahm das Problem, dass diese Theorie nur durch eine formale mathematische Korrektur in der Lage ist, physikalisch sinnvolle Ergebnisse zu liefern, zum Ausgangspunkt ihrer Kritik, um auf der Grundlage alternativer Interpretationen des Zeitkonzepts, die sich auf den Standpunkt und die Erfahrungen von Frauen beziehen, zu einer alternativen Raum-Zeit-Materie-Interpretation zu gelangen, die nicht mehr auf einen mathematischen Trick angewiesen wäre. Vgl. Götschel 2001 a.a.O., S. 203f.

130 Rübsamen 1993 a.a.O., S. 155.

Rübsamen schlug eine interdisziplinäre, meta-naturwissenschaftliche feministische Perspektive zur Rekonstruktion der geschlechtlichen Strukturen der Physik vor. Als Schlussplädoyer hielt sie jedoch fest, dass die Voraussetzungen für eine solche Arbeit noch nicht geschaffen seien, besonders müssten solidarische feministische Bündnisse zwischen Natur- und Technikwissenschaftlerinnen und Gesellschaftswissenschaftlerinnen aufgebaut werden, um dieses Unternehmen durchführen zu können.

In der BRD ist interdisziplinäre, feministische Forschung über die physikalischen Wissenschaften (gleiches gilt für die Biologie) bisher nicht in naturwissenschaftliche Fachbereiche integriert, sondern institutionell an meta-naturwissenschaftliche Fachbereiche wie Soziologie, Philosophie und Geschichte ‚ausgelagert'. Eine vielversprechende hochschulpolitische Tendenz gibt es in den USA, wo über die interdisziplinäre, institutionelle Verortung in Women's-Studies-Programmen (z.B. Karen Barad am Women's Studies Program des Mount Holyoke College) und Science, Technologie, and Society-Programmen (z.B. Evelyn Fox Keller am Massachusetts Institute of Technology) Physikprofessorinnen an Physikfachbereichen aus feministischer Perspektive lehren und forschen (z.B. Amy Bug am Swarthmore College).[131]

Auf das Forschungsdefizit in Bezug auf physikalisch-chemisches Wissen und Geschlecht wurde an mehreren Stellen, in Lehrbüchern und Sammelbänden hingewiesen. In der Einführung in die Wissenschaftsforschung von Felt et al., in der ein Kapitel der „Beziehung der Geschlechter in den Wissenschaften" gewidmet ist, wird festgehalten:

> „In diesem Zusammenhang (der feministischen Wissenschaftskritik, D.H.) blieb außerdem offen, inwieweit diese geschlechtliche Determiniertheit des Wissens auch für die ‚harten' Naturwissenschaften gelte."[132]

Evelyn Fox Keller und Helen Longino nannten in der Einleitung zu ihrem Textbuch zur feministischen Naturwissenschaftsforschung zwei Bereiche, in denen ein großes Forschungsdefizit bestehe: die physikalischen Wissenschaften und die

---

131 Karen Barad vgl. http://www.mtholyoke.edu/acad/womst/kbarad.html, letzter Zugriff am 20.11.2001; Evelyn Fox Keller vgl. http://web.mit.edu/sts/direct/facbios.htm#keller, letzter Zugriff am 20.11.2001 und Amy Bug vgl. http://laser.swarthmore.edu/html/research/-BUGZ/amy_home.htm, letzter Zugriff am 20.11.2001. In Biologiefachbereichen in den USA forschen aus feministischer Perspektive: Anne Fausto-Sterling, Brown University, Massachusetts und Bonnie Spanier, State University of New York University at Albany.

132 Felt [et al.] 1995 a.a.O., S. 109.

nicht-westlichen Naturwissenschaften.[133] Das hier für physikalisch-chemisches Wissen dokumentierte Forschungsdefizit lässt sich auch für mathematisches Wissen feststellen.[134]

Wie ich im Abschnitt 2.5.1 zeigen konnte, schließt dieses Forschungsdefizit die Forschungsperspektive ‚women in science' nicht mit ein. Aus biographischer und berufssoziologischer Perspektive wurden Physikerinnen und Chemikerinnen ebenso erforscht wie Biologinnen.

Der Mangel bezieht sich jedoch sowohl auf die Perspektive ‚science of gender' als auch ‚gender in science'. Die Forschungslücke in Bezug auf ‚science of gender' ist noch gar nicht explizit wahrgenommen worden.[135] Die bisherigen Forschungsergebnisse beziehen sich allesamt auf die Ebene ‚gender in science'. Die physikalischen Wissenschaften werden bei der Untersuchung der Frage, wie die Naturwissenschaften Geschlecht bzw. Geschlechterdifferenz konstruieren, ausgeblendet. Die Frage nach der Konstruktion und naturwissenschaftlichen

---

133 Vgl. Keller, Evelyn Fox und Longino, Helen (Hrsg.) Feminism and Science. Oxford und New York 1996, zitiert nach Schiebinger 1999, S. 160. Für weitere Hinweise auf das Forschungsdefizit in Bezug auf die physikalischen Wissenschaften siehe Scheich/ Orland 1995 a.a.O., S. 53 und Woesler de Panafieu, Christine: „Naturwissenschaftlerinnen: Einmischung statt Ausgrenzung – Einleitung". In: Feministische Studien. Nr. 1 (1985), S. 5-9, hier S. 6.

134 Zur Mathematik liegen Geschlechteranalysen von mathematischen Problemen und ihren Lösungen (siehe Bath und Bogart/Doyle), epistemologische Analysen aus psychoanalytischer Perspektive vor (siehe Boest, Frougny/Peiffer, Mehrtens) und von Leonie Burton epistemologische und didaktische Beiträge vor. Siehe Bath, Corinna: „Die Vernichtung der Hydra. Mathematik vielköpfig betrachtet". In: Koryphäe. Nr. 21 (1997), S. 39-43; Boest, Regine: „Zur Theoretisierung von Erfahrung". In: 10. Nationales Treffen von Frauen in Naturwissenschaft und Technik. Stuttgart 1984, S. 92-106; Bogart, Kenneth und Doyle, Peter: „Non-Sexist Solution of the Ménage Problem". In: Mathematical Monthly. Jg. 93, Aug./Sept. (1986); Burton, Leonie: „Moving Towards a Feminist Epistemology of Mathematics". In: Educational Studies in Mathematics. Nr. 28 (1997), S. 275-291; Dies.: „Fables: The Tortoise? The Hare? The Mathematically Underarchieving Male?" In: Gender and Education. Jg. 11, Nr. 4 (1999), S. 413-426; Frougny, Christiane und Peiffer, Jeanne: „Der mathematische Formalismus – eine Maschine, die Wahres aussondert". In: Feministische Studien. Jg. 4, Nr. 1 (1985), S. 61-77; Mehrtens, Herbert: Moderne Sprache Mathematik. Eine Geschichte des Streits um die Grundlagen der Disziplin und des Subjekts formaler Systeme. Frankfurt a. M. 1990, S. 561-584.

135 In diese Kritik schließe ich meine Publikation von 1998 mit ein, in der ich ‚Science of Gender' in einer Systematik des Forschungsfeldes noch mit ‚biologisch-medizinische Konstruktionen der Geschlechterdifferenz' übersetzt habe. Heinsohn, Dorit: „Feministische Naturwissenschaftskritik. Eine Einführung". In: Barbara Petersen und Bärbel Mauß (Hrsg.): Feministische Naturwissenschaftsforschung. Science und Fiction. Mössingen-Talheim 1998, S. 14-32, hier S. 21.

Legitimation von Geschlechterkonstruktionen wird bisher auf die Biologie und Medizin beschränkt.[136]

Bisher liegen keine Arbeiten vor, in denen physikalisch-chemisches Wissen als an Konstruktionsprozessen von Geschlecht beteiligt analysiert wird. Mit der vorliegenden Untersuchung zu ‚Thermodynamik und Geschlecht' hoffe ich überzeugend zu belegen, dass auch physikalisch-chemische Wissenselemente in Konstruktions- und Legitimationsprozesse hierarchischer Geschlechterdifferenz involviert sein können. Die epistemische Selbstbeschränkung bisheriger feministischer Analysen von naturwissenschaftlichen Geschlechterkonstruktionen auf die biologischen Wissenschaften und die Medizin reproduziert eine Grenzziehung, welche die physikalischen Wissenschaften als an den Prozessen der Produktion wissenschaftlichen Wissens zu hierarchischer Geschlechterdifferenz unbeteiligt erscheinen lassen. Die physikalischen Wissenschaften wie die Lebenswissenschaften als Geschlechterwissenschaften (sciences of gender) zu erforschen überwindet diese Grenzziehung und hinterfragt das (Selbst-)Verständnis der physikalischen Wissenschaften, einen neutralen Status in Bezug auf Geschlechterpolitik zu besitzen.

2.6.1 Physikalische Wissenschaften und Geschlecht als methodisches Problem

An anderer Stelle[137] habe ich argumentiert, dass das Forschungsdefizit innerhalb der feministischen Naturwissenschaftsforschung eine Grenze auf der Ebene der Gegenstandsbereiche reproduziert. Diese Grenze lässt sich plakativ als ‚Grenze zwischen Leben und Tod' bezeichnen. In den Wissenschaften, in denen Forschungsgegenstände als ‚lebendig' konzeptualisiert werden, ist die Kategorie Geschlecht unmittelbarer zu analysieren als in den Wissenschaften, deren Forschungsgegenstände als ‚tote Materie' bzw. ‚unbelebte Natur' definiert werden. Diese Grenze trennt nicht allein die Geistes- und Naturwissenschaften, sondern verläuft quer durch die Naturwissenschaften und trennt sie grob in sogenannte Lebenswissenschaften und physikalische Wissenschaften. Auch in dieser Unter-

---

136 Dies trifft auf die drei hervorragenden historischen Untersuchungen zur Konstruktion von Geschlechterdifferenz zu: Laqueur 1990 a.a.O.; Honegger 1991 a.a.O.; Schmersahl 1998 a.a.O. Eine positive Ausnahme ist die Arbeit von Russett und ihr Hinweis auf das energetische Geschlechtermodell von Geddes und Thomson. Russett 1989 a.a.O., S. 90.

137 Heinsohn, Dorit: „Grenzgängerinnen – Auf der Suche nach Methoden für die feministische Kritik an den Inhalten der Physik und Chemie". In: Koryphäe. Nr. 21 (1997), S. 18-22.

scheidung durchkreuzt diese Grenze z.B. mit der Molekularbiologie und anderen Bindestrich-Subdisziplinen die naturwissenschaftlichen Disziplinen selbst. Das Forschungsdefizit zu den physikalischen Wissenschaften stellt sich zunächst als methodisches und methodologisches Problem dar.

„In der Biologie und Medizin formt die Kategorie ‚Geschlecht' viele Theorien und Modelle. Feministische Kritikerinnen können einen Zusammenhang zwischen Wissenschaft und Gesellschaft herstellen, indem sie zeigen, wie gesellschaftliche Repräsentationen von Geschlecht die betreffende Theorie formen und wie zugleich mit dieser Theorie Geschlechterpolitik praktiziert wird. In der Physik und Chemie hingegen sind die Implikationen der gesellschaftlichen Geschlechterhierarchie nicht in vergleichbar manifester Art sichtbar. Theorien über tote Materie werden nicht in gleicher Weise in der Sprache hierarchischer Zweigeschlechtlichkeit gedacht, wie dies bei Theorien über lebende Organismen der Fall ist."[138]

Im Abschnitt zu ‚gender in science' (Kap. 2.5.3), in dem ich bewusst mehr Fallbeispiele aus den physikalischen Wissenschaften als aus den Lebenswissenschaften präsentiert habe, obwohl diese Darstellung den Forschungsstand nicht repräsentiert, habe ich Einblick in eine Vielfalt methodischer Zugänge gegeben. Diese Zugänge (Metaphernanalyse, Netzwerkanalyse, Controversy Study, ökonomische Analyse) haben gemeinsam, dass mit ihnen der eng definierte Rahmen in Bezug auf die Erkenntnistheorie und Methoden der Naturwissenschaften verlassen wird und das jeweilige Wissen aus meta-naturwissenschaftlichen Perspektiven kontextualisiert wird.

2.6.2 Der epistemologische Sonderstatus der ‚hard sciences' in der Geschichte der Wissenschaftsforschung

Die physikalischen Wissenschaften haben das Selbstverständnis und den Ruf, dem Ideal einer wissenschaftlichen Objektivität und Wertneutralität sehr nahe zu kommen. Diesen Sonderstatus gegenüber den Geistes-, Sozial- und Lebenswissenschaften scheinen auch wissenschaftskritische Erkenntnisprojekte zu reproduzieren. Das Forschungsdefizit zu physikalisch-chemischem Wissen betrifft nicht nur die feministische Naturwissenschaftsforschung, sondern lässt sich bis in die Programmatiken der frühen Geschichte der Wissenschaftsforschung verfolgen. In ihrem Plädoyer für eine Wissenssoziologie der Mathematik brachte Bettina Heintz die Aussparung der Mathematik und der sogenannten harten Naturwissenschaften mit der klassischen Wissenssoziologie Karl Mannheims (1883-

138 Heinsohn 1997 a.a.O., S. 20.

1947) der 1920er in Zusammenhang. Mannheim führte damals die These von der Standortgebundenheit wissenschaftlichen Denkens ein, schloss aber die Mathematik und Naturwissenschaften kategorisch aus seiner Wissenssoziologie aus. Er stellte damit die Geisteswissenschaften auf der einen und die Naturwissenschaften (und Mathematik) auf der anderen Seite als grundsätzlich verschiedene Wissensformen dar. Dieser epistemologische Sonderstatus der Naturwissenschaften und der Mathematik wurde erst mit der ‚anti-positivistischen Wende' in der Wissenschaftsphilosophie der 1960er und den Arbeiten von Ludwig Fleck (als lange nicht rezipierte Pionierarbeit aus den 1930er Jahren), Mary Hesse, Thomas Kuhn, Paul Feyerabend u.a. dekonstruiert.[139] In den 1970 Jahren wurde in Großbritannien von der Edinburgh Schule eine neue Wissenssoziologie formuliert, mit der man sich von der Wissenschaftssoziologie der 1940er des US-Amerikaners Robert Merton abgrenzte, in der eine struktur-funktionalistische Analyse von Wissenschaft als Institution und Organisation im Zentrum gestanden hatte. Die Vertreter der Edinburgh Schule proklamierten eine Wende von der Analyse der Wissenschaft als Institution hin zu soziologisch-historischen Analysen von naturwissenschaftlichem Wissens. Die neue Soziologie naturwissenschaftlichen Wissens (‚sociology of scientific knowledge') wandte sich mit empirischen Methoden explizit den sozialen Bedingungen der Produktion naturwissenschaftlichen Wissens zu. David Bloor formulierte 1976 das ‚strong programme' dieser Schule[140], in dem er besonders die Wichtigkeit betonte, sowohl ‚richtiges' als auch ‚falsches' naturwissenschaftliches Wissen mit den Methoden der Soziologie naturwissenschaftlichen Wissens erklären zu können. Die Maßgabe bleibt auch heute noch wichtig, da soziale Determiniertheit schnell mit ‚schlechter Naturwissenschaft' assoziiert wird und soziale Faktoren als negative Einflüsse, jedoch nicht als grundlegendes Merkmal von Naturwissenschaft verstanden werden.

2.6.3 Von ‚harten' und ‚weichen' Naturwissenschaften

Eine Archäologie der Geschlechtermetaphorik von ‚hart' versus ‚weich' steht noch aus. Helen Haste thematisierte in ihrer Studie zu ‚sexual metaphors' zwar

139 Fleck 1980 [1935] a.a.O.; Hesse 1970 a.a.O.; Kuhn, Thomas: The Structure of Scientific Revolutions. 3. Aufl. Chicago 1996 [1962]; Feyerabend, Paul: Wider den Methodenzwang: Skizze einer anarchistischen Erkenntnistheorie. Frankfurt a. M. 1976.

140 Bloor, David: „The Strong Programme in the Sociology of Knowledge". In: Ders.: 1991 [1976] a.a.O., S. 3-23.

die Assoziation von ‚hart' mit den physikalischen Wissenschaften und ‚weich' mit den Lebenswissenschaften, blieb jedoch eine Analyse dieser Zuschreibungen als Geschlechtermetaphorik schuldig.[141]

Bisher fehlt eine Untersuchung, welche die Assoziation zwischen ‚Härte' und den physikalischen Wissenschaften auf die phallische Bedeutungsverknüpfung hin analysiert. Wenn das Adjektiv ‚hart' einem Tätigkeitsbereich zugeordnet ist, in dem fast ausschließlich Männer agieren, und mit dem Adjektiv ‚hart' in diesem Zusammenhang ein mächtiger Sonderstatus korreliert, könnte es vielversprechend sein zu rekonstruieren, wie die phallische ‚Härte' in diesem Wissen-Macht-Komplex wirkt, welche historischen Wandel es in diesem Komplex gab und welche die jeweiligen Effekte dieser nicht allein sprachlichen Verknüpfung sind.

Schiebinger schlug eine Systematisierung der ‚Härte' der physikalischen Wissenschaften in epistemologische, ontologische und didaktische Härte vor. Sie analysierte, dass die ‚epistemologische Härte' einer Naturwissenschaft besonders mit dem Maß, in dem Mathematik angewendet wird, korreliert.[142] Die Hierarchisierung der Wissenschaften als ‚harte' und ‚weiche' Wissenschaften hängt demnach eng mit dem Grad ihrer Mathematisierung zusammen. Je stärker Mathematik angewendet wird und wissenschaftliches Wissen sich in mathematischen Formalismen abbildet, umso größer ist ihre ‚epistemologische Härte'. Die ‚Härte' einer wissenschaftlichen Disziplin korreliert positiv mit ihrem Prestige, mit Verfügung über finanzielle Mittel und negativ mit dem Frauenanteil in dieser Disziplin.

Mit dem Begriff der ‚ontologischen Härte' wies Schiebinger auf die Differenz auf der Ebene der Gegenstandsbereiche hin. Die ‚harten Naturwissenschaften' beschäftigen sich mit unbelebten Dingen, mit bewegter Materie, die ‚weichen Naturwissenschaften' hingegen mit lebendigen Organismen, Pflanzen, Tieren, Menschen und ihrem Verhalten.

‚Didaktische Härte' nannte Schiebinger die Vorstellung über die physikalischen Wissenschaften als ein Studium mit einem hohen Schwierigkeitsgrad, das ein hohes Maß an analytischem Denken und Abstraktionsfähigkeit erfordert.

Historisch führte sie den Begriff der ‚harten Naturwissenschaften' – mit all seinen drei Bedeutungen – zurück auf eine Strömung des Positivismus am An-

141 Haste, Helen: The Sexual Metaphor. Men, Women, and the Thinking that Makes the Difference. Cambridge 1994, S. 195, 225 und 235-237.

142 Zur Systematisierung in epistemologische, ontologische und didaktische ‚Härte' der physikalischen Wissenschaften vgl. Schiebinger, Londa: Has Feminism Changed Science? Cambridge und London 1999, S. 160-164.

fang des 20. Jahrhunderts, deren Wurzeln wiederum bis zur Begründung der empirischen Naturwissenschaften im 17. Jahrhundert in England zurückgehen. Betrand Russell (1872-1970) formulierte in den 1920er Jahren eine Unterscheidung von ‚harten' und ‚weichen' Fakten, die damit zusammenhängt, dass die physikalischen Wissenschaften objektivierbare Dinge erforschen und in großem Maße Mathematik anwenden.

Schiebingers Systematik ist zur Analyse des Phänomens hilfreich, denn sie nimmt eine kritische Position ein, indem sie durchgängig von der sogenannten Härte der physikalischen Wissenschaften spricht. Jedoch lässt sie die implizite Geschlechtermetaphorik der Begriffe ebenfalls außer Acht und verfolgt die interessante Frage, wie die Assoziation von ‚Härte' und physikalischen Wissenschaften funktioniert und welche Effekte sie hat, nicht. Es ist weniger eine ‚Henne-oder-Ei-Frage' in der Art: Was kam zuerst, der geringe Anteil von Frauen in den physikalischen Wissenschaften oder die Assoziation mit (männlicher) ‚Härte'? Vielmehr ist die Frage interessant, in welchem Kontext die Verknüpfung von ‚Härte' und physikalischen Wissenschaften stattgefunden hat, welche Geschlechtermetaphorik und -ordnung implizit ist, und ob und wie Bedeutungsverschiebungen in der Triade ‚physikalische Wissenschaften – Härte – Männlichkeit' stattgefunden haben.

Darüber hinaus vermisse ich in den (bisher wenigen) Analysen dieser Thematik einen Ansatz, mit dem diese ‚Härte' als Mythos interpretiert wird und so der Aspekt sichtbar werden kann, welche Funktion diese Mythenbildung für die ‚scientific community' und für das Wissenschaftsverständnis der physikalischen Wissenschaften hat.[143]

Keller untersuchte zwei Episoden der Wissenschaftsgeschichte und arbeitete die Bedeutung der Geschlechtmetaphorik ‚Leben' und ‚Tod' heraus. Beide Episoden analysierte sie unter dem Aspekt, dass das Ziel war, ein ‚Geheimnis' zu lüften: das ‚Geheimnis des Lebens' bei der Entschlüsselung der DNA-Struktur und das ‚Geheimnis des Todes' im Manhattan Projekt, der Entwicklung der Atombombe. Neben ihrer Analyse von Geschlechtermetaphorik im Rahmen beider Großforschungsprojekte wies sie auf die geschlechtskonnotierte Dichotomie von Tod versus Leben hin:

---

143 Sabine Höhler zeigte, wie erkenntnisreich die Konstitution von Wissenschaft und neu entstehenden Subdisziplinen mit dem Begriff des Mythos aus feministischer Perspektive rekonstruiert werden kann. Mythen sind nach Höhler ‚ambivalente Geschichten' die (Selbst-)Konstruktionen höchst wirksam und damit wirklich werden lassen." (Herv. i. O.) Höhler, Sabine: Luftfahrtmythos und Luftfahrtforschung. Wissenschaftliche Ballonfahrt in Deutschland, 1880-1910. Frankfurt a. M. und New York, hier S. 12.

"And if we ask whose secret life has historically been, and from whom it has been secret, the answer is clear: Life has traditionally been seen as the secret of women, a secret *from* men. By virtue of their ability to bear children, it is women who have been perceived as holding the secret of life. With the further identification it is a short step from secrets of women to the secrets of nature. (...) The Manhattan Project was a project in which the most privileged secret belonged not to the women, but to the men. (...) the metaphor of birth and pregnancy became the prevailing metaphor surrounding the production and testing, first, of the atomic bomb, and, later, of the hydrogen bomb. If the A-bomb was Oppenheimer's baby, the H-bomb was 'Tellers baby'."[144]

Diese Meta-Geschlechtermetaphorik steht in Zusammenhang mit der Unterscheidung von Lebenswissenschaften und physikalischen Wissenschaften. Der höhere Frauenanteil in der Biologie korreliert mit der metaphorischen Nähe zum Leben, und der geringe Frauenanteil in den physikalischen Wissenschaften korreliert mit der Definition als Wissenschaft von der unbelebten Natur. Dieser Gedanke ist allein eine Arbeitshypothese und es wäre aufschlussreich, den Zusammenhang zwischen dem männlich konnotierten Wissenschaftsverständnis von Physik als ‚hart' und dem korrelierenden geringen Frauenanteil historisch zu untersuchen. Aus heutiger Perspektive erscheint der Zusammenhang als Zirkelschluss. Ein geringer Frauenanteil kann sogar als Indikator für die ‚Härte' einer Naturwissenschaft aufgefasst werden.

Ein weiterer Aspekt ist die Auffälligkeit, dass die mit ‚Härte' und ‚Männlichkeit' assoziierten physikalischen Wissenschaften scheinbar weniger mit ‚Geschlecht' in Zusammenhang stehen als die mit ‚Weichheit' und ‚Weiblichkeit' assoziierten Lebenswissenschaften. Das Phänomen, auf das ich abziele, ist, dass mit der Zuschreibung von Männlichkeit eine Ent-Geschlechtlichung bzw. Ent-Körperlichung einhergeht, so dass das in diesen Bereichen produzierte Wissen nicht von ‚Geschlecht' markiert, scheinbar makellos, ist. ‚Männlichkeit' ist in diesem Zusammenhang nicht in gleicher Weise geschlechtlich wie ‚Weiblichkeit', denn ‚Männlichkeit' zeichnet sich durch die Abstraktion und den Ausschluss von Geschlechtlichkeit und Leiblichkeit aus. Das heißt, dass männliche Geschlechtlichkeit in gesellschaftlichen Bereichen, die mit Männlichkeit konnotiert sind, wie den physikalischen Wissenschaften, nicht thematisiert wird. Dem entgegen erscheint Weiblichkeit geradezu identisch mit Geschlechtlichkeit.[145] Auf das

144 Keller 1992 a.a.O., S. 40 und 44.

145 Dieser Interpretation ist inspiriert durch die These der Forscherinnengruppe Hannelore Bublitz, Andrea Bührmann, Christine Hanke, Sabine Mehlmann und Andrea Seier, dass die gesellschaftlich-kulturellen Krisenerscheinungen um 1900 als ‚Vergeschlechtlichung der

Forschungsdefizit von feministischer Naturwissenschaftsforschung zu den physikalischen Wissenschaften bezogen heißt dies, dass die scheinbare Unsichtbarkeit der Kategorie Geschlecht in physikalisch-chemischem Wissen mit der Assoziation von Männlichkeit an diese Disziplinen und weiter mit der Geschlechtslosigkeit von Männlichkeit als gesellschaftlichem Symbol und Konzept korreliert. Mit der auf diese Weise analysierten Geschlechtslosigkeit von Männlichkeit wird die Geschlechterordnung innerhalb der naturwissenschaftlichen Disziplinen deutlicher. Aus dieser Interpretation lässt sich schlussfolgern, dass die Abwesenheit der Kategorie Geschlecht im Gegenstandsbereich der physikalischen Wissenschaften als Hinweis auf ihre Geschlechtlichkeit auf einer anderen Ebene (einer epistemologischen und gesellschaftsanalytischen Ebene) gedeutet werden kann.

2.7 Fazit

Im Forschungsstand zur feministischen Naturwissenschaftsforschung zeigt sich insgesamt eine große Vielfalt von Ansätzen. Verschiedene Forscherinnen und Gruppen von Forscherinnen arbeiten mit unterschiedlichen Methoden und theoretischen Zugängen zu der Frage nach dem Zusammenhang zwischen Geschlecht und Naturwissenschaft. Nach meinem Verständnis stehen die verschiedenen Forschungsperspektiven nicht im Widerspruch zueinander, sondern beleuchten unterschiedliche Dimensionen des Zusammenwirkens von Geschlecht und Naturwissenschaft; sie sind nicht einer einzigen theoretischen Perspektive zuzuordnen.

Die Notwendigkeit, sich in Bezug auf die feministische Fragestellung nach Konstruktionsprozessen von Differenz mit naturwissenschaftlichen Theorien und Praxen auseinander zu setzen, habe ich gezeigt und herausgearbeitet, dass ein engagierter Dialog zwischen Natur- und GesellschaftswissenschaftlerInnen erforderlich ist. Im Bereich der Lebenswissenschaften findet dieser Dialog vermehrt statt, ein eklatantes Forschungsdefizit besteht jedoch in Bezug auf die physikalischen Wissenschaften.

Moderne' (und damit der ,Vergeschlechtlichung der Männlichkeit') zugespitzt werden können. Bublitz, Hannelore (Hrsg.): Das Geschlecht der Moderne. Genealogie und Archäologie der Geschlechterdifferenz. Frankfurt a. M. und New York 1998 und dies., Christine Hanke; Andrea Seier: Der Gesellschaftskörper. Zur Neuordnung von Kultur und Geschlecht um 1900. Frankfurt a. M. und New York 2000.

Mit der folgenden Fallstudie zu ‚Thermodynamik und Geschlecht' beabsichtige ich, indem ich Thermodynamik als ‚Geschlechterwissenschaft' (‚science of gender') rekonstruiere, neue Denkräume zur kritischen Reflexion von Konstruktionsprozessen hierarchischer Geschlechterdifferenz zu eröffnen. Die physikalischen Wissenschaften in die feministische Naturwissenschaftsforschung und in die feministische Historiographie einzubeziehen, ist notwendig und vielversprechend. Notwendig, um den sogenannten harten Naturwissenschaften nicht weiter implizit den epistemologischen Sonderstatus einer von sozialen Prozessen entfernten Wissenschaft einzuräumen, und vielversprechend wegen eines erweiterten Verständnisses von Konstruktionsprozessen hierarchischer Geschlechterdifferenz.

3. Der Diskurs über das Frauenstudium um 1900 – Der Fall

Der Ausgangspunkt der folgenden historischen Fallstudie ist das im vorangehenden Kapitel herausgearbeitete Forschungsdefizit zu der Frage nach dem Anteil physikalisch-chemischen Wissens an der Konstruktion hierarchischer Geschlechterdifferenz. Für die Wahl des Diskurses über das Frauenstudium um 1900 als Forschungsgegenstand sprachen folgende theoretischen Vorüberlegungen. Die Zeit um 1900 stellt in Bezug auf das Verhältnis von Wissenschaft und Geschlecht eine Zeit des Wandels dar. Der Status Quo des formalen Ausschlusses von Frauen aus der Wissenschaft wurde massiv in Frage gestellt. Die Aushandlungen um die Öffnung der Universitäten für Frauen stellen ein diskursives Feld dar, in dem Weiblichkeit, Männlichkeit, Bildung und Wissenschaft sowie ihre Beziehungen zueinander hergestellt werden. In anderen Worten: Mir erscheint die Zeit des gesellschaftlichen Wandels um 1900 und der darin eingebettete Diskurs über das Frauenstudium, in dem Geschlecht, Bildung und Wissenschaft explizit verhandelt werden, geeignet, um Prozesse von ‚gender and science in the making'[146] zu untersuchen. Das Forschungsdefizit in der feministischen Naturwissenschaftsforschung motivierte die Fokussierung auf die Frage, ob auch physikalisch-chemische Wissenselemente in diesem Prozess konstitutiv waren. Sind im Diskurs über das Frauenstudium Zusammenhänge zwischen dem Geschlechterverhältnis und den physikalischen Wissenschaften auszumachen? Welche Rolle spielten epistemische Legitimationen durch naturwissenschaftliches Wissen im Allgemeinen und physikalisch-chemisches Wissen im Besonderen in diesem geschlechterpolitischen Diskurs?

Der Eintritt vieler Frauen in die Universitäten an der Wende vom 19. zum 20. Jahrhundert und die Forderungen und Initiativen der Frauenbewegung nach

146 Diese Formulierung Heike Wiesners, mit der sie die Ansätze Donna Haraways und Bruno Latours aufeinander bezieht, bringt auf den Punkt, worum es mir hier geht. Es geht um Prozesse des Herstellens von Geschlecht und (Natur-)Wissenschaft in ihrem gegenseitigen Bezug aufeinander. Vgl. Wiesner 2002, 3. Kapitel.

‚höherer Bildung' waren Teil eines Diskurses, in dem Fragen zum Wesen von Weiblichkeit, zur gesellschaftlichen Bestimmung von Frauen und Männern und zum Status von Wissenschaft debattiert wurden.

In den 80er und 90er Jahren des 19. Jahrhunderts fanden im Deutschen Reich vehemente Auseinandersetzungen um die Zulassung von Frauen zu Universitäten statt. Im Gegensatz zu vielen anderen Ländern waren Frauen im Deutschen Reich am Ende des 19. Jahrhunderts noch vom Hochschulstudium ausgeschlossen. In den USA geht die Tradition von Frauencolleges auf die 30er Jahre des 19. Jahrhunderts zurück, in der Schweiz konnten Frauen sich ab Mitte der 1860er immatrikulieren, in Frankreich ab 1863, in den skandinavischen Ländern ab 1870, in den Niederlanden ab 1878 und in Belgien ab 1883. Ein teures Auslandsstudium war für viele Frauen lange Zeit die einzige Möglichkeit, einen akademischen Abschluss zu erlangen. Viele Europäerinnen, denen in ihrem Herkunftsland das Studium verwehrt wurde, studierten im letzten Drittel des 19. Jahrhunderts an der Universität Zürich.[147]

Die Forderung nach der Zulassung von Frauen zu deutschen Universitäten war gekoppelt an Reformbestrebungen in der höheren Mädchenbildung und die Forderung nach der Zulassung von Frauen zu akademischen Berufsfeldern. Die Frage des Frauenstudiums betraf gleichzeitig die Frage der höheren Mädchenbildung. Das Curriculum musste geändert werden, wenn die Schulausbildung mit dem Abiturzeugnis abgeschlossen werden sollte und das Ziel die Aufnahme eines Universitätsstudium sein sollte. Auch die Öffnung von Frauen bisher verschlossenen Berufen wie Ärztin, Richterin, Physikerin etc. wurde mit der Frage des Frauenstudiums thematisiert. In den Debatten stand häufig der Beruf der Ärztin (besonders der der Frauenärztin, Kinderärztin und Zahnärztin) im Vordergrund.

Vor der Öffnung der deutschen Universitäten für Frauen ab 1900[148] war der Status der Gasthörerin eine Möglichkeit, eingeschränkten Zugang zum Studium zu bekommen. Durch Einzelfallregelungen und Absprachen mit dem jeweiligen Dozenten konnten sie an Vorlesungen teilnehmen. Im preußischen Kultusministe-

147 Vgl. Gerhard, Ute: Unerhört. Die Geschichte der deutschen Frauenbewegung. Hamburg 1990, S. 140. Für internationale Vergleiche zur Durchsetzung des Frauenstudiums vgl. Costas, Ilse: „Der Kampf um das Frauenstudium im internationalen Vergleich". In: Anne Schlüter (Hrsg.) Pionierinnen, Feministinnen, Karrierefrauen? Zur Geschichte des Frauenstudiums in Deutschland. Pfaffenweiler 1992, S.115-144 und Albisetti, James C.: Schooling German Girls and Women. Secondary and Higher Education in the Nineteenth Century, Princeton 1988, S. 292-301.

148 Die einzelnen Landesregierungen öffneten ihre Universitäten für Frauen wie folgt: Baden 1900, Bayern 1903, Württemberg 1904, Sachsen 1906, Thüringen 1907, Hessen 1908, Preußen 1908, Elsass-Lothringen 1909 und Mecklenburg 1909.

rium wurde von 1895 bis 1900 eine Statistik über die Anzahl der Gasthörerinnen an den zehn preußischen Landesuniversitäten[149] geführt. In dieser Statistik wurden die Gasthörerinnen nach folgenden Kategorien aufgelistet: Staatsangehörigkeit, Altersgruppe, Religionszugehörigkeit, Familienstand, Beruf des Vaters, Studienfachwahl und Zweck des Studiums.[150] Diese Kategorien geben einen ersten Eindruck von der groben Struktur des Frauenstudiumsdiskurses. Diesen Kategorien wurde in Hinblick auf die Frage, ob Frauen an Universitäten zugelassen werden sollten, eine grundlegende Bedeutung zugeschrieben. Daran zeigt sich zugleich, dass es nicht allgemein um die ‚Frau' ging, sondern anderen Kategorien außer der Geschlechtszugehörigkeit, wie der Staatszugehörigkeit, Religionszugehörigkeit und Klassenzugehörigkeit, Relevanz beigemessen wurde. Mit der Frage nach dem Familienstand und dem Zweck des Studiums wurde in der Statistik das Berufziel der Gasthörerin abgefragt: Sollte das Studium auf einen zukünftigen selbstständigen ‚Broterwerb' abzielen oder diente die Teilnahme an

149 Die damals 10 preußischen Landesuniversitäten waren: Berlin, Bonn, Breslau, Göttingen, Greifswald, Halle a. S., Kiel, Königsberg i. P., Marburg und Münster. Jede Universität umfasste vier Fakultäten (außer Münster, dessen Universität zu diesem Zeitpunkt noch keine juristische und medizinische Fakultät besaß): die theologische (evangelisch und/oder katholisch), die juristische, die medizinische und die philosophische, der die naturwissenschaftlichen Studienfächer zugeordnet waren.

150 Insgesamt gab es an den zehn preußischen Landesuniversitäten von 1895-1901 zwischen ca. 800 Gasthörerinnen, wobei es eine stetige Zunahme mit nur leichten Schwankungen bis zum Wintersemester 1900/01 gab. Im Sommersemester 1901 nahm die Zahl der Gasthörerinnen schlagartig um ca. 230 ab. Dies lässt sich darauf zurückführen, dass sich Abiturientinnen in Baden seit 1900 immatrikulieren konnten. Mit Abstand die meisten Gasthörerinnen waren deutscher Herkunft, die beiden nächst größten Gruppen waren Gasthörerinnen mit russischer und amerikanischer Staatsangehörigkeit. Die Statistik über die Religionszugehörigkeit zeigt folgendes Ranking: 1. protestantisch, 2. ‚israelitisch' bzw. ‚mosaisch' 3. römisch -katholisch. Über den ‚Stand oder Beruf' des Vaters finden sich folgende Angaben: Die Mehrheit der Gasthörerinnen haben Väter mit akademischen Berufen, gefolgt von Vätern aus dem ‚Kaufmannsstand (inkl. Bankiers)' und dem ‚mittleren und unteren Beamtenstand'. In der Studienfachwahl führten die Sprachwissenschaften (neue, alte Philologie und Literaturwissenschaft) an zweiter Stelle stand die Philosophie, an dritter Stelle die Naturwissenschaften (Physik, Chemie, Biologie) und die Medizin stand an vierter Stelle. Dieses Ranking vermag einen ersten Überblick über die Fächerwahl der Gasthörerinnen zu geben. Für eine detaillierte Analyse und Vergleiche müssten jedoch die Kategorienbildung transparenter gemacht werden Beispielweise wurde Medizin als Studienfach getrennt von der Zahnmedizin erfasst, Mathematik wurde ebenfalls extra aufgeführt (nicht den Naturwissenschaften zugerechnet) und Archäologie wurde der Kategorie ‚neue' alten Philologie und Literaturwissenschaft zugeordnet. Vgl. Geheimes Staatsarchiv Preußischer Kulturbesitz Rep. 76 V a Sektion 1 Generalia VIII, Abteilung No. 8, Adhibendium I, Bd. II, S. 72f.

Vorlesungen als Fortbildung ohne konkretes Berufsziel? Im Verlauf der Darstellung der Argumentationsfiguren im Frauenstudiumsdiskurs rekonstruiere ich diese Themen, die in der Statistik als Taxonomie der Frauenfrage ablesbar sind, mit vielfältigen Bedeutungszuschreibungen und beschreibe ihre Verflechtungen untereinander.

3.1 Diskurs, Argumentationsfiguren und Diskursüberschneidungen – Begriffsklärungen und methodisches Vorgehen

Der Diskurs über das Frauenstudium um 1900 dient in der vorliegenden Studie als historischer Fall, an den ich die als Forschungsdefizit herausgearbeitete Frage herantrage. Die konkrete Bestimmung dessen, was den zu untersuchenden Diskurs ausmacht, verändert sich mit fortschreitender Analyse. Ich gehe vom Diskurs über das Frauenstudium aus, den ich als Formation von Aussagen, die sich auf den Gegenstand ‚Frauenstudium' um 1900 beziehen, definiere. In Anlehnung an den Foucaultschen Diskursbegriff werden dabei die Materialität der Redeweise, die institutionellen Rahmenbedingungen der Aussagen, ihre Verknüpfung mit Handlungen und der aus diesem Zusammenhang resultierende Macht-Effekt betont.[151]

Der diskurstheoretische Ansatz ist epistemologisch und methodologisch im Paradigma des Poststrukturalismus verortet. Eine seiner zentralen Denkbewegungen ist, nicht von feststehenden Realitäten auszugehen, sondern diese umgekehrt als in diskursiven Prozessen hervorgebracht zu begreifen. Sprache bildet demnach nicht die Realität ab, sondern Realitäten konstituieren sich durch Sprache.[152] Die Vorstellung, dass Diskurse Realitäten hervorbringen, betont den performativen Charakter von Sprache – anders ausgedrückt: Sprache handelt. In diesem

151 Vgl. Foucault, Michel: Archäologie des Wissens. 7. Aufl. Frankfurt a. M. 1995 [franz. Orig. 1969] und ders.: Die Ordnung des Diskurses. Frankfurt a. M. 1991 [franz. Orig. 1972]. Die Foucaultsche Diskursdefinition, selbst inkonsistent und variierend, ist eine unter mehreren, die heute zirkulieren. Keller [et al.] geben einen aufschlussreichen, groben Überblick verschiedener Stränge von Verwendungen des Diskursbegriffs. Vgl.: Keller, Reiner; Hirseland, Andreas; Schneider, Werner; Viehöver, Willy (Hrsg.): Handbuch Sozialwissenschaftliche Diskursanalyse. Bd. 1. Opladen 2001, S. 9-13.

152 Vgl. Raab 1998 a.a.O., S. 10-21.

Sinn produzieren Diskurse Materialität.[153] Foucault bestand in seiner Diskurstheorie auf dem historisch Spezifischen von Diskursen, das es in einer Diskursanalyse zu ermitteln gilt. Die Diskursanalyse fragt dabei auch nach dem Nicht-Gesagten und verfolgt Grenzziehungen, die Foucault auch als „Prozedur der Ausschließung" bezeichnete.[154] Auf den Diskurs über das Frauenstudium bezogen, ist der Blick auf Grenzziehungen vielversprechend, weil durch diese diskursanalytische Methode ein Zusammenhang zwischen der Konstitution von Wissenschaft als männlich und dem Ausschluss von Frauen aus der Wissenschaft rekonstruierbar wird.

Ausschließungsprozesse lassen sich darüber hinaus als Normalisierungsprozesse begreifen.[155] Im Prozess der Normalisierung wird separiert und exkludiert. Die ‚Norm' der (männlichen) Wissenschaft ist das Ungesagte, das der Bestimmung durch Abweichungen bedarf. Die Herstellung der Norm vollzieht sich durch die Markierung der Grenze zum ‚Anormalen'[156]. Das Normale konstituiert sich in diesem diskursiven Prozess über das als anormal bestimmte Andere.[157] Das Anormale und Ausgeschlossene tritt in dieser Betrachtungsweise als produktiver Bestandteil von Diskursen in den Blick.

Im Verlauf der vorliegenden Diskursanalyse wird die zu Beginn notwendigerweise und pragmatisch eingegrenzte Einheit ‚Frauenstudiumsdiskurs' in dem Sinn ent-grenzt, als dass ich Verknüpfungen dieses Diskurses mit spezialdiskursiven und interdiskursiven Elementen rekonstruiere. Dabei orientiere ich mich an Jürgen Links Vorschlag, bei der Analyse diskursiver Formationen grundsätz-

---

153 Vgl. Villa, Paula-Irene: Sexy Bodies. Eine soziologische Reise durch den Geschlechtskörper. 2. Aufl. 2001, S. 123-128.

154 Foucault hat die Kategorie Geschlecht und diskursive Grenzziehungen zwischen Männlichkeit und Weiblichkeit in seine Untersuchungen nur marginal berücksichtigt. Er untersuchte beispielsweise die Grenzziehung zwischen Vernunft und Wahnsinn. Vgl. Foucault 1991 a.a.O., S. 11ff. und Foucault 1995 a.a.O., S. 63ff.

155 Vgl. Foucault, Michel: Sexualität und Wahrheit Bd.1: Der Wille zum Wissen. 9. Aufl. Frankfurt a. M. 1997, S. 172.

156 Anormal ist vom griechischen nomos und vom lateinischen norma (Gesetz) abgeleitet. Anormal ist ein Terminus des Beurteilens, ein normativer Ausdruck. Etymologisch ist Anomalie ein deskriptiver Terminus. Es ist von griechischen an-omolos (Ungleichmäßigkeit) abgeleitet. Der Begriff der Anomalie hat einen Bedeutungswandel erfahren: von der deskriptiven, statistischen Abweichung zum normativen Gehalt mit Bezug auf eine Norm. Canguilhem, Georges: Das Normale und das Pathologische. München 1974 [franz. Orig. 1966], S. 86-90.

157 Vgl. Link, Jürgen: Versuch über den Normalismus. Wie Normalität produziert wird. Opladen 1996.

lich zwischen Spezialdiskursen und Interdiskursen zu unterscheiden.[158] Link griff ein Problem des Foucaultschen Diskursbegriffs auf. Er unternahm den Versuch, die theoretische Leere zwischen dem ‚internen' Aspekt des Diskursbegriffs, der in der Tradition der Linguistik steht und nach diskursiven Regelmäßigkeiten forscht, und dem ‚externen' Aspekt des Diskursbegriffs, welcher der Sozialgeschichte verpflichtet ist und den institutionellen Rahmen diskursiver Praktiken erforscht, zu füllen.[159] Mit Links Diskurssystematik wird der arbeitsteiligen institutionalisierten Diskurspraxis Rechnung getragen. Spezialdiskurse zeichnen sich durch die Ziele der immanenten Konsistenz, der Ausschaltung von Mehrdeutigkeiten und der Abschottung gegen ‚externes' Diskursmaterial aus. Fachwissenschaftliche Diskurse wie physikalisch-chemische Diskurse sind ein Beispiel für Spezialdiskurse. Mit dem Begriff des Interdiskurses lassen sich Diskursüberschneidungen zwischen zwei und mehreren Spezialdiskursen oder auch übergreifenden Diskursen beschreiben. Allgemeine Diskurse, die Link auch unscharf als ‚Alltagsdiskurse' bezeichnet, sind im Vergleich zu Spezialdiskursen weniger eindeutig umrissen und hochgradig selektiv.

Bei der Untersuchung der Diskursüberschneidungen von Thermodynamik und Geschlecht fällt auf, dass sich das physikalisch-chemische Wissen der Thermodynamik in der Kopplung mit dem Diskurs über das Frauenstudium transformierte. Die Sprachform des thermodynamischen Fachdiskurses ist gekennzeichnet durch mathematischen Formalismus, graphische Methoden und Laboranordnungen. Diese spezifische und exklusive Sprachform und Denkform ist nicht ohne weiteres in allgemeinere Diskurse überführbar. In einer interaktiven Dynamik, in der sich sowohl die Sprache des allgemeineren Diskurses als auch die des fachwissenschaftlichen Diskurses verändert, entwickeln sich Vorstellungen in Interdiskursen weiter. Für eine Untersuchung dieser Überschneidungen von Spezialdiskursen und übergreifenden Diskursen ist es wichtig, sich vor Augen zu führen, dass diese Bezüge nicht statisch zu denken sind. Insofern finden sich physikalisch-chemische Wissenselemente nicht unverändert im Diskurs über das Frauenstudium. Durch die Interaktion sowohl mit anderen disziplinären Fachdiskursen als auch mit Interdiskursen erfahren die physikalisch-chemischen

158 Vgl. Link, Jürgen: „Literaturanalyse als Interdiskursanalyse. Am Beispiel des Ursprungs literarischer Symbolik in der Kollektivsymbolik". In: Jürgen Fohrmann und Harro Müller (Hrsg.): Diskurstheorien und Literaturwissenschaft. Frankfurt a. M. 1988, S. 284-307.

159 Vgl. Link, Jürgen: „Über ein Modell synchroner Systeme von Kollektivsymbolen sowie seine Rolle bei der Diskurs-Konstitution". In: Ders. und Wulf Wülfing (Hrsg.): Bewegung und Stillstand in Metaphern: Fallstudien zum Verhältnis von elementarem Wissen und Literatur im 19. Jahrhundert. Stuttgart 1984, S. 63-92, hier S. 63ff.

Wissenselemente Modifikationen. Diese Interaktion lässt sich am Beispiel des Interdiskurses des Körpers als thermodynamische Maschine (4.2) fruchtbar auch in Begrifflichkeiten von Metapherntheorien fassen. Im Gegensatz zur Diskurstheorie ist in Metapherntheorien die Handlungskoppelung jedoch weniger hervorgehoben.[160]

Am konkreten Fall der interdiskursiven Figur des Körpers als thermodynamische Maschine lässt sich die heuristische Funktion der Metapher zeigen, d.h. dass die Metapher nicht nur explikativ bereits Ausgedrücktes verdeutlicht, sondern neues Wissen produziert.[161] Eine exakte Abgrenzung der Begriffe ‚Metapher' und ‚Analogie' voneinander ist schwierig. Ich werde sie in folgender Weise verwenden: Mit dem Begriff der Analogie bezeichne ich Relationen, die als Verhältnisgleichheiten und Ähnlichkeiten gefasst sind. Den Metapherbegriff definiere ich relational in Abgrenzung zum Analogiebegriff: Der Begriff der Metapher bezeichnet ein umfassenderes Feld der Interaktion zweier Gegenstände, das weniger scharf umgrenzt ist als dies bei der Analogie der Fall ist. Nach dieser Definition bezeichne ich die Relation zwischen Dampfmaschine und Organismus, wie sie im physiologischen Fachdiskurs eingesetzt wurde, als Analogie und einen weniger scharf umgrenzten Gebrauch der Vorstellung des Körpers als Maschine als Metapher.[162]

Von den verschiedenen metapherntheoretischen Ansätzen ist besonders der ‚interaction view', den Max Black einführte, erkenntnisfördernd.[163] Mit der interaktiven Interpretation der Dynamik metaphorischer Prozesse wird betont, dass etwas Neues entsteht, wenn zwei oder mehr Bilder miteinander gekoppelt werden. Diese Interaktionstheorie der Metapher grenzt sich von einer Übertragungstheorie der Metapher ab, mit der im Fall des Körpers als thermodynamischer Maschine ein Übertragungsprozess von dem Bild der Dampfmaschine auf den Organismus beschrieben würde. Diese Metapherntheorie greift meines Erachtens zu kurz, denn das gesendete Bild der Maschine bleibt scheinbar unverändert. Es

160 Einige AutorInnen haben allerdings den konstruktiven Charakter von Metaphern und Analogien für die Produktion wissenschaftlicher Erkenntnis hervorgehoben. Vgl. Hesse 1970 a.a.O. und Maasen/ Weingart 2000 a.a.O.

161 Zur Unterscheidung der heuristischen von der explikativen Funktion von Metaphern vgl. Wahrig-Schmidt, Bettina: Der Staat als Mensch-Maschine. Die Organismus-Staats-Wissenschaftsmetaphorik bei Thomas Hobbes. Med. Habil. Lübeck 1996, S. 87f.

162 Ich danke Kirsten Smilla Ebeling, Universität Oldenburg, an dieser Stelle für die klärenden Kommentare zu den Begrifflichkeiten von Metapherntheorien.

163 Vgl. Black, Max: Models and Metaphors. Studies in Language and Philosophy. 5. Aufl. Ithaca und London 1972 [1962].

wird eine Ursprungsrelation zwischen den beiden, die Metapher konstituierenden, Bildern hergestellt. In der folgenden Analyse wird jedoch deutlich, dass beide Bilder sich durch den metaphorischen Prozess weiter entwickeln. Die Dampfmaschine erscheint menschlicher, wenn sie z.B. wie der Mensch mit Kohlenstoffverbindungen ‚gefüttert' wird, und der Mensch wird maschinenähnlicher, wenn er als energetisches In- und Outputsystem gesehen wird. Diese wechselseitige Dynamik lässt sich als Prozess der Naturalisierung technischer Zusammenhange und Technisierung lebendiger Zusammenhänge fassen. Die Grenzziehung zwischen Technik und Natur wird in diesem interaktiven Entwicklungsprozess durchlässiger.

Wie lassen sich Metaphern- und Diskurstheorie zusammen denken? Maasen und Weingart unternahmen den Versuch, dies zu tun und stellten ihre Metapherntheorie in einen diskurstheoretischen Rahmen. Ein Gewinn dieser Verknüpfung ist vor allem der machttheoretische Aspekt, den die Diskurstheorie einbringt. Entsprechend hoben sie aus diskurstheoretischer Perspektive den autoritativen Charakter von Metaphern hervor:

"The socio-historical privilege attached to some metaphors is not just the result of some intellectual game, but of a competition of existing and institutionally established discourses, which select for or against the import of particular foreign constructs. (...) It may be assumed that 'successful' metaphors are characterized by possessing the prestige of dominant discourses (...) and for this reason, can generate resonance in communications of functionally differentiated subsystems."[164]

Die beiden theoretischen Herangehensweisen aufeinander beziehend, ließe sich eine Metapher im Rahmen der Diskursanalyse als ein interdiskursives Diskurselement bezeichnen, mit dem die Koppelung verschiedener Diskurse organisiert wird.

Das methodische Vorgehen in der vorliegenden Analyse lässt sich in drei Phasen unterteilen. Die Bestimmung des Diskurses wandelt sich über die drei Phasen und fokussiert jeweils verschiedene Dimensionen des Diskurses. Die erste Phase ist durch die pragmatische Bestimmung dessen, was den zu untersuchenden Diskurs ausmacht, gekennzeichnet. Er ist zunächst als die Formation argumentativer Aussagen, die im Rahmen der Gutachten-Studie Arthur Kirchhoffs produziert wurden, gefasst. Augenmerk ist dabei auf die Frage gelegt, von wo aus gesprochen wird und worin die Legitimation des Sprechens besteht. Die Hochschullehrer stellen Sprecher dar, welche durch die Institution Universität legiti-

---

164 Maasen und Weingart 2000 a.a.O., S. 21.

miert sind, und ihre Aussagen führen diesen Macht-Effekt mit sich.[165] Ihre Aussagen sind nicht allein allgemein durch den Status des Universitätsprofessors, sondern darüber hinaus als wissenschaftliche Aussage eines Fachvertreters legitimiert. Kirchhoffs Frage nach der speziellen Perspektive der durch den einzelnen Hochschullehrer vertretenen wissenschaftlichen Disziplin spezifiziert den Ort des Sprechens und ermächtigt die Aussagen als durch die Spezialwissenschaft legitimiert.

In der zweiten Phase der Analyse, die sich an die Eingrenzung der zu untersuchenden Aussagenformation anschließt, geht es um die Suche nach sich im Textkorpus, in meinem Fall der Kirchhoff-Studie, wiederholenden Aussagen. Diese bezeichne ich als ‚Argumentationsfiguren', weil es sich bei der Form der zu untersuchenden Aussagen um Erörterungen und Argumentationen eines kontroversen Gegenstandes, des Frauenstudiums, handelt. Dass die sich wiederholenden Aussagen, aus denen ich Argumentationsfiguren generiere, in leicht modifizierter Form auftreten, zeugt von einer gewissen Individualität im Rahmen der diskursiven Regelmäßigkeiten.[166] Die Reihenfolge, in der ich die Argumentationsfiguren präsentiere, ergibt sich aus der Differenzierung zwischen denen, die nicht auf naturwissenschaftliche Fachdiskurse verweisen (3.1.3), und jenen, in denen ich Verbindungen zu diesen Spezialdiskursen rekonstruieren kann (3.1.4). Die Reihenfolge innerhalb dieser Abschnitte stellt keine Hierarchisierung der Ergebnisse dar. Vereinzelt gehe ich in der Beschreibung auf die Frage der Dominanz einer Argumentationsfigur in Relation zu anderen ein.

In der dritten Phase der Analyse des Diskurses über das Frauenstudium forsche ich nach Verbindungen zu anderen Diskursen, auf die in den Argumentationsfiguren verwiesen wird.[167] Mein Fokus liegt dabei auf der Suche nach Verbindungen zu physikalisch-chemischen Fachdiskursen und Interdiskursen. Diese dritte methodische Phase, deren Ergebnisse im dritten und im vierten Kapitel beschrieben werden, resultiert in der Identifikation einer Diskursstruktur, die ich als ‚energetische Ökonomie der Geschlechterdifferenz' bezeichne. Diese Diskursstruktur lässt sich als eine halbtransparente Folie neben anderen Folien beschreiben, die in einer konkreten historischen Situation in einem Prozess diskontinuierlicher Überlagerungen Sinn und Handeln zu beschreiben und erklären

165 Zur Funktion von Institutionen im Diskurs vgl. Foucault 1991 [1972] a.a.O., S. 15 und ders. 1995 [1969] a.a.O., S. 75ff.

166 Foucault 1991 [1972] a.a.O., S. 22.

167 Foucault spricht in diesem Zusammenhang von „interdiskursiver Konfiguration". Vgl. Foucault 1995 [1969] a.a.O., S. 226. Link definiert im Anschluss an Foucault Interdiskurse. Vgl. Link 1988 a.a.O., S. 285.

vermögen.[168] Das dritte Kapitel ist der Präsentation der ermittelten ‚Argumentationsfiguren' gewidmet und zeigt Verbindungen zu anderen Diskursen im Allgemeinen auf. Im vierten Kapitel vertiefe ich die Interdiskursanalyse und verfolge Überschneidungen mit thermodynamischem Wissen im Besonderen.

In der Zwischenreflexion am Ende des dritten Kapitels identifiziere ich ein ‚diskursives Ereignis': den Wandel von einer anatomisch-deterministischen hin zu einer energetisch-dynamischen Konstruktionsweise von Geschlechterdifferenz.

3.2 Umfragen zum Frauenstudium unter deutschen Hochschullehrern

Die Gutachten-Studie des Berliner Journalisten Arthur Kirchhoff, die er unter deutschen Hochschullehrern in den Jahren 1895-1897 durchführte, bildet das Quellenzentrum meiner Analyse des Frauenstudiumsdiskurses.[169] Ich gehe von der Kirchhoff-Studie als zentralem Quellenkorpus aus und verfolge Verweise auf Spezialdiskurse, um Diskurselemente des Frauenstudiumsdiskurses zu kontextualisieren und Bezüge herauszuarbeiten.

Die der Analyse der Kirchhoff-Studie vorangestellte, quantitative Auswertung von der preußischen Regierung angeforderter Gutachten zum Frauenstudium von 1892 und 1902[170] soll einen Eindruck davon vermitteln, wie sich die einzelnen Fakultäten in Preußen zu der Frage der Frauenstudiums positionierten. Im Gegensatz zum selektiven Sample der Gutachter der Kirchhoff-Studie deckten die von der preußischen Regierung eingeholten Gutachten alle Fakultäten der zehn preußischen Landesuniversitäten ab. Mit der quantitativen Auswertung dieses Quellenmaterials kann für die Zeit um 1900 die Stimmung unter Professoren preußischer Universitäten in Bezug auf die Zulassung von Frauen zum Studium an ihrer Fakultät skizziert werden.

168 Vgl. Sarasin, Philipp: „Diskurstheorie und Geschichtswissenschaft". In: Reiner Keller [et al.] 2001 a.a.O., S. 53-79, hier S. 73.

169 Kirchhoff, Arthur (Hrsg.): Die akademische Frau. Gutachten hervorragender Universitätsprofessoren, Frauenlehrer und Schriftsteller über die Befähigung der Frau zum wissenschaftlichen Studium und Berufe, Berlin 1897.

170 Gutachten von 1892: Geheimes Staatsarchiv Preußischer Kulturbesitz Rep. 76 V a Sektion 1, Generalia VIII, Abteilung No. 8, Bd. II, S. 51-228. Gutachten von 1902: Bd. X, S. 178.

Für mein Forschungsinteresse ist das Kirchhoff-Material geeigneter als die Gutachten des preußischen Kultusministeriums von 1892 und 1902. Mein spezielles Interesse gilt den physikalischen Wissenschaften und der Frage, ob in Argumentationen zum Frauenstudium Zusammenhänge zwischen dem Geschlechterverhältnis und diesen Wissenschaften auszumachen sind. Insgesamt interessiert mich, welche Verknüpfungen im Diskurs über das Frauenstudium auftraten. Welche Rolle spielten in den Argumentationen der Hochschullehrer epistemische Legitimationen durch naturwissenschaftliches Wissen im Allgemeinen und physikalisch-chemisches Wissen im Besonderen? Welche Zusammenhänge lassen sich daraus zwischen der Geschlechterordnung und naturwissenschaftlichem Wissen erkennen? Diese Fragen lassen sich an das Kirchhoff-Material adressieren, weil seine die Gutachten strukturierende Frage auf die Einzelwissenschaften und die fachliche Identität der einzelnen Professoren abzielte:

„(...) welche Gründe sind für resp. gegen das akademische Studium der Frau einzuwenden und zwar vom speziellen Standpunkt Ihrer Disziplin aus." (Herv. i. O.)[171]

In den Gutachten des preußischen Kultusministeriums wurden von jeder der vier Universitätsfakultäten Theologie, Jurisprudenz, Medizin und Philosophie kollektive Gutachten angefertigt. Die Rolle der physikalischen Wissenschaften und ihrer Vertreter lässt sich aus dem Material nicht erschließen, da in den Gutachten der philosophischen Fakultäten ein Spektrum fachlicher Perspektiven zusammengefasst wurde: Philosophie, Psychologie, Philologie, Nationalökonomie, Geschichte, Kunst, Kunstgeschichte, Mathematik, Physik, Astronomie, Chemie, Biologie, Geologie u.a. Die Tatsache, dass es sich um kollektive Gutachten handelt, macht eine qualitative Analyse schwierig, weil Gedankengänge und Argumentationen nicht ausführlich dokumentiert wurden, sondern die Gutachten eher der Textform eines Ergebnisprotokolls einer Gruppendiskussion entsprechen.

Für eine quantitative Analyse, die beschreibt, wie viele unter den Fakultäten der preußischen Landesuniversität das Frauenstudium befürworteten oder es ablehnten, sind die Gutachten des preußisches Kultusministeriums allerdings geeignet. Der Minister hatte die Fakultäten zu einer eindeutigen Position aufgefordert: ja oder nein, Befürwortung oder Ablehnung des Frauenstudiums. Kirchhoff gab in seiner Frage an die Hochschullehrer eher die Struktur einer Erörterung der Frage des Frauenstudiums vor. Er fragte Gründe zum ‚Für' bzw. ‚Wider' ab. Dies spiegelt sich in der Form der Kirchhoff-Gutachten wider, unter

171 Archiv der Berlin-Brandenburgischen Akademie der Wissenschaften, Nachlass Ostwald, Nr. 1487, Brief von Arthur Kirchhoff an Wilhelm Ostwald vom 26. Januar 1896.

denen diejenigen Gutachten, die eindeutig für oder eindeutig gegen Frauenstudium und akademische Frauenberufstätigkeit urteilten, in der Minderzahl sind. Das Material der Kirchhoff-Studie ist deshalb für qualitative Methoden der Analyse geeigneter als für eine quantitative Zusammenstellung der Ergebnisse, die allein Befürworter und Gegner des Frauenstudiums erfassen will.

Auch im Umfeld der sogenannten bürgerlichen Frauenbewegung, deren Aktivistinnen sich im politischen Feld der höheren Frauenbildung engagierten, wurden Umfragen zum Frauenstudium durchgeführt, z.B. von Käthe Schirmacher (1858-1930)[172]. Käthe Schirmacher war promovierte Romanistin, Schriftstellerin und Mitbegründerin des ‚Deutschen Vereins für Frauenstimmrecht'. Sie sammelte die Daten als Grundlage für ihr Referat auf dem Internationalen Frauenkongress im Jahr 1899 in London. Die Ergebnisse veröffentlichte sie in der von Minna Cauer herausgegeben Zeitschrift ‚Die Frauenbewegung'.[173] Schirmacher hatte im Frühjahr 1899 einen Fragebogen an alle zwanzig Universitätsrektoren Deutschlands geschickt. Ihr Ziel war es, einen quantitativen Überblick über die Haltungen der Universitätsrektoren zum Frauenstudium zu erhalten, die Anzahl der Gasthörerinnen, ihre soziale und nationale Herkunft, die Fächerwahl, ob Promotionen abgeschlossen wurden und wenn ja, in welchen Fächern, ob Probleme bei der Koedukation aufgetreten seien und ob ein gemischter Studierendenverein oder ein Studentinnenverein gegründet wurde. Der Rücklauf war im Vergleich zur den beiden Regierungsumfragen gering und die Antworten lückenhaft. Die Bereitschaft der Universitätsrektoren, auf die neun Fragen des Fragebogens von Schirmacher zu antworten, war geringer als die Bereitschaft, den ministeriellen Erlassen zu folgen. Wegen der daraus folgenden größeren Vollständigkeit der von der Regierung eingeholten Gutachten beziehe ich mich im Folgenden ausschließlich auf diese.

172 Für weitere biographische Informationen siehe die Online-Datenbank von Luise F. Pusch unter http://www.fembio.org (letzter Zugriff am 5.12.2001) und Pusch, Luise F. und Gretter, Susanne: Berühmte Frauen. 2 Bde. Frankfurt a. M. 1999 und 2001. Mit dem Verhältnis von Frauenemanzipation und Konservativismus in der politischen Biographie Schirmachers setzte sich auseinander: Walzer, Anke: Käthe Schirmacher. Eine deutsche Frauenrechtlerin auf dem Wege vom Liberalismus zum konservativen Nationalismus. Pfaffenweiler 1991.

173 Schirmacher, Käthe: „Das Frauenstudium in Deutschland". In: Die Frauenbewegung. Revue für die Interessen der Frauen. 6. Jg., Nr. 2 (1900), S. 10, Nr. 3 (1900), S. 19-20 und Nr. 5 (1900). Der dritte Teil in Nr. 5 (1900) war mir nicht zugänglich.

3.2.1 Gutachten der preußischen Fakultäten zum Frauenstudium (1892, 1902)

1892 und 1902 wurden vom preußischen Kultusministerium Umfragen unter sämtlichen Fakultäten der zehn preußischen Landesuniversitäten durchgeführt. Diese Gutachten sind bisher nicht veröffentlicht worden und sind nur in den Akten des Geheimen Staatsarchivs Preußischer Kulturbesitz einzusehen. Sie sind im Aktenplan der Sektion ‚Universitäten', der Ableitung Allgemeines und darin dem Ordner ‚Die von Personen weiblichen Geschlechts nachgesuchte Zulassung zur Immatrikulation und zu den Vorlesungen bei den Königlichen Landesuniversitäten' zugeordnet. Dieser Ordner unterteilt sich chronologisch in die Bände zehn bis fünfzehn, die den Zeitraum Mai 1825 bis Dezember 1934 umfassen.

Mit Erlass vom 28. Februar 1892 forderte der amtierende Unterrichtsminister Graf von Zedlitz und Trützschler Gutachten aller Fakultäten der preußischen Universitäten zu folgender Frage an:

„Nach den bestehenden Bestimmungen dürfen Frauen weder als Studierende aufgenommen noch als Gasthörerinnen zu den Vorlesungen zugelassen werden. Es ist in Frage gekommen, ob und inwieweit eine Abänderung dieser Bestimmungen rathsam erscheint. Euer Hochwohlgeboren verfüge ich ergebenst, sowohl die akademischen Senatoren, die einzelnen Fakultäten über diese Frage zu hören und mir davon Berichte mit Ihrer eigenen gutachterlichen Äußerung baldgefälligst einzureichen."[174]

Ein Jahrzehnt später, 1902, ordnete Unterrichtsminister von Studt eine zweite Gutachtenstudie unter sämtlichen Fakultäten der preußischen Landesuniversitäten an. Seinem Erlass vom 22. Februar 1902 fügte er abschriftlich ein Gesuch bei, in dem 27 Gasthörerinnen an preußischen Universitäten, die im Besitz eines deutschen Reifezeugnisses waren, um reguläre Immatrikulation baten. Die Verfasserinnen argumentierten, dass es eine ungerechte Benachteiligung aller Abiturientinnen sei, sie mit Gasthörerinnen ohne ausreichende Vorbildung gleichzustellen. Eine ordentliche Immatrikulation für Abiturientinnen würde nicht nur ihr Studium fördern, da sie nicht mehr für jede Teilnahme an einer Vorlesung eine individuelle Erlaubnis des Hochschullehrers einzuholen bräuchten, auch würde insgesamt die Anzahl der Studentinnen erheblich verringert, da die wenigsten der derzeitigen Gasthörerinnen im Besitz eines Abiturzeugnisses seien. Die Abiturientinnen argumentierten in ihrem Gesuch weniger für eine Gleichstellung mit Männern, die im Besitz des Abiturs waren, als gegen eine Gleich-

174 Geheimes Staatsarchiv Preußischer Kulturbesitz Rep. 76 V a Sektion 1, Generalia VIII, Abteilung No. 8, Bd. I, S. 157.

stellung mit Frauen, die als Gasthörerinnen die Universität besuchten ohne ein Abitur abgelegt zu haben. Zum Ende des Schreibens wiesen sie den Minister darauf hin, dass, sollte Preußen das Immatrikulationsrecht nicht einführen, immer mehr preußische Abiturientinnen an badischen Universitäten studieren würden, an denen das Immatrikulationsrecht für Abiturientinnen schon eingeführt sei.[175] Der Unterrichtminister von Studt bat Rektoren, Senate und Fakultäten der preußischen Landesuniversitäten um Gutachten zu diesem Immatrikulations-Gesuch.[176]

Die Auswertung der Gutachten aus dem Jahr 1892 zeigt eine Spaltung der vier Fakultäten in zwei Lager: Die theologischen und juristischen Fakultäten lehnten eine Änderung der bestehenden Bestimmungen, nach denen Frauen sich nicht immatrikulierten konnten, mit überwältigender Mehrheit ab. Alle zwölf theologischen Fakultäten der zehn preußischen Landesuniversitäten (Bonn und Breslau hatten jeweils sowohl eine evangelische als auch eine katholische theologische Fakultät) lehnten das Frauenstudium ab. Auch an den insgesamt neun juristischen Fakultäten (die Universität Münster besaß zum damaligen Zeitpunkt keine juristische Fakultät) stellte sich eine eindeutige Mehrheit gegen die Einführung des Frauenstudiums. Allein die juristische Fakultät der Universität Breslau fällte ein befürwortendes Votum. Dem ablehnenden Lager der theologischen und juristischen Fakultäten stand ein in seiner Gesamtheit gespaltenes Lager der medizinischen und philosophischen Fakultäten gegenüber. Hier herrschte insgesamt eine Patt-Situation. Fünf der neun medizinischen Fakultäten (die Universität Münster besaß damals keine medizinische Fakultät) lehnten eine Reform an ihrer Fakultät zu Gunsten des Frauenstudiums ab. An den philosophischen Fakultäten, denen die Naturwissenschaften zugeordnet waren, gab es ebenfalls eine Patt-Situation. Vier der zehn Fakultäten sahen keinen Anlass zur Änderung des Status Quo, fünf befürworteten eine Änderung zugunsten der akademischen Frauenbildung. Die philosophische Fakultät der Universität Königsberg i. P. war in sich so gespalten, dass sie kein einheitliches Votum gegenüber dem Kultusministerium abgeben konnte.

175 Vgl. Geheimes Staatsarchiv Preußischer Kulturbesitz Rep. 76 V a Sektion 1, Generalia VIII, Abteilung No. 8, Bd. IX, S. 127-135.

176 Vgl. Geheimes Staatsarchiv Preußischer Kulturbesitz Rep. 76 V a Sektion 1, Generalia VIII, Abteilung No. 8, Bd. IX, S. 346.

Tabelle. 4: Gutachten aller preußischer Universitäten zum Frauenstudium von 1892[177]

<table>
<tr><th></th><th colspan="2">Rektor</th><th colspan="2">Theologische Fakultät</th><th colspan="2">Juristische Fakultät</th><th colspan="2">Medizinische Fakultät</th><th colspan="2">Philosophische Fakultät</th></tr>
<tr><td>Berlin</td><td colspan="2">nein</td><td colspan="2">Nein</td><td colspan="2">nein</td><td colspan="2">nein</td><td colspan="2">nein</td></tr>
<tr><td>Bonn</td><td colspan="2">nein</td><td colspan="2">nein*</td><td colspan="2">nein</td><td colspan="2">ja</td><td colspan="2">ja</td></tr>
<tr><td>Breslau</td><td colspan="2">ja</td><td colspan="2">nein*</td><td colspan="2">ja</td><td colspan="2">ja</td><td colspan="2">nein</td></tr>
<tr><td>Greifswald</td><td colspan="2">ja</td><td colspan="2">nein</td><td colspan="2">nein</td><td colspan="2">nein</td><td colspan="2">ja</td></tr>
<tr><td>Halle</td><td colspan="2">nein</td><td colspan="2">nein</td><td colspan="2">nein</td><td colspan="2">nein</td><td colspan="2">ja</td></tr>
<tr><td>Kiel</td><td colspan="2">nein</td><td colspan="2">nein</td><td colspan="2">nein</td><td colspan="2">nein</td><td colspan="2">nein</td></tr>
<tr><td>Königsberg i.P.</td><td colspan="2">ja</td><td colspan="2">nein</td><td colspan="2">nein</td><td colspan="2">ja</td><td colspan="2">kein Votum**</td></tr>
<tr><td>Göttingen</td><td colspan="2">nein</td><td colspan="2">nein</td><td colspan="2">nein</td><td colspan="2">nein</td><td colspan="2">ja</td></tr>
<tr><td>Marburg</td><td colspan="2">ja</td><td colspan="2">nein</td><td colspan="2">nein</td><td colspan="2">ja</td><td colspan="2">nein</td></tr>
<tr><td>Münster</td><td colspan="2">nein</td><td colspan="2">nein</td><td colspan="2">./.</td><td colspan="2">./.</td><td colspan="2">ja</td></tr>
<tr><td rowspan="2">Summe:</td><td>Nein</td><td>Ja</td><td>Nein</td><td>Ja</td><td>Nein</td><td>Ja</td><td>Nein</td><td>Ja</td><td>Nein</td><td>Ja</td></tr>
<tr><td>6</td><td>4</td><td>10</td><td>0</td><td>8</td><td>1</td><td>5</td><td>4</td><td>4</td><td>5</td></tr>
</table>

* *Einheitliches Votum der katholischen und evangelischen theologischen Fakultäten.*

** *Die Mitglieder der Fakultät waren so unterschiedlicher Auffassung, dass sie sich nicht auf ein einheitliches Votum einigen konnten.*

Darüber hinaus gab es graduelle Unterschiede bei den Voten gegen eine Einführung des Immatrikulationsrechts für Frauen. Die philosophische Fakultät der Universität Kiel lehnte sowohl die Zulassung von Studentinnen als auch von Gasthörerinnen ab.[178] An der Friedrich-Wilhelms-Universität Berlin sprach sich die philosophische Fakultät gegen die Öffnung der ‚Männeruniversitäten' für Frauen aus, regte jedoch an, für die höhere Mädchen- und Frauenbildung spezielle Einrichtungen, nämlich Mädchengymnasien und Frauenuniversitäten zu gründen.[179]

Für das Jahr 1892 lässt sich an den Fakultäten der preußischen Landesuniversitäten die Tendenz festhalten, dass sich Befürworter des Frauenstudiums eher an medizinischen und philosophischen Fakultäten befanden bzw. dass für diese Studiengänge und akademischen Laufbahnen eine größere Reformbereitschaft zu Gunsten akademischer Ausbildungsmöglichkeiten für Frauen bestand als an

177 Eigene Auswertung der Akten des Geheimen Staatsarchivs Preußischer Kulturbesitz Rep. 76 V a Sektion 1, Generalia VIII, Abteilung No. 8, Bd. II, S. 51-228.

178 Vgl. Geheimes Staatsarchiv Preußischer Kulturbesitz Rep. 76 V a Sektion 1, Generalia VIII, Abteilung No. 8, Bd. II, S. 227.

179 Vgl. Geheimes Staatsarchiv Preußischer Kulturbesitz Rep. 76 V a Sektion 1, Generalia VIII, Abteilung No. 8, Bd. II, S. 129.

theologischen und juristischen Fakultäten. Als Hintergrund für die nachfolgende qualitative Analyse der Kirchhoff-Gutachten ist die dokumentierte Patt-Situation an medizinischen und philosophischen Fakultäten von Interesse.

Zehn Jahre später, 1902, gaben alle preußischen Fakultäten ein positiveres Votum als noch 1892 auf die Anfrage des Kultusministeriums ab. Es herrschte nun auch an den theologischen Fakultäten eine Patt-Situation zwischen befürwortenden und ablehnenden Voten. An der Patt-Situation an den medizinischen Fakultäten hatte sich in den vergangenen zehn Jahren nichts Entscheidendes geändert. Als Argument gegen die Immatrikulation von Abiturientinnen an medizinischen Fakultäten wurde vorgebracht, dass der gemeinsame Unterricht von Frauen und Männern in Vorlesungen und Praktika unmöglich sei, aber über die Einrichtung medizinischer Kurse ausschließlich für Frauen nachgedacht werden könne.[180] Die juristischen Fakultäten dokumentierten den auffallendsten Wandel: von einer beinahe einheitlich ablehnenden Haltung im Jahr 1892 hin zu einer 2/3-Mehrheit für das Recht auf Immatrikulation für Frauen. An den philosophischen Fakultäten hatte sich die Patt-Situation von 1892 in eine 2/3-Mehrheit zu Gunsten des Frauenstudiums gewandelt:

Der akademische Senat der Friedrich-Wilhelms-Universität Berlin ging mit den unterschiedlichen Voten der Fakultäten (Zustimmung der philosophischen und theologischen und Ablehnung der medizinischen und juristischen Fakultäten) in der Weise um, dass Abiturientinnen nicht mehr zu Beginn eines jeden Semester einen Hörerschein erhielten und jeden Hochschullehrer einzeln um Erlaubnis bitten mussten, sondern zu Beginn des Studiums einen ‚Benachrichtigungsschein‘ ausgehändigt bekamen, mit dem sie für das gesamte Studium zur Teilnahme an allen Vorlesungen und Übungen der philosophischen und theologischen Fakultät berechtigt waren.[181]

180 Vgl. z.B. das Gutachten der Friedrich-Wilhelms-Universität Berlin. In: Geheimes Staatsarchiv Preußischer Kulturbesitz Rep. 76 V a Sektion 1, Generalia VIII, Abteilung No. 8, Bd. X, S. 90.

181 Vgl. z.B. das Gutachten der Friedrich-Wilhelms-Universität Berlin. In: Geheimes Staatsarchiv Preußischer Kulturbesitz Rep. 76 V a Sektion 1, Generalia VIII, No. 8, Bd. X, S. 90f.

Tabelle 5: Gutachten aller preußischer Universitäten zum Frauenstudium 1902[182]

	Rektor		Theologische Fakultät		Juristische Fakultät		Medizinische Fakultät		Philosophische Fakultät	
Berlin	nein		*ja*		nein		nein		*ja*	
Bonn	*ja*		*ja*		*ja*		ja		*nein*	
Breslau	ja		*ja*		*nein*		ja		*ja*	
Greifswald	ja		nein		*ja*		*ja*		ja	
Halle	*ja*		*ja*		*ja*		nein		ja	
Kiel	*ja*		*ja*		*ja*		nein		*ja*	
Königsberg i.P.	*nein*		nein		nein		ja		*ja*	
Göttingen	nein		nein		*ja*		nein		*nein*	
Marburg	ja		*jein*		*ja*		ja		nein	
Münster	*ja*		nein		ja		nein		ja	
	Nein	Ja	Nein	Ja	Nein	Ja	Nein	Ja	Nein	Ja
Summe:	3	7	4	5	3	7	5	5	3	7
Differenz:		+3		+5		+6		+1		+1

Anm.: Kursive Schrift kennzeichnet geänderte Voten gegenüber 1892.

Die Gutachten stellen auch Material für die Frage bereit, inwieweit den Hochschulprofessoren als bildungspolitischen Akteuren eine bedeutsame Rolle in den Auseinandersetzungen und Aushandlungen um die Durchsetzung des Frauenstudiums zukam. Dass die Hochschulprofessoren von den politischen Entscheidungsträgern gefragt wurden, zeigt, dass ihre Rolle bedeutsam war. Der Kultusminister von Studt betonte die Rolle der Hochschullehrer in einer Debatte über das Frauenstudium im preußischen Landtag am 14.03.1903:

„Ich kann jetzt schon sagen, daß die Absicht nicht besteht, den Frauen das uneingeschränkte Recht der Immatrikulation an unseren Universitäten zu geben. (...) ich glaube nicht, daß die Unterrichtsverwaltung in dieser Beziehung in eine Art Zwangslage kommen wird, zumahl die Lehrer an unsren Universitäten ein wesentliches Wort dabei mitzusprechen haben würden.“ [183]

Die lange geltenden Einzelfallregelungen, die Professoren individuell das Recht einräumten, über die Zulassung einer Studentin als Gasthörerin in ihren eigenen Vorlesungen und Übungen zu entscheiden, stützt diese Einschätzung. Zugleich sollte die Macht der Hochschulprofessoren als Interessengruppe in diesem Fall

182 Geheimes Staatsarchiv Preußischer Kulturbesitz Rep. 76 V a Sektion I, Generalia VIII, Abteilung No. 8, Bd. X, S. 178

183 Geheimes Staatsarchiv Preußischer Kulturbesitz Rep. 76 V a Sektion I, Generalia VIII, No. 8, Bd. X 'Auszug aus den stenographischen Verhandlungen des Hauses der Abgeordneten vom 14.03.1903, 44. Sitzung', S. 3085.

nicht überschätzt werden. Wären die Voten der Fakultäten der entscheidende Faktor in dem Prozess der Durchsetzung des Frauenstudiums gewesen, hätte nach dem in der Tendenz befürwortenden Votum das Frauenstudium in Preußen schon 1902 eingeführt werden müssen und nicht erst sechs Jahre nach dieser zweiten Gutachten-Studie im Jahr 1908.[184]

3.2.2 Arthur Kirchhoffs Studie zum Frauenstudium (1895-1897)

Im Frühjahr 1896 bestanden in Berlin die ersten Schülerinnen das Abitur und befanden sich damit in der paradoxen Lage, zwar die formale Zugangsberechtigung zur Universität zu besitzen, aber dennoch nicht als reguläre Studentinnen zugelassen zu werden.[185] In diesem politischen Kontext stand die von Arthur Kirchhoff initiierte Umfrage zum Frauenstudium unter deutschen Professoren und Dozenten verschiedener Fachrichtungen, Lehrern an Mädchenschulen und Schriftstellern.

Arthur Kirchhoff, ein in Berlin lebender Journalist und selbst ein Befürworter der höheren Mädchenbildung und des Frauenstudiums[186], initiierte diese Umfrage

---

184 In den Akten des preußischen Kultusministerium findet sich weder eine Auswertung der Gutachten von 1892 (das oben dargestellte Ergebnis beruht auf meiner eigenen Auswertung der Gutachten) noch Schriftstücke, die auf die Gutachten Bezug nahmen. Anders verhält es sich bei den Gutachten von 1902, die tabellarisch ausgewertet wurden. Diese Auswertung übernahm ich in Tabelle 2. Die Antwort des preußischen Unterrichtsministers von Studt auf eine Anfrage des Reichskanzlers (Reichsamt des Innern) vom 1. April 1902 zeigt, dass er das Ergebnis als insgesamt negatives Votum auslegte: "Über die Frage der Immatrikulation der mit einem inländischen Reifezeugnis versehenen Frauen an den preußischen Universitäten habe ich erneut Feststellungen, aus denen sich ergibt, daß die Fakultäten der Angelegenheit zum Teil günstig, zum Teil ablehnend gegenüberstehen. Einen Anlaß zur Änderung in der Behandlung der Angelegenheit glaube ich daraus zur Zeit nicht unternehmen zu sollen." Geheimes Staatsarchiv Preußischer Kulturbesitz Rep. 76 V a Sektion 1, Generalia VIII, Abteilung No. 8, Bd. X, S. 57. Zum Zeitpunkt der zweiten Umfrage waren Frauen in Baden schon seit zwei Jahren zur Immatrikulation berechtigt.

185 Vgl. Albisetti 1988 a.a.O. (Fußnote 3), S. 208. Anfang der 1890er gab es drei Gründungen von Mädchengymnasien: Helene Lange (1848-1930) 1893 in Berlin, Hedwig Kettler (1851-1937) 1893 in Karlsruhe und Käthe Windscheid 1894 in Leipzig.

186 Sein Vorwort zu der Gutachtensammlung schließt Kirchhoff mit den Worten: „Die gegenwärtige Bewegung, welche die Frauen veranlasst, nach höherer Bildung zu streben, sie ist ein erfreuliches Zeichen der geistigen Entwicklung der Menschheit, zu der die Frauen mitzurechnen wir uns doch endlich werden entschließen müssen. Den wackeren Vorkämpferinnen für

1895 und veröffentlichte das Ergebnis 1897 unter dem Titel „Die akademische Frau. Gutachten hervorragender Universitätsprofessoren, Frauenlehrer und Schriftsteller über die Befähigung der Frau zum wissenschaftlichen Studium und Berufe“. Kirchhoff gab in seiner Studie keine exakte Auskunft darüber, nach welchen Kriterien er die Teilnehmer seiner Gutachten-Studie ausgewählt hatte. Allein die vage Angabe ‚hervorragende‘ Hochschullehrer im Untertitel seines Buches gibt Auskunft, dass es ihm darum ging, exponierte und eventuell auch einflussreiche Professoren an seiner Studie teilnehmen zu lassen. Kirchhoff veröffentlichte insgesamt 122 schriftliche Stellungnahmen, davon 104 von Hochschullehrern, 13 von Schriftstellern und fünf von Mädchenschullehrern. Die Länge der Gutachten variiert von fünf Zeilen bis zwölf Seiten und liegt im Durchschnitt bei zwei bis drei Seiten. Unter den teilnehmenden Hochschullehrern waren sechs Theologen, sechs Rechtswissenschaftler, 39 Mediziner, zwölf Philosophen und Psychologen (die in einer Kategorie zusammengefasst sind), vier Historiker, sieben Ökonomen, sieben Philologen, drei Vertreter der Kunst und Kunstgeschichte, vier Mathematiker, zwei Physiker, fünf Astronomen, vier Chemiker, vier Biologen und ein Ingenieurswissenschaftler.

Kirchhoff bat die Teilnehmer der Umfrage um die schriftliche Beantwortung folgender Frage:

> „Ich bitte auch Sie hochgeehrter Herr Professor, mir die Frage gütigst zu beantworten: welche Gründe sind für resp. gegen das akademische Studium der Frau einzuwenden und zwar vom speziellen Standpunkt Ihrer Disziplin aus.“ (Herv. i. O.)[187]

Bei einigen Befragten fügte er noch folgende Frage hinzu:

> „Welche Vorstudien sollen die jungen Mädchen erhalten und ist ein gemeinschaftliches Studium beider Geschlechter auf der Universität zulässig?“[188]

Er gab seinem Anliegen im Anschreiben an den Leipziger Chemieprofessor Wilhelm Ostwald Nachdruck, indem er hervorhob, dass er mit dem preußischen Kultusminister Robert Bosse im Kontakt stehe und von diesem in seinem Vorhaben unterstützt werde. Weiter stellte er darin in Aussicht,

---

Frauenrecht und Frauenbildung rufe ich zu: Lasst den Mut nicht sinken, qui dura, vincit!“ Kirchhoff 1897 a.a.O., S. XVI.

187 Archiv der Berlin-Brandenburgischen Akademie der Wissenschaften, Nachlass Ostwald, Nr. 1487, Brief von Arthur Kirchhoff an Wilhelm Ostwald vom 26. Januar 1896.

188 Vgl. das Gutachten von Prof. Dr. Spitta, Universität Tübingen, in dem er die Frage Kirchhoffs wiedergibt. In: Kirchhoff 1897 a.a.O., S. 173.

„(...) daß das Werk von Einfluß auf die nächsten diesbezüglichen Bestimmungen des preußischen Cultusministerium sein wird.“[189]

Kirchhoffs Umfrage stand im Kontext der Politik des preußischen Kultusministerium in der Mitte der 1890er Jahre. Robert Bosse, preußischer Unterrichtsminister von 1892 bis 1899, ließ 1895 die ersten Frauen zum Abitur in Preußen zu und erlaubte im selben Jahr Frauen als Gasthörerinnen die Teilnahme an Vorlesungen preußischer Universitäten. Kirchhoff nannte in seinem Anschreiben an Wilhelm Ostwald auch Friedrich Althoff, den für das Universitätswesen zuständigen Dezernenten im Kultusministerium, als seinen Unterstützer. Althoff war von 1887 bis 1908 im Amt und wurde von Albisetti als wichtiger Akteur innerhalb des preußischen Kultusministeriums zur Durchsetzung des Immatrikulationsrecht für Frauen eingeschätzt.[190]

Am Gesamteindruck der Kirchhoff-Umfrage mag überraschen, dass es um 1900 einen bemerkenswerten Anteil von uneingeschränkten Befürwortern des Frauenstudiums gab. Brigitte Bimmer stellte einen aufschlussreichen Vergleich der Kirchhoff-Studie (1897) mit einer Studie von Hans Anger aus dem Jahr 1960 an, in der neben anderen Fragen auch die Einstellungen gegenüber Studentinnen und Hochschullehrerinnen erhoben wurden. Bimmer wendete, um den Kirchhoff-Anger-Vergleich durchzuführen, die Kategorien der Anger-Studie auf die Kirchhoff-Studie an und kam zu dem Ergebnis,

„(...) daß die negativen Haltungen der Befragten zum Frauenstudium etc. bei Anger stärker zum Ausdruck kommen als bei Kirchhoff. Sind bei Anger 54% der Meinung, daß die Frau gar nicht in der Lage sei, Hochschullehrerin zu werden, so glauben bei Kirchhoff immerhin 52%, daß es keine geschlechtsspezifischen Unterschiede in den geistigen Fähigkeiten von Mann und Frau gäbe. (Bei Anger keine Bejahungen dazu).“[191]

Dieser Vergleich der Kirchhoff-Ergebnisse mit Ergebnissen, die ca. 60 Jahre später erhoben wurden, verstärkt den Eindruck, dass es um die Mitte der 1890er unter deutschen Hochschullehrern eine relativ große Gruppe gab, die das Frauenstudium positiv bewerteten. In der Sekundärliteratur zur Kirchhoff-Studie gibt es jedoch sehr divergierende Einschätzungen über die Tendenz, die in der Gesamt-

---

189 Archiv der Berlin-Brandenburgischen Akademie der Wissenschaften, Nachlass Ostwald, Nr. 1487, Brief von Arthur Kirchhoff an Wilhelm Ostwald vom 26. Januar 1896.

190 Vgl. Albisetti a.a.O., S. 247.

191 Bimmer, Brigitte: Das Selbstverständnis der Akademikerin in Beruf und Familie. Eine Empirische Untersuchung an Hessischen Hochschulen, Dissertation Justus-Liebig-Universität Gießen 1972, S. 11. Bimmer hat alle 122 Gutachten ausgewertet, also auch die der Schriftsteller und Mädchenschullehrer einbezogen. Ich danke Christine Mayer, Universität Hamburg, für den Hinweis auf den Kirchhoff-Anger Vergleich in dieser Arbeit.

heit der Gutachten zum Ausdruck komme. Am kontrastierendsten zu Bimmer ist die Interpretation von Anne Schlüter:

„Er (Arthur Kirchhoff, D.H.) glaubte feststellen zu können, daß die Zahl der für das höhere Frauenstudium plädierenden deutschen Universitätslehrer während der letzten Jahre zugenommen habe, die ‚entschiedenen Gegner' bereits in der Minorität seien. Tatsache ist aber, daß nur wenige Hochschullehrer das Studium uneingeschränkt bejahten."[192]

Karin Hausen ordnete die insgesamt 104 Stellungnahmen von Hochschullehrern (die Gutachten der Mädchenschullehrer und Schriftsteller sind bei ihr ausgeklammert) den drei Kategorien ‚Befürworter ohne Einschränkung', ‚entschiedener Gegner' und ‚Jein-Position' zu. Nach ihrer Interpretation

„(...) sprachen sich 45 Männer ohne Einschränkung für das Frauenstudium aus, 27 zogen sich auf ein ‚jein' zurück, und 32 Männer lehnten das Frauenstudium mit großer Entschiedenheit ab."[193]

Die große Diskrepanz der Interpretationen der Kirchhoff-Studie in der Sekundärliteratur zeigt, wie schwierig eine eindeutige Zuordnung der Gutachten zu allein zwei quantitativ erhebenden Kategorien ‚Befürworter' und ‚Gegner' ist. Auch Hausens große Anzahl (ein Viertel der Befragten) der ‚Jein-Positionen' belegt, dass das Material der Kirchhoff-Studie mit seinen meist das ‚Für' und ‚Wider' abwägenden Erörterungen für einen allein quantitativ erhebenden Zugang nur begrenzt geeignet ist.

3.3 Übergreifende Argumentationsfiguren im Diskurs über das Frauenstudium

Im Folgenden nehme ich deshalb eine Auswertung der 122 Gutachten vor, in der ich mich nicht auf die Einschätzung konzentriere, ob der Gutachter ein Gegner oder ein Befürworter des Frauenstudiums war, sondern Argumentationsfiguren identifiziere, die in den Erörterungen der Gutachter wiederholt auftauchen. Dabei

192 Schlüter, Anne: „‚Wenn zwei das Gleiche tun, ist das noch lange nicht dasselbe' – Diskriminierungen von Frauen in der Wissenschaft". In: Anne Schlüter und Annette Kuhn (Hrsg.): Lila Schwarzbuch. Zur Diskriminierung von Frauen in der Wissenschaft. Düsseldorf 1986, S. 10-33, hier S. 17.

193 Hausen, Karin: „Warum Männer Frauen zur Wissenschaft nicht zulassen wollten". In: Dies. und Helga Nowotny (Hrsg.): Wie männlich ist die Wissenschaft? Frankfurt a. M. 1986, S. 31-40, hier S. 33.

ist es zunächst nicht entscheidend, ob Argumentationsfiguren in der Erörterung als Pro- oder als Contra-Argument fungierten. Mich interessiert, welche Themen von den Gutachtern in einen Kontext mit den Auseinandersetzungen um die Zulassung von Frauen zum Studium und zu akademischen Berufen gestellt wurden bzw. als mit dem Frauenstudium im Zusammenhang stehend begriffen wurden.

Im Abschnitt 3.3 werden übergreifende Argumentationsfiguren im Diskurs über das Frauenstudium präsentiert. Dieser Abschnitt soll einführen und einen Kontext für diejenigen Argumentationsfiguren liefern, die auf naturwissenschaftliche Spezialdiskurse im Allgemeinen und speziell auf physikalisch-chemische Spezialdiskurse verweisen (3.4). Auf diesen Abschnitt zu Argumentationsfiguren, die auf naturwissenschaftliches Wissen rekurrieren, aufbauend, werden im vierten Kapitel diejenigen Argumentationsfiguren im Detail analysiert, die auf thermodynamisches Wissen rekurrieren. Auf diese Weise wird der Zusammenhang von Geschlechterpolitik und thermodynamischem Wissen im Diskurs über das Frauenstudium schrittweise rekonstruiert.

3.3.1 Der Naturberuf der Frau

> „Das Weib ist gebunden an ewige Gesetze. Das beste Weibmaterial hat keinen Drang zur Halbmannhaftigkeit, sondern will Gattin und Mutter sein (...).“[194]

Dominant im Diskurs über das Frauenstudium und unabhängig davon, ob im Kontext eines befürwortenden, abwägenden oder anlehnenden Gutachtens stehend, war die Dreierformel von der ‚natürlichen Bestimmung des Weibes zu Ehefrau, Hausfrau und Mutter‘. Befürworter bedienten sich dieses Arguments, um ihrer Zustimmung zum Frauenstudium Grenzen zu setzen. Für Gegner des Frauenstudiums war es eines von mehreren Gegenargumenten. Die Dreierformel ‚Ehefrau, Hausfrau, Mutter‘ findet sich sogar in wort-identischer Übereinstimmung in einer großen Anzahl der Gutachten. Die sprachlichen Variationen reichten dabei von ‚natürliche Bestimmung‘ über ‚natürliche Beruf‘ bis zu ‚Naturberuf‘. Befürworter und Gegner zitierten hier gemeinsam eine Geschlechternorm, und der Diskurs über das Frauenstudium erweist sich als Feld, in dem Geschlechternormierung stattfand. Die Argumentationsfigur vom ‚natürlichen

194 Prof. Dr. med. Max Runge (Gynäkologie, Universität Göttingen). In: Kirchhoff 1897 a.a.O., S. 123.

Beruf der Frau‘ transportierte die Geschlechternorm zweier grundsätzlich und von Natur aus verschiedener Geschlechter.

Das komplementäre (bürgerliche) Geschlechtermodell, in dem der (bürgerlichen) Frau der natürliche Beruf der Ehefrau, Hausfrau und Mutter zugeschrieben wurde, formierte sich Ende des 18. Jahrhundert im Rahmen der Entwicklung der bürgerlichen Gesellschaft. In Werken der deutschen Aufklärungspädagogik, wie Jean-Jacques Rousseaus ‚Emil oder Über die Erziehung‘ aus dem Jahr 1762 wurde die Verschiedenheit der Geschlechter, ihre unterschiedlichen gesellschaftlichen Aufgaben und ihr komplementäres Verhältnis festgehalten, woraus dann geschlechtsspezifische Erziehungsziele abgeleitet wurden.[195] Am Beispiel Joachim Heinrich Campes mit seinem Werk ‚Väterlicher Rath für meine Tochter‘ aus dem Jahr 1789 beschrieb Christine Mayer den Beitrag der deutschen Aufklärungspädagogik zu dieser Konstruktion eines natürlichen ‚weiblichen Berufes‘, in dem Beruf und Berufung als die Bestimmung in einer göttlichen Ordnung noch sehr eng beisammen lagen.[196] Das Haus, die Ehe und die Familie als die ‚natürlichen Wirkungsstätten des Weibes‘ sind die gesellschaftlichen Institutionen und Orte, an die Frauen mit dem weiblichen Berufskonzept gebunden gesehen wurden. Universität und Wissenschaft lagen dagegen außerhalb dieser ‚weiblichen Räume‘.

Der Polarität der Geschlechter und der geschlechtsspezifischen Berufskonzepte war die Vorstellung von der Komplementarität der Geschlechter immanent. Gegner des Frauenstudiums priesen die Wichtigkeit der weiblichen Aufgaben und wiesen den Vorwurf der Frauenunterdrückung und Männerherrschaft von sich. Von Gegnern und Befürwortern des Frauenstudiums gleichermaßen wurde der ‚weibliche Beruf‘ als höherwertig gegenüber den männlichen Berufen gepriesen:

„Zunächst bekenne ich mich zur Partei derer, die den natürlichen Beruf der Frau in der Familie unendlich viel höher stellen, als irgend eine im Wettbewerb mit Männern erreichbare Leistung.“[197]

---

195 Vgl. Rousseau, Jean-Jacques: Emil oder Über die Erziehung. 13. Aufl. Paderborn und München 1998 [1762], S. 385-530.

196 Mayer, Christine: „Zur Kategorie ‚Beruf‘ in der Bildungsgeschichte von Frauen im 18. und 19. Jahrhundert“. In: Elke Kleinau (Hrsg.): Frauen in pädagogischen Berufen, Bd. 1: Auf dem Weg zur Professionalisierung, Bad Heilbrunn 1996, S. 14-38, zu Campe vgl. S. 16-19. Zu Campes Konstruktion eines ‚weiblichen Berufes‘ im Kontext einer sich transformierenden Geschlechterordnung um 1800 siehe Honegger 1996 a.a.O., S. 65-71.

197 Prof. Dr. med. Wilhelm His (Direktor des anatomischen Instituts, Universität Leipzig). In: Kirchhoff 1897 a.a.O., S. 37.

Die rhetorische Figur der ‚natürlichen Bestimmung des Weibes zur Ehefrau, Hausfrau und Mutter' war demnach Element einer Geschlechterordnung, in der die beiden Geschlechter als wesenhaft und naturgemäß verschieden bestimmt sind. Das Geschlechterverhältnis war als Komplementärverhältnis gefasst, und sogenannte weibliche Fähigkeiten waren in dieser Geschlechterordnung nicht durchgängig als minderwertig bestimmt. Gleichzeitige Überhöhung und Ausschluss von Weiblichkeit sind ein Aspekt dieses komplementären Geschlechterverhältnisses. Karin Hausen beschrieb den Zusammenhang zwischen der Dreierformel zum ‚weiblichen Beruf' und der entsprechenden Geschlechterordnung wie folgt:

„Die direkt praxis-relevante, da auf Bildung abzielende Richtung der Argumentation liefert die in der pädagogischen Literatur auftauchende Formel von der ‚Bestimmung des Weibes zur Gattin, Hausfrau und Mutter'. Die in wenigen Jahren entworfene ‚polaristische Geschlechterphilosophie' leistet schließlich die theoretische Fundierung durch die Aufspaltung und zugleich Harmonisierung der von der Aufklärung als Ideal entworfenen vernünftigen Persönlichkeit in die unterschiedlich qualifizierte männliche und weibliche Persönlichkeit. Die Gleichrangig- und Gleichwertigkeit von Mann und Frau ausdrücklich betonend, wird folgenreich für die angemessene soziale Position die unterschiedliche Qualität der Geschlechter herausgearbeitet. Erst die Ergänzung der in der Frau zur Vollkommenheit entwickelten Weiblichkeit mit der im Mann zur Vollkommenheit entwickelten Männlichkeit soll die Annäherung an das Ideal der Menschheit ermöglichen."[198]

Dem ‚Naturberuf der Frau' war der ‚Broterwerb' der Frau außerhalb des Hauses und der Familie als minderwertiges Berufskonzept gegenübergestellt. In den Kirchhoff-Gutachten ist der dichotome Gegenbegriff zum ‚Naturberuf' der Frau mit Begriffen wie ‚selbständiger Jungfrauenberuf', ‚Broterwerb' und ‚Frauenerwerb' benannt.[199] Der ‚Broterwerb' als berufliche Perspektive für Frauen wurde als ein aus der sozialen Not entsprungenes Übel dargestellt, und auch Befürworter des Frauenstudium hoben hervor, dass dem ‚Naturberuf der Frau' gegenüber dem ‚Broterwerb' ein höherer Wert zukomme. Diese Wertigkeit konnte individualistisch als ‚höheres Glück' oder auch mit Bezug auf die Gesellschaft als Ganzes als ‚nationale Pflicht' gefüllt sein, wie die folgenden Zitate zeigen:

„(...) ich begreife und ehre das Streben der Frau, sich durch selbständige Berufsthätigkeit von der Versorgung durch den Mann zu emanzipieren – ein Streben, welches eines Tages den

198 Hausen, Karin: „Die Polarisierung der ‚Geschlechtscharaktere' – Eine Spiegelung der Dissoziation von Erwerbs- und Familienleben". In: Werner Conze (Hrsg.): Eine Sozialgeschichte der Familie in der Neuzeit Europas, Stuttgart 1977, S. 363-393, hier S. 373.

199 Vgl. Kirchhoff 1897 a.a.O., S. 301, S. 271 und S. 328.

wichtigsten Teil der sogenannten sozialen Frage bilden wird – , preise aber diejenigen Frauen am glücklichsten, denen es beschieden ist, ihren natürlichen Beruf, den der Gattin und Mutter zu erfüllen."[200]

Und in einem weiteren Gutachten heißt es:

„(...) darf niemals die grundsätzliche Differenzierung der männlichen und weiblichen Berufsarten preisgegeben werden. Das Gemeinwesen ist kein Sandhaufen, sondern ein Organismus. Geschlechtslose Individuen bilden kein Volk. Die Grundeinheit des sozialen Körpers ist die Familie. Von der Gesundheit und Kraft der Familie hängt zuletzt das nationale Schicksal ab. Keine Spitzfindigkeit mag der Binsenweisheit etwas abzubrechen, daß normalerweise der Beruf der Frau im Familienleben beschlossen, der Beruf des Mannes im öffentlichen Leben gelegen ist. Als Gattin und Mutter (...) erfüllt die Frau ihren hohen heiligen Beruf, ihre eigentliche nationale Aufgabe."[201]

Im letzten Zitat wird die Komplementarität der ‚weiblichen' und ‚männlichen' Berufe mit der Metapher des Staates als Organismus versinnbildlicht. Die geschlechtsspezifische Konstruktion der Berufe wird durch diese Metapher naturalisiert. Der Beruf der Ehefrau und Mutter erscheint in diesem Bild als ebenso naturgegeben, wie die Tatsache, dass verschiedene Zellen in einem Organismus unterschiedliche Funktionen besitzen. Der Familie wird in der Metapher des Staates als Organismus durch die Analogie mit der Zelle als biologischer Grundeinheit des Lebens ein hoher Stellenwert gegeben. An diesen hohen Stellenwert der Familie für den Staat ist die Erhöhung der Frau in ihrer spezifischen Funktion als Ehefrau und Mutter gekoppelt. Die Erhöhung zum „hohen heiligen Beruf" trägt auf der dunklen Seite der Medaille dieser Koppelung ein Bedrohungspotenzial in sich. Weibliche Emanzipationsbestrebungen bedrohen das „nationale Schicksal", weil sie die „Gesundheit und Kraft der Familie" gefährden. Die Identifikation der Frau mit der ‚Keimzelle des Staates', um in der Bildsprache der Metapher des Staates als Organismus zu bleiben, stützt die Vorstellung der Frau entweder als Nationalheldin auf der goldenen Seite der Medaille und als Landesverräterin auf der dunklen Seite der Medaille. Über Erhöhung oder Verurteilung hängt davon ab, ob die Frau ihren weiblichen Beruf und damit „ihre eigentliche nationale Aufgabe" erfüllt oder nicht. ‚Frauenkörper' und ‚Gesellschaftskörper' sind in dieser Argumentationsfigur über den Nexus der biologischen Reproduktion eng miteinander gekoppelt. Diese Verknüpfung ist

200 Prof. Dr. med. L. Hermann (Physiologie, Universität Königsberg). In: Kirchhoff 1897 a.a.O., S. 47.

201 Prof. Dr. jur. Otto Gierke (Jurisprudenz, Friedrich-Wilhelms-Universität Berlin). In: Kirchhoff 1897 a.a.O., S. 25

ebenfalls für die in Abschnitt 3.4 beschriebene Argumentationsfigur ‚Frauenbildung schadet künftigen Generationen' konstitutiv.[202]

Zu einer überwiegenden Mehrheit erschien das Thema ‚Naturberuf der Frau als Ehefrau, Hausfrau und Mutter' im Kontext von Gutachten, in denen das Frauenstudium ablehnt wurde. Es wurde jedoch auch von gemäßigten Befürwortern des Frauenstudiums verwendet. Frauen wurde in diesen Argumentationen das Recht und auch die Befähigung zum wissenschaftlichen Studium und Beruf zugesprochen, aber insofern relativiert, als dass der ‚beste', ‚schönste' etc. Beruf der der Ehefrau, Hausfrau und Mutter sei. Diese ‚Ja, aber'-Position machte einen erheblichen Teil der von Karin Hausen in der ‚Jein' Kategorie zusammengefassten Gutachten aus. Auch Aktivistinnen der bürgerlichen Frauenbewegung vertraten diese Position.[203] Uneingeschränkte Befürworter griffen den Themenkomplex des ‚Naturberufs der Frau' auf und formulierten ihre Kritik:

„Es gibt in dieser Hinsicht nichts Thörichteres, als das von dem männlichen Egoismus immer noch beliebte Festhalten an der Behauptung, daß die Ehe die wesentliche Bestimmung der Frau bilde."[204]

Mit der Argumentationsfigur vom natürlichen Beruf der Frau wurden der Frau allgemein die oben beschriebenen Eigenschaften und Aufgaben zugeschrieben. In Nebensätzen und zwischen den Zeilen trat jedoch hervor, dass nicht alle Frauen gleichermaßen gemeint waren. Die Differenzkategorie der Klassenzugehörigkeit wurde in diesem Zusammenhang selten explizit genannt, strukturierte jedoch den gesamten Diskurs über das Frauenstudium. ‚Die Frau' im Allgemeinen, über die hier gesprochen wurde, ist nämlich nicht ‚die Arbeiterin' oder ‚die Bäuerin', sondern ‚die bürgerliche Frau'. Nach Mayer

„(...) beschränkte sich die zeitspezifische Verwendung des *Berufs*begriffs noch ausschließlich auf die Lebenswelt der bürgerlichen Frau (...). Der noch eng mit Stand, Amt und Pflichterfüllung korrelierende Berufsbegriff bezog sich vorerst nicht auf die weiblichen Angehörigen der Unterschichten; für sie erhielt der *Erwerbs*begriff eine zentrale Bedeutung."[205] (Herv. i. O.)

Wie oben beschrieben, wurde im Frauenstudiumsdiskurs der Erwerbsbegriff vom Begriff des Berufes unterschieden. In Bezug auf ‚die bürgerliche Frau' wurde der

---

202 Siehe auch meine Analyse zu dieser Verknüpfung im Abschnitt 3.6 ‚Zwischenergebnis: Von deterministischen zu dynamischen naturwissenschaftlichen Geschlechterkonstruktionen'.

203 Siehe beispielweise meine Diskussion von Oda Olbergs Werk ‚Das Weib und der Intelectualismus' in Kapitel 4.4.

204 Prof. Dr. phil. Wilhelm Förster (Direktor der Sternwarte der Universität Berlin). In: Kirchhoff 1897 a.a.O., S. 261.

205 Mayer 1996 a.a.O., S. 18.

Erwerbsbegriff dem des ‚natürlichen Berufes der Frau' abwertend gegenübergestellt, um das Krisenhafte der Situation auszudrücken: Gäbe es keine soziale Notlage, die unverheiratete Frauen dazu zwingt, einem Broterwerb nachzugehen, würde ‚die bürgerliche Frau' ihren ‚Naturberuf' ausüben. In Zeiten der Not dürfe ihr der Broterwerb jedoch nicht verweigert werden – so eine dominante Argumentationsfigur innerhalb der Kirchhoff-Studie. In Bezug auf die Verknüpfung der Kategorien Klasse und Geschlecht in diesem Zusammenhang fällt auf, dass sich an der Konstruktion der bürgerlichen Frau durch ihren Eintritt in das Berufsleben nicht viel änderte. Das Ideal vom ‚Naturberuf' der (bürgerlichen) Frau als Ehefrau, Hausfrau und Mutter blieb stabil und erfuhr durch die Entwicklung, dass immer mehr Frauen einen anderen als ihren ‚Naturberuf' ausübten, keine Modifizierung. Dazu trug die Konstruktion weiblicher Arbeit, die außerhalb des Hauses, der Ehe und Familie stattfand, als ‚Erwerbsarbeit' bei. ‚Familienarbeit' blieb die Norm und ‚Erwerbsarbeit' war die abgewertete Anomalie, die es zu überwinden galt. Mit dem Begriff des ‚Naturberufes' wurde ein Teil weiblicher Existenzweise abgewertet und erwerbsberufliche Tätigkeit der Frau effektiv der Familienarbeit untergeordnet. Im Abschnitt zur Argumentationsfigur ‚weibliche Erwerbsberufe' werde eine Variante dieser dichotomen Konstruktion von Naturberuf versus Erwerbsberuf im Diskurs über das Frauenstudium beschreiben.

3.3.2 Die Not unverheirateter höherer Töchter

„Auf Preußen allein kommen mehr als 1¼ Millionen unverheiratheter Frauen."[206]

Die Argumentationsfigur, die ich hier mit dem Schlagwort ‚Not unverheirateter höherer Töchter' abkürze, war mit der Dreierformel vom ‚natürlichen Beruf der Frau' verwoben. Sie war im Diskurs über das Frauenstudium dominant. In der oben besprochenen Dichotomie von ‚Naturberuf' versus ‚Broterwerb' deutete sich ein Zusammenhang zwischen beiden Themenkomplexen schon an. Im Frauenstudiumsdiskurs wurden der ‚Naturberuf' der Frau als Ehefrau, Hausfrau und Mutter und die Arbeit von Frauen zwecks ‚Broterwerb' als sich gegenseitig ausschließend gegenübergestellt. Dies wird u.a. in den Begriffen ‚selbständiger Jungfrauenberuf' und ‚Jungfernfrage' deutlich.[207] Im Kontext der Argumentationsfigur ‚Not unverheirateter höherer Töchter' wurde die Forderung

206 Dohm, Hedwig: Die wissenschaftliche Emanzipation der Frau. Berlin 1874, S. 25.

207 Beispielsweise Kirchhoff 1897 a.a.O., S. 301.

von Frauen nach akademischer Bildung als Effekt ‚der sozialen Verhältnisse' interpretiert. Die ‚Frauenfrage' wurde mit der ‚sozialen Frage' in Zusammenhang gebracht. Konkret wurde folgende Ursachenkette wiederholt beschrieben: Es herrsche ein „Überfluß an weiblicher Bevölkerung" der zur ‚Ehelosigkeit', besonders in den ‚gebildeten Ständen', führe. Die Ehelosigkeit führe dann wiederum zur ‚Brotlosigkeit' dieser ‚Jungfrauen' und zwinge sie, „(...) sich außerhalb des Hauses nach einer Erwerbsfähigkeit umzusehen", und „(...) mit dem Manne um die Wette zu arbeiten".[208] In einem zusammenhängenden Zitat liest sich diese Argumentationskette z.B. wie folgt:

„Die Gründe dafür, daß die Frage des Studiums der Medizin seitens der Frauen aufgetaucht ist, sind zweifelsohne nur in unseren sozialen Verhältnissen zu suchen. Es mögen ja einzelne Frauen einen inneren Drang zu einem solchen Studium in sich fühlen. Dies würde aber niemals dazu geführt haben, daß die Frage in weiten Kreisen aufgeworfen worden wäre und greifbare Gestalt gewonnen hätte. Dazu ist es nur gekommen durch den Zwang äußerer, aber mächtiger Umstände: Die Abnahme der Heiraten, die Notwendigkeit selbständigen Erwerbs für die Frauen – durch den Kampf ums Dasein."[209]

Von einem Professor der Nationalökonomie analytischer gefaßt:

„Die tiefgreifenden Veränderungen, welche sich im Laufe der letzen Jahrhunderte, vornehmlich in unsrem Jahrhundert, im Wirtschaftsleben vollzogen haben, mußten die Haus- und Familienwirtschaft – wie ja bekannt – erheblich einengen. Die Folge hiervon war, daß weibliche Arbeitskräfte nicht mehr in dem Umfange wie ehedem im Schoße der Familie Anwendung finden konnten. Frauen und Jungfrauen, aus dem Kreise des besseren Mittelstandes (und nur um diesen Teil der Frauenfrage handelt es sich hier) wurden gezwungen, außerhalb des Hauses nach einer Erwerbsfähigkeit sich umzusehen. Hierdurch nahm die außerhäusliche Frauenarbeit, ganz besonders in den letzten Jahrzehnten, erheblich zu."[210]

An anderer Stelle wurde polemisch formuliert:

„Gegenwärtig pflegen die jungen Mädchen erst dann Sehnsucht nach geistiger Ausbildung zu spüren, wenn sie drei bis fünf Ballwinter hinter sich und noch keinen passenden Bewerber gefunden haben;"[211]

---

208 Kirchhoff 1897 a.a.O., S. 3, 105, 190, 203 und 173.

209 Prof. Dr. med. Robert Olshausen (Gynäkologie, Direktor der Universitäts-Frauenklinik Berlin). In: Kirchhoff 1897 a.a.O., S. 120.

210 Prof. Dr. phil. Ludwig Elster (Nationalökonomie, Universität Breslau). In: Kirchhoff 1897 a.a.O., S. 203.

211 Dr. phil. Eduard von Hartmann (Philosophie, Groß-Lichterfelde bei Berlin). In: Kirchhoff 1897 a.a.O., S.153.

In den Gutachten überwog eine verständnisvolle Beschreibung der sozialen Not, die höhere Töchter zur Erwerbsarbeit dränge. Hinzugefügt wurde oft, dass ein akademischer Beruf zum Zweck des Broterwerbs nicht der geeignetste sei:

„Ich schicke voraus, daß ich völlig der Überzeugung bin, daß der Frau breitere Möglichkeiten wirtschaftlicher Selbständigkeit gewährt werden sollten, aber ich halte den Weg des gelehrten Studiums für einen der wenigst geeigneten für diesen Zweck."[212]

Und von einem Frauenarzt mit Hinweis auf die Belastung einer akademischen Ausbildung:

„Wenn der soziale Notstand eine Menge von Mädchen nötigt, statt an der Seite eines sorgenden Gatten das Leben zu verbringen, durch eigene Kraft und Thätigkeit sich eine Existenz zu erringen und zu erhalten, so sollten doch nur solche Berufsarten gewählt werden, welche keine vieljährige Vorbereitung mit anstrengender Geistesarbeit fordern und nur mit mäßiger Anstrengung verknüpft sind."[213]

Befürworter und Gegner stimmten außerdem darin überein, dass trotz der aktuellen ungünstigen sozialen Verhältnisse festzuhalten sei, dass der ‚Naturberuf' der Frau als Ehefrau, Hausfrau und Mutter immer höher zu bewerten sei als eine außerhäusliche Tätigkeit zum Zweck des selbständigen Broterwerbs.[214]

Im Vergleich zur Argumentationsfigur des ‚Naturberufs' der Frau ist die Klassenspezifik in dieser Argumentationsfigur expliziter ausgedrückt, was schon im Titel ‚die Not unverheirateter höherer Töchter' zum Ausdruck kommt. Die Hochschullehrer gaben nicht vor, für alle Gruppen von Frauen zu sprechen, sondern schränkten ihre Aussagen, wie z.B. im folgenden Zitat, auf ‚höhere Töchter' ein:

„In den gebildeten Kreisen tritt das Bedürfnis immer allgemeiner und schärfer hervor, den Mädchen, die wenig Aussicht haben, sich zu verheiraten, und die in der eigenen Familie keine bestimmte Wirksamkeit finden, Gelegenheit zu geben, sich eine solche außerhalb derselben zu suchen."[215]

---

212 Prof. Dr. phil. Dr. med. Dr. jur. Wilhelm Ostwald (Direktor des physikalisch-chemischen Instituts der Universität Leipzig). In: Kirchhoff 1897 a.a.O., S. 271.

213 Prof. Dr. med. Adolf Kehrer (Gynäkologie, Universität Heidelberg). In: Kirchhoff 1897 a.a.O., S. 113f.

214 Vgl. z.B. das Zitat von Prof. Dr. med. L. Hermann im Abschnitt über die Dreierformel 'Ehefrau, Hausfrau und Mutter.

215 Prof. Dr. phil. Johannes Conrad (Nationalökonomie, Universität Halle a. S.). In: Kirchhoff 1897 a.a.O., S. 199.

Die diskursive Strategie[216], die Frage des Frauenstudiums ursächlich auf veränderte ‚soziale Verhältnisse' zurückzuführen, kann als analog zu Argumentationen der zeitgenössischen Arbeiterbewegung gesehen werden, in denen die Frauenfrage als Teil der sozialen Frage gefasst wurde. Analog ist hierbei die Unterordnung von Frauendiskriminierung unter vermeintlich allgemeinere und tiefergreifende soziale Missstände. Effekt dieses Ableitungsverhältnisses zwischen ‚Frauenfrage' und ‚sozialer Frage' war, dass Emanzipationsinteressen der sozialen Gruppe ‚Frauen' denen anderer sozialer Gruppen wie ‚Arbeiter' untergeordnet wurden, und darüber hinaus einem abstrakten gesellschaftlichen Ganzen, dem ‚Gemeinwohl'.[217]

Die Verschränkung der Kategorien ‚Geschlecht' und ‚Klasse' im Frauenstudiumsdiskurs zeigt nicht allein eine Unterordnung der ‚Frauenfrage' unter die ‚soziale Frage'. Im Kontext der bürgerlichen Frauenbildungsbewegung wurde die Klassenproblematik bürgerlichen Fraueninteressen untergeordnet. In beiden Unterordnungsverhältnissen der Strukturkategorien ‚Geschlecht' und ‚Klasse' in den Diskursen der Arbeiterbewegung und der bürgerliche Frauenbildungsbewegung wurde eine Frage konsequent negiert: die ‚Männerfrage'. Effekt dieser Leerstelle im Diskurs über das Frauenstudium war, dass ‚Frauen' zum Problemfokus gemacht wurden und sich selbst dazu machten.[218]

3.3.3 Weibliche Erwerbsberufe

> „Denn von Natur aus sind die Berufssphären der beiden Geschlechter fundamental verschieden."[219]

In einer weiteren Figur im Geflecht um die akademische Ausbildung und Berufstätigkeit von Frauen wurden als Lösungsvorschlag für die ‚Frauenfrage'

216 Bei Link bezeichnet der Begriff ‚Strategie' nicht ein intentionales Handeln von Subjekten, „sondern lediglich ein Ensemble verschiedener Konzepte, deren objektiver Konvergenzpunkt darin liegt, systematisch auf Sackgassen und das spontane >Umkippen< diskursiver Tendenzen (...) zu reagieren" Link 1996, a.a.O. S. 267.

217 Vgl. Thönnessen, Werner: Frauenemanzipation: Politik und Literatur der deutschen Sozialdemokratie zur Frauenbewegung, 1863 – 1933. 2. Aufl. Frankfurt a. M. 1976.

218 Vgl. Heintz, Bettina und Honegger, Claudia: „Zum Strukturwandel weiblicher Widerstandsformen" In: Dies. (Hrsg.): Listen der Ohnmacht: zur Sozialgeschichte weiblicher Widerstandsformen. Frankfurt a. M. 1981, S. 7-68, hier S. 50.

219 Prof. Dr. phil. Friedrich Albrecht Weber (Philologie, Friedrich-Wilhelms-Universität Berlin). In: Kirchhoff 1897 a.a.O., S. 219.

Assistenzberufe und sogenannte weibliche Berufe eingebracht. ‚Höhere Töchter', die in finanzielle Not geraten seien, weil sie keine sie versorgenden Ehemänner hätten und ihre Elternhäuser sie nicht weiter versorgen könnten, sollten die Möglichkeit erhalten, eine Erwerbsarbeit auszuüben, die ihren Lebensunterhalt sicherte. In diesem Modell zur Frauenerwerbsarbeit als Lösung eines Teils der ‚Frauenfrage' wurde an der bestehenden Geschlechterordnung und ihrem Pfeiler der geschlechtsspezifischen Arbeitsteilung weitgehend festgehalten. Die Vermeidung einer Konkurrenzsituation zwischen Männern und Frauen im Berufsleben wurde wiederholt als notwendig betont. Als frauenfreundlich wurde das Argument ausgegeben, darauf zu achten, dass die Erwerbsarbeit von Frauen nicht ihrem weiblichen Geschlechtscharakter schade. Aus diesem Grund wurde für Tätigkeiten und Berufsfelder plädiert, die dem weiblichen Geschlechtscharakter verwandt seien:

„Mir scheint hier zunächst auf diejenigen Berufe das Gewicht zu fallen, die dem eigentlichen Berufe der Frauen am nächsten stehen, das ist die Pflege der Hilfsbedürftigen, die Haushaltungskunst, die dem geselligen und ästhetischen Gebiete zugehörigen Berufe, soweit sie mit dem Hause zusammenhängen, endlich insbesondere die Erziehung der frühen Jugend und der älteren weiblichen Jugend. Denn diese Berufe liegen den eigentümlichen Gaben der Frau am nächsten und ermöglichen noch am leichtesten den eventuellen Eintritt in die Ehe."[220]

Als weibliche Berufsfelder wurden solche genannt, die dem natürlichen Beruf der Frau als Hausfrau, Ehefrau und Mutter schon zugeordnet waren: Kindererziehung, Mädchenerziehung, Haushalt, (häusliche) Geselligkeit, (häusliche) Ästhetik und Krankenpflege. Insofern bestand nach dieser Argumentation auch keine Gefahr, dass die höheren Töchter durch diese Art von Berufstätigkeit ihrem eigentlichen Ziel, eine Ehe zu schließen, entfremdet würden.

Das Festhalten an einer komplementären Geschlechterordnung und der Vermeidung einer Konkurrenz zwischen Männern und Frauen auf dem Arbeitsmarkt bekräftigte der nachstehend zitierte Volkswirtschaftler in seinem Argument für die Schaffung von Assistenzberufen für Frauen:

„(...) und die Hauptaufgabe scheint uns darin zu liegen, den Frauen Stellungen und Aufgaben zuzuweisen, in denen sie mehr eine Ergänzung als einen Ersatz für die männlichen Leistungen zu bieten vermögen."[221]

---

220 Prof. Dr. theol. Dr. phil. August Dorner (Theologie, Universität Königsberg). In: Kirchhoff 1897 a.a.O., S. 4.

221 Prof. Dr. phil. Johannes Conrad (Nationalökonomie, Universität Halle a. S.). In: Kirchhoff 1897 a.a.O., S. 200.

Vertreter verschiedener akademischer Disziplinen schlugen vor, Frauen als Assistentinnen in ihr jeweiliges Berufsfeld zu integrieren. Für die Chemie formulierte der Direktor des physikalisch-chemischen Instituts der Universität Leipzig, Wilhelm Ostwald, folgende Perspektive:

„Es könnte noch gefragt werden, ob bei der unaufhörlich wachsenden Bedeutung der Chemie für die verschiedensten Gebiete des täglichen Lebens, z.B. für die Zwecke der Kontrolle von Nahrungsmitteln und Gebrauchsgegenständen, nicht hier eine ausgiebige Verwendung weiblicher Hände in Aussicht steht. Unzweifelhaft ist hier ein sehr entwicklungsfähiges Gebiet vorhanden; doch glaube ich, daß die Ausbildung von geeigneten Hilfsarbeiterinnen, um die es sich zunächst handeln wird, zweckmäßig nicht auf der Universität erfolgen wird, sondern im Anschlusse an vorhandene staatliche und private Anstalten, die sich ausschließlich solchen speziellen Untersuchungen widmen."[222]

Ostwald skizzierte hier im Kontext des expandierenden Industrie- und Anwendungsbezugs der Chemie eine Assistenztätigkeit für Frauen in der Lebensmittelkontrolle und der Qualitätskontrolle in technischen Fertigungsprozessen. Nicht in der Wissenschaft und in der Ausübung von ‚Denkarbeit' sah er einen Platz für Frauen, sondern er begrüßte die „Verwendung weiblicher Hände" in entstehenden Anwendungsgebieten der Chemie. Tatsächlich wurden um die Jahrhundertwende Frauen für den neu entstehenden Berufszweig der chemisch-technischen Assistenz, der den vorhergehenden Beruf des ‚Labordieners' ersetzen sollte, rekrutiert.[223]

Als weiterer Assistenzberuf wurde der einer ‚Gehülfin eines Rechtsanwalts' vorgeschlagen:

„Ich würde daher die Frau, mag sie auch noch so scharfsinnig und gelehrt sein, weder zum Einzelrichter noch zum Mitgliede eines Kollegialgerichts für geeignet halten. Dagegen würde sie die Fähigkeit zur Anfertigung von Eingaben und anderen Schriftsätzen haben, also als Gehülfin eines Rechtsanwalts nützliche Dienste leisten können. Dies ist aber nicht genug, um den Frauen den Zugang zum akademischen Studium zu eröffnen."[224]

---

222 Prof. Dr. phil. Dr. med. Dr. jur. Wilhelm Ostwald (Direktor des physikalisch-chemischen Instituts der Universität Leipzig). In: Kirchhoff 1897 a.a.O., S. 272.

223 Zur Herausbildung des Berufes der chemisch-technischen Assistenz und der Rekrutierung von Frauen vgl. Görs, Britta: „Zur Entwicklung eines neuen beruflichen Tätigkeitsfeldes in der Chemie zu Beginn des 20. Jahrhunderts. Die Chemisch-Technische Assistenz". In: Theresa Wobbe (Hrsg.): Frauen in Akademie und Wissenschaft. Arbeitsorte und Forschungspraktiken 1700–2000. Berlin 2001.

224 Prof. Dr. theol. Freiherr von Soden (Theologie, Friedrich-Wilhelms-Universität Berlin). In: Kirchhoff 1897 a.a.O., S. 30.

Bei all den vorgeschlagenen Assistenzberufen für Frauen handelte es sich um nicht-akademische Berufe. In diesem Sinn wurde die Forderung nach akademischer Bildung von Frauen im Kontext der Argumentationsfigur der ‚Not unverheirateter höherer Töchter' und der zugrunde liegenden komplementären Geschlechterordnung in Perspektiven zur Integration von Frauen in den geschlechtsspezifischen Arbeitsmarkt gewandelt. Die skizzierten weiblichen (Erwerbs-)Berufe waren in Bezug auf Entlohnung, Autonomie und Prestige unterhalb der männliche akademischen Berufe angesiedelt. Als Erwerbsberufe für unverheiratete höhere Töchter sind sie in Bezug zu Berufen von Arbeiterinnen auf einer mittleren Berufsebene einzuordnen.

Mit Abstand am häufigsten wurden von den Hochschullehrern Assistenzberufe im medizinischen Bereich als arbeitsmarktpolitische Perspektive für die Berufstätigkeit von Frauen genannt.

„Dagegen halte ich das Weib für eminent befähigt für die Krankenpflege, zum Hebammenberuf etc. Da in diesen Berufsarten noch keinesfalls eine Überfüllung herrscht, im Gegenteil ein beklagenswerter Mangel an tüchtigen Personen besteht, so fülle man zunächst diese Lücken aus, ehe man sich zu naturwidrigen Experimenten herbeiläßt."[225]

Eine Konkurrenzsituation zwischen Frauen und Männern sollte vermieden werden, indem Frauen in Berufen positioniert wurden, in denen entweder ein Arbeitskräftemangel herrschte oder die als weiblicher Beruf definiert waren. Dies wurde in Bezug auf die Medizin wiederholt ausgeführt:

„Der im vorstehenden innegehaltene ablehnende Standpunkt gegenüber der Forderung nach Ausbildung weiblicher Ärzte schließt nicht aus, daß dem weiblichen Geschlecht in höherem Maße als bisher die Teilnahme am Dienst für die leidende Menschheit, auch in berufsmäßiger Ausübung, gewährt werden sollte. (...) Die Ausbildung tüchtiger Heilgehilfinnen und ihre Einfügung in die Organisation des Heilwesens, in der Weise, daß männliche und weibliche Begabung sich nicht bekämpfen, sondern sich gegenseitig ergänzen zum Heile der leidenden Menschheit."[226]

Auffällig ist, dass im Diskurs eine Vielfalt von Begriffen und Berufsbezeichnungen für diesen Tätigkeitsbereich kursierten. Genannt wurden ‚Heilgehilfin', ‚Krankenpflegerin', ‚barmherzige Schwester' und ‚Diakonisse'. Die verschiedenen Termini verweisen auf unterschiedliche Entwicklungsstränge in der Ge-

---

225 Prof. Dr. med. Max Runge (Gynäkologie, Universität Göttingen). In: Kirchhoff 1897 a.a.O., S. 123.

226 Prof. Dr. med. Victor Birch-Hirschfeld (Direktor des pathologischen Instituts der Universität Leipzig). In: Kirchhoff 1897 a.a.O., S. 64f.

schichte der Pflegewissenschaften.[227] Die Begriffe ‚barmherzige Schwester' die unentgeltliche, christliche motivierte Pflege von Kranken. Mit dem Begriff der ‚Heilgehilfin' wurde demgegenüber Lohnarbeit bezeichnet.

Die Argumentationsfigur ‚weibliche Erwerbsberufe' als Lösung für die finanzielle ‚Not unverheirateter höherer Töchter' findet sich in Gutachten unabhängig davon, ob der Autor ein Befürworter, Gegner oder gemäßigter Gegner des Frauenstudiums ist.

3.3.4 Männliche Wissenschaft

> „Amazonen sind auch auf geistigem Gebiet naturwidrig."[228]

Mit dieser Argumentationsfigur, die auch den Titel ‚Wissenschaft versus Weiblichkeit' tragen könnte, wurde ein Gegensatz zwischen dem sogenannten weiblichen Geschlechtscharakter und der akademischen Bildung konstruiert. Als Merkmale des weiblichen Geschlechtscharakters, die sich nicht mit der wissenschaftlichen Ausbildung und dem wissenschaftlichen Arbeiten verbinden lassen, wurden u.a. genannt:

> „(...) natürliche Frische und Unmittelbarkeit des Denkens und Fühlens, die instinktiv richtige Auffassung des Lebens und der Menschen, die Feinheit der reflexionslosen Unterscheidung wahrer und falscher Werte."[229]

Das Pendant dieses Gegensatzes, nämlich was (männliche) Wissenschaft ausmache, wurde kaum ausgeführt. Die Autoren beschäftigten sich mehr mit dem ‚Anormalen' der ‚Wissenschaftlichkeit der Weiber'; die ‚Norm' der (männlichen) Wissenschaft bedurfte keiner Erklärungen. Diese wurde – wie es die Diskurstheorie erkenntnisreich fasst – durch die Markierung der Grenze zum ‚Anormalen' hergestellt. Das Normale – in diesem Fall die (männliche) Wissenschaft – konstituierte sich über all das, was ausgeschlossen und als anormal de-

---

227 Vgl. Darmann, Ingrid; Mayer, Christine; Wittneben, Karin: „Krankenpflege als bürgerlicher Frauenberuf". In: Elisabeth Seidl und Ilsemarie Walter (Hrsg.): Rückblick für die Zukunft. Beiträge zur historischen Pflegeforschung. Wien und München 1998, S. 70-97.

228 Prof. Dr. phil. Max Planck (Physik, Direktor des Instituts für theoretische Physik der Friedrich-Wilhelms-Universität Berlin). In: Kirchhoff 1897 a.a.O., S. 256.

229 Prof. Dr. phil. Carl Stumpf (Direktor des psychologischen Seminars der Friedrich-Wilhelms-Universität Berlin). In: Kirchhoff 1897 a.a.O., S. 177.

finiert wurde[230] – wie z.B. Frauen in der Wissenschaft. Das als anormal Definierte zu pathologisieren ist eine diskursive Strategie, die in Normalisierungsprozessen auftritt.[231] Für den empfundenen Gegensatz von Frauen und Wissenschaft wurden drastische Worte gewählt:

„Eine gelehrte Frau, eine Frau von fachmäßig durchgebildetem Verstande macht vielen heute den Eindruck des Monströsen, eines seltsamen und alles eher als wohlthätig berührenden Naturspiels."[232]

Der Begriff des Monsters bzw. des Monströsen ist drastisch, denn die Anormalität geht hier so weit, dass nicht einmal mehr die Zugehörigkeit zur menschlichen Spezies gegeben ist.[233] Studentinnen und Wissenschaftlerinnen verloren nicht allein ihre Zugehörigkeit zur Gruppe der Frauen, sondern auch zu der der Menschen. Der Begriff des Monströsen lässt sich als drastisches Sprachmittel zur Abwehr der Veränderung des ‚Normalen' und der Geschlechterordnung interpretieren. Der Bezug auf die Unnatürlichkeit bzw. den Widerspruch zwischen Wissenschaftlichkeit und Weiblichkeit als Verstoß gegen eine Naturgesetzlichkeit findet sich auch in der eingangs zu diesem Abschnitt zitierten Aussage Max Plancks „Amazonen sind auch auf geistigem Gebiet naturwidrig." Die Verknüpfung der Metapher ‚Amazone'[234] mit der Vorstellung von Studentinnen lässt ein Bild entstehen, in dem Akademikerinnen als kämpfende (brustamputierte) Frauen erscheinen, als Frauen, die ohne Männer leben. Planck ließ mit der Wertung ‚naturwidrig' keinen Zweifel daran, dass für ihn wissenschaftlich ambitionierte Frauen außerhalb des Normalen standen. Die Metapher ‚Amazone' mit ihrer Assoziation zu ohne Männer lebenden Frauen verweist auf den heteronormativen

230 Vgl. Link 1996 a.a.O.

231 Dass Pathologisierung als diskursive Strategie im Kontext von Normalisierungsprozessen fungiert, lässt sich auch in Bezug auf die Argumentationsfigur ‚Bildung schadet dem Frauenkörper' feststellen. Siehe den gleichnamigen Abschnitt in diesem Kapitel.

232 Dr. phil. Adolf Lasson (Philosophie, Dozent an der Friedrich-Wilhelms-Universität Berlin). In: Kirchhoff 1897 a.a.O., S. 163.

233 Vgl. Hagner, Michael: „Monstrositäten in gelehrten Räumen." In: Alexander Polzin und Sander Gilman (Hrsg.): Abgetrieben. Göttingen 1897, S. 11-30.

234 ‚Amazone' wird von ‚a' und ‚mazon' abgeleitet und als ‚ohne Brüste' übersetzt. Es wird angenommen, dass die Amazonen sich eine Brust abnahmen, um besser schießen zu können. Ranke-Graves kritisiert diese Interpretation, übersetzt ‚Amazonen' aus dem Armenischen als ‚Mondfrauen' und identifiziert sie als Priesterinnen der Mondgöttin, die Waffen trugen. Vgl. Ranke-Greves, Robert von: Griechische Mythologie. Quellen und Deutung. 13. Aufl. Hamburg 2000 [engl. Orig. 1955], S. 322f.

„Kandidatin, sagen Sie mir, was fällt Ihnen an der Patientin auf?" – „Daß das Mensch einen seidenen Unterrock anhat."

Frauenstudium

Abb. 2: Karikatur zum Frauenstudium

Charakter des Diskurses.[235] Studierende Frauen widersprachen der Norm der bürgerlichen, heterosexuellen Lebensform. Die Assoziation von Studentinnen mit (politisch) kämpfenden Frauen verstärkt den Effekt der zugeschriebenen Unweiblichkeit, insbesondere vor dem Hintergrund, dass Frauen zu diesem Zeitpunkt die politische Partizipation in Parteien noch gesetzlich verboten war. Weitere Typisierungen, die für Studentinnen um 1900 zirkulierten, waren die der hässlichen, bebrillten, flachbusigen Frau. Studentinnen wurden häufig als ‚alte Jungfern' dargestellt. In der abgebildeten Karikatur von Thomas Theodor Heine, die 1901 in der satirischen Wochenzeitung „Simplicissimus" erschien, wird dies an der Studentin in der Bildmitte deutlich, die gerade vom Professor nach einer medizinischen Diagnose gefragt wird, und an der Studentin am linken Bildrand, deren vorstehende Zähne ein weiteres Attribut der Hässlichkeit sind.

Der Gegensatz zwischen Weiblichkeit und Wissenschaft wurde in einem weiteren Gutachten in einem drastischen Superlativ ausgedrückt:

„Die Einseitigkeit, die wir fachmäßige wissenschaftliche Bildung nennen, ist der Männer Sache. Banausentum bei den Männern ist schlimm. Aber der schrecklichste der Schrecken ist die Wissenschaftlichkeit der Weiber."[236]

Dieser gewaltigen Sprachmittel bemächtigte sich jedoch nur eine Minderheit der Professoren. Wenige diffamierten die Studentinnen expressis verbis. Die Mehrheit schmückte den weiblichen Geschlechtscharakter aus, lobte weibliche Fähigkeiten und betonte dessen Komplementarität zum männlichen Geschlechtscharakter. Das Hochloben und die Überhöhung ist Teil des Diskriminierungsverhältnisses. Nachdruck verliehen viele dem Gegensatz zwischen Weiblichkeit und Wissenschaft, indem sie auf die Bedrohung hinweisen, die akademische Bildung für den weiblichen Geschlechtscharakter bedeuten könne:

„(...) in allem Schöpferischem aber und so in der gesamten Wissenschaft (...) wird auch die begabteste Frau, (allerseltenste Ausnahmen vielleicht abgerechnet) – nur Mittelmäßiges leisten, wenn sie nicht an ihrem weiblichen Charakter Einbuße erleiden soll."[237]

Der weibliche Geschlechtscharakter ist zwar natürlich, wie der Beruf der Frau als Ehefrau und Mutter, aber er ist nicht für alle Zeiten statisch, sondern, wie das

235 Für den Hinweis auf den heteronormativen Effekt dieses Bildes danke ich Ulrike Hänsch, Graduiertenkolleg ‚Geschlechterverhältnis und sozialer Wandel'.

236 Dr. phil. Adolf Lasson (Philosophie, Dozent an der Friedrich-Wilhelms-Universität Berlin). In: Kirchhoff 1897 a.a.O., S. 167.

237 Prof. Dr. theol. Dr. phil. Georg Runze (Theologie, Friedrich-Wilhelms-Universität Berlin). In: Kirchhoff 1897 a.a.O., S. 11.

Argument von der Bedrohung zeigt, formbar und somit von Veränderungen bedroht.

Frauen wurde von diesen Hochschullehrern nicht unbedingt die Fähigkeit abgesprochen, sich wissenschaftlich zu bilden. Jedoch wurde ihnen prophezeit, dass ihre Weiblichkeit darunter leiden werde. Dies wurde nicht nur abstrakt angedeutet, sondern auch mit Fallbeispielen belegt. So wurde – meist von Medizinern – angeführt, dass Anatomievorlesungen, in denen über die weiblichen und männlichen Geschlechtsteile gesprochen werde, negativen Einfluss auf das Empfinden von Frauen hätten:

„Eine Frau, die über die Anatomie der Geschlechtsteile nicht allein des Weibes, sondern auch des Mannes orientiert ist und über das Mysterium des Geschlechtsaktes ohne Erröten sprechen kann, wird den Mann, wenn nicht immer abstoßen, so doch immer kalt lassen."[238]

Frauen verlören ihre erotische Anziehungskraft auf Männer, was in einem anderen Gutachten mit dem Begriff ‚Neutrum' für gebildete Frauen ausgedrückt wurde.[239] Mit dieser Neutralisierung ihres Geschlechtscharakters durch das Studium verringerten gebildete Frauen ihre Chance auf eine Heirat.

Für das Argument, dass Weiblichkeit und Wissenschaft im Widerspruch stünden, wurde immer wieder das Fachgebiet der Anatomie als Beispiel herangezogen:

„Wer jemals Gelegenheit gehabt hat, Studentinnen im anatomischen Hörsaal zu beobachten, der wird den Eindruck mit sich genommen haben, daß nichts dem Weibe unweiblicher steht, als das anatomische oder das chirurgische Messer."[240]

Das Skalpell als wissenschaftliches Werkzeug sei allein Attribut der Männlichkeit. Dem Skalpell wurde im Frauenstudiumsdiskurs große geschlechtersymbolische Bedeutung zugeschrieben – es erlangte beinahe den Status eines Geschlechtsmerkmals. Über es wurde wie über ein Kleidungsstück geredet, das wie z.B. der Zylinder eindeutig an eine Geschlechtszugehörigkeit geknüpft ist. Es ging hier nicht um Fragen der Befähigung oder Berechtigung zum Studium, sondern um ästhetisch-moralisches Empfinden. Eine Frau mit einem Skalpell in der Hand verstieß gewissermaßen gegen das geschlechtermoralische Empfinden. Durch dieses Bild brachte der Autor mit Vehemenz zum Ausdruck, dass die Medizin bzw. die Anatomie und Chirurgie eine männliche Wissenschaft sei.

---

238 Prof. Dr. med. Georg Lewin (Innere Medizin, Direktor der Klinik für Syphilis an der Königl. Charité in Berlin). In: Kirchhoff 1897 a.a.O., S. 73.

239 Prof. Dr. med. Adolf Kehrer (Gynäkologie, Universität Heidelberg). In: Kirchhoff 1897 a.a.O., S. 116.

240 Prof. Dr. med. Franz Riegel (Universität Gießen). In: Kirchhoff 1897 a.a.O., S. 77.

In einigen Gutachten wurde der Widerspruch zwischen Weiblichkeit und Wissenschaft bzw. der männliche Charakter der Wissenschaft auf einer institutionellen Ebene angesprochen. Die Wissenschaft und der akademische Unterricht seien qua definitionem eine männliche Institution, deshalb könne Frauen der Zutritt nicht gewährt werden: „Der akademische Unterricht ist bestimmt und eingerichtet für Männer, nicht für Mädchen und Frauen." [241] Ein Geschichtsprofessor bediente sich einer Analogie mit der Institution Kirche: „Aber in der eigentlichen Wissenschaft, in dem Heiligtum der Universitäten, da halte ich an dem alten Satz: mulier taceat in ecclesia." [242] Kirchen und Universitäten seien heilig und so gelte auch für die Universitäten das Pauluswort, dass die Frau zu schweigen habe.

Angedeutet wurde in den Gutachten auch ein Umgangston an den Universitäten, der für Frauen keine gute Atmosphäre biete. Was diesen männlichen Umgangston genau ausmachte, wurde in den Gutachten nicht ausgeführt. Ilse Costas führt diesen Aspekt in ihrem internationalen Vergleich der hemmenden und förderlichen Faktoren zur Durchsetzung der akademischen Frauenbildung an:

> „Die außerordentlich heftige Ablehnung, die die Mehrheit der Wissenschaftler an den Universitäten den Frauen entgegensetzte, wurde auch dadurch genährt, daß das Studentenleben und die universitäre Subkultur in Deutschland einem Männlichkeitskult frönte, der im Bewußtsein der in diesem Milieu erzogenen Wissenschaftler die Vorstellung von weiblichen Kommilitoninnen geradezu lächerlich erscheinen ließ."[243]

Bemerkenswert ist, dass einige Professoren in diese Argumentationsfigur vom Gegensatz zwischen Wissenschaft und Weiblichkeit die Kategorie ‚Nation' einflochten. So wurde an mehreren Stellen betont, dass sowohl das Ideal der Weiblichkeit als auch das Ideal der Wissenschaft für die deutsche Nation ein spezifisches sei und sich von anderen Nationen unterscheide.[244]

---

241 Prof. Dr. phil. Eduard Sachau (Philologie, Direktor des Seminars für orientalische Sprachen, Universität Berlin). In: Kirchhoff 1897 a.a.O., S. 214.

242 Prof. Dr. phil. Jacob Caro (Geschichte, Universität Breslau). In: Kirchhoff 1897 a.a.O., S. 186.

243 Costas 1992 a.a.O. (Fußnote 3), S. 121.

244 Siehe zu diesem Aspekt auch den Abschnitt 3.3.6 ‚Deutsche Wissenschaft' in diesem Kapitel.

3.3.5 Frauenuniversitäten

„Ist ein Frauenstudium notwendig, so mögen dafür besondere Anstalten eingerichtet werden.“[245]

Der Vorschlag, Universitäten für Frauen zu gründen, wurde von einer bemerkenswerten Anzahl der befragten Hochschullehrer als ein gerechter Kompromiss zwischen dem Recht von Frauen auf akademische Bildung auf der einen Seite und dem Ziel, Universitäten in ihrer Tradition als Männeruniversitäten fortbestehen zu lassen, auf der anderen Seite, eingeführt:

„Und einen Mittelweg sollte man wenigstens ins Auge fassen: die Gründung einer Universität in Deutschland mit männlichen Docenten, aber ausschließlich weiblichen Studierenden; die notwendige Konsequenz der Frauengymnasien.“[246]

Helene Lange (1848-1939) war noch 1887 mit ihrer als „Gelbe Broschüre“[247] bekannt gewordenen Schrift, in der sie eigene Hochschulen zur Ausbildung von Lehrerinnen forderte, auf große Ablehnung seitens des preußischen Kultusministeriums und der Lehrer an höheren Mädchenschule gestoßen. Auch die Petition an das preußische Abgeordnetenhaus, der die „gelbe Broschüre“ als Begleitschrift diente, wurde abgewiesen.[248] Sowohl Helene Langes Ziele der höheren Mädchenbildung als auch das Programm der 1911 von Henriette Goldschmidt (1825-1920) in Leipzig gegründete Hochschule für Frauen betonten weibliche Werte und verfolgten u. a. eine Aufwertung der „Ausübung des mütterlichen Erziehungsberufes“.[249] Innerhalb der Frauenbewegung gab es auch abwägende Haltungen zur Frage der Gründung von Frauenuniversitäten. Hedwig Dohm (1833-1919), beispielsweise, beurteilte die Frage in ihrem Buch ‚Die wissenschaftliche Emanzipation der Frau‘ als für sich noch nicht abgeschlossen.[250]

Einige Gegner des Frauenstudiums sahen die Einführung einer akademischen Bildung für Frauen als soziales Experiment, dessen Ergebnisse erst zeigen

---

245 Prof. Dr. jur. Otto Gierke (Jurisprudenz, Friedrich-Wilhelms-Universität Berlin). In: Kirchhoff 1897, a.a.O., S.24.

246 Prof. Dr. theol. Dr. phil. Georg Runze (Theologie, Friedrich-Wilhelms-Universität Berlin). In: Kirchhoff 1897 a.a.O., S.10.

247 Lange, Helene: „Die höhere Mädchenbildung und ihre Bestimmung“. In: Dies.: Kampfzeiten. Bd. 1. Berlin 1928.

248 Vgl. Gerhard 1990 a.a.O., S. 140-148.

249 Goldschmidt, Henriette: Denkschrift. Vom Kindergarten zur Hochschule für Frauen, Rückschau auf vier Jahrzehnte 1871-1911. Leipzig 1911, hier S. 31.

250 Vgl. Dohm 1874 a.a.O., S. 129.

müssten, ob Frauen zum Studium befähigt seien. Sie schlugen die Gründung von Frauenuniversitäten in diesem Argumentationskontext gewissermaßen als Ort dieses Experiments vor. Die (Männer-)Universität[251] sei generell kein Ort für Experimente und solle nicht in Gefahr gebracht werden, in ihrem Betrieb beeinträchtigt zu werden.[252]

Zu Gunsten einer monoedukativen akademischen Bildung wurden vielfältige Argumente angeführt. Frauenuniversitäten seien die natürliche Fortsetzung der geschlechtergetrennten Erziehung in der höheren Schulbildung, wo mit den ‚höheren Töchterschulen' und den Gymnasien für Jungen ebenfalls zwei unterschiedliche Institutionen existierten.

In der Argumentation für die Gründung von Frauenuniversitäten wurden viele Aspekte miteinander verbunden. Das Für und Wider – meist das Wider – der Koedukation wurden in diesem Zusammenhang ebenfalls erörtert. Das gemeinsame Lernen von Männern und Frauen sei weniger ernsthaft und die Studenten und Studentinnen würden sich gegenseitig ablenken und vom Lernen abhalten:

> „Daß der Ernst des Unterrichts durch Liebeleien, wie sie bei so ungezwungenem Zusammensein kaum zu vermeiden sein würden, leiden müßte, wird wohl kaum in Abrede gestellt werden."[253]

Da die Studierenden sich im heiratsfähigen Alter befänden, würde der Unmoral durch Koedukation Vorschub geleistet werden. Die Studierenden würden von Eltern nicht gebilligte Beziehungen knüpfen und es könnten ‚wilde Ehen' entstehen.[254]

Einige Fächer, wie z.B. Anatomie und medizinische Praktika, schienen für Frauen besonders ungeeignet. Wie bereits dargestellt, wurden Frauen, die mit

---

251 Mit dieser Schreibweise soll die Ambivalenz des Begriffes im Diskurs über das Frauenstudium ausgedrückt werden. Die Hochschullehrenden benutzen den Begriff in einem Kontext, aus dem deutlich wird, dass Universitäten für Männer gemeint sind. Mit dem Allgemeinen ist das Männliche gleichgesetzt. Der Begriff ‚Männeruniversität' taucht jedoch auch explizit auf: „Unsere Universitäten sind Männeruniversitäten. Sie sind nicht nur äußerlich als Bildungsstätten für die männliche Jugend eingerichtet, sondern auch in ihrem ganzen inneren Leben dem männlichen Geiste angepaßt." (In: Kirchhoff 1897 a.a.O., S. 23)

252 Vgl. exemplarisch Prof. Dr. med. Karl von Bardeleben (Anatomie, Universität Jena). In: Kirchhoff 1897 a.a.O., S.35 und Prof. Dr. Julius von Sachs (Botanik, Universität Würzburg). In: Kirchhoff 1897 a.a.O., S. 281.

253 Vgl. Prof. Dr. Friedrich Albrecht Weber (Sanskrit, Friedrich-Wilhelms-Universität Berlin). In: Kirchhoff 1897 a.a.O., S. 219.

254 Prof. Dr. med. Georg Lewin (Direktor der Klinik für Syphilis an der königlichen Charité in Berlin). In: Kirchhoff 1897 a.a.O., S.73.

einem Skalpell in einem Anatomiepraktikum an einer männlichen Leiche operierten, als unweiblich und drastischer noch als naturwidrig und monströs dargestellt. Die Anatomie des menschlichen Körpers und besonders die Anatomie der Geschlechtsorgane könnten noch viel weniger in einer gemischtgeschlechtlichen Gruppe gelehrt werden. Befürchtet wurde dabei vor allem, dass der Anblick von Nacktheit eine erotische Atmosphäre herstellen könnte, die zwischen den Studierenden beiderlei Geschlechts zu sexueller Erregung, Emotionen und sexuellen Beziehungen führen könnte. Im Sprachgebrauch der Zeit wurden ‚elektrische Nebenschlüsse des Geschlechtsgefühls', der Versuch ‚allerlei Beziehungen anzuknüpfen' und ‚peinliche Situationen' befürchtet.[255]

Gegner der Koedukation prognostizierten ein Herabsinken des akademischen Niveaus, sollten Frauen und Männer gemeinsam unterrichtet werden:

„Die gemischte Universität wird also (...) zwar nach Möglichkeit ihre bisherige Methode festhalten, zugleich aber sich dem weiblichen Ingenium anpassen müssen. Sie wird unwillkürlich auf eine mittlere Linie hinabgleiten."[256]

Indem die Hochschullehrer betonten, wie sehr Männer und Frauen in ihrer Art zu denken, zu empfinden und zu arbeiten differierten, wird deutlich, dass eine Frauenuniversität sich nach ihren Vorstellungen in Bezug auf Bildungsziele, Lehr-, Lernstile, Curriculum, Abschlüsse und Berufsziele sehr von der (Männer-) Universität unterschieden hätte. Die Geschlechtertrennung zielte im Kontext dieser Argumentation auf die Etablierung zweier geschlechtsspezifischer Standards akademischer Bildung. In vielen Kommentaren klang an, dass das Curriculum einer Frauenuniversität sich von dem der (Männer-)Universität unterscheiden würde:

„Gegen eigene Hochschulen für die fachgemäße Ausbildung von Frauen- und Kinderärztinnen oder für die gründlichere Vorbildung von Lehrerinnen, ist vom Standpunkte der Universität nichts einzuwenden."[257]

Andere Gutachter lehnten die Orientierung auf eine spätere Berufstätigkeit als Ziel einer Frauenuniversität gänzlich ab. Erstrebenswert sei es vielmehr, die Bildung bürgerlicher Frauen zu erhöhen, womit die eheliche Gemeinschaft, das

---

255 Vgl. Prof. Dr. med. Victor Birch-Birchfeld (Direktor des pathologischen Instituts der Universität Leipzig). In: Kirchhoff 1897 a.a.O., S.64; Prof. Dr. med. Johannes Orth (Direktor des pathologischen Instituts der Universität Göttingen). In: Kirchhoff 1897 a.a.O., S. 69. Siehe außerdem S. 97, S. 155, S. 116, S. 201

256 Ebd.

257 Prof. Dr. jur. Otto Gierke (Jurisprudenz, Friedrich-Wilhelms-Universität Berlin). In: Kirchhoff 1897 a.a.O., S. 24.

gesellschaftliche Familienleben und die Erziehung der Kinder an Qualität gewinne:

„Ganz anders aber liegt es, wenn wir fragen, ob nicht die besten amerikanischen Frauencolleges verdienten in Deutschland Nachahmung zu finden. Ihr *Ziel wäre nicht ein gelehrter Beruf, sondern eine vertiefte Bildung*. Sie wären nicht Universitäten, sondern Hochschulen einer neuen, den Frauen angepaßten Art (...). (...) Die Ehe wird dadurch geistig und sittlich vertieft, und mit ihr hebt sich das Niveau des Hauses, der Erziehung, der Gesellschaft." (Herv. i. O.)[258]

Zur Untermauerung der Argumentation für die Gründung von Frauenuniversitäten wurde auf amerikanische, englische und russische Frauenuniversitäten Bezug genommen.[259] Die Erfahrungen mit Frauenuniversitäten in den USA, England und Russland wurden von Befürwortern der Gründung von Frauenuniversitäten mehrheitlich positiv dargestellt und galten ihnen als vorbildhaft und nachahmenswert. Im Anhang der Kirchhoff-Studie findet sich unter dem Titel ‚Berichte aus dem Ausland' eine Zusammenstellung von Erfahrungsberichten deutscher Hochschullehrer, die eine mehrjährige Lehrtätigkeit in dem jeweiligen Land vorweisen konnten.[260]

3.3.6 Deutsche Wissenschaft

„Deutsche Wissenschaft ist Männerwerk."[261]

In anderen europäischen Ländern und in Übersee existierende Frauenuniversitäten wurden nicht von allen Hochschullehrern als Vorbild für Deutschland

258 Vgl. Prof. Dr. phil. Dr. med. Hugo Münsterberg (Philosophie, Universität Freiburg i. Br.) In Kirchhoff 1897 a.a.O., S. 351f. Mit dem Ausdruck ‚die besten amerikanischen Frauencolleges' bezieht sich Münsterberg auf die ‚seven sisters', sieben prestigereiche Frauenuniversitäten, die seit 1830 an der Ostküste der USA gegründet wurden. Die ‚seven sisters' der Frauenuniversitäten waren: Mount Holyoke, Smith, Bryn Mawr, Barnard, Radcliff, Vassar und Wellesley.

259 Vgl. Kirchhoff 1897 a.a.O., S. 5, 169, 323.

260 Für die aktuelle Diskussion um Frauenuniversitäten als Hochschulreformprojekte und internationale Beiträge über Frauenuniversitäten in den USA, Frankreich, Korea und Australien vgl. Metz-Göckel, Sigrid; Steck, Felicitas (Hrsg.): Frauenuniversitäten. Initiativen und Reformprojekte im internationalen Vergleich. Opladen 1997.

261 Dr. phil. Adolf Lasson (Philosophie, Dozent an der Friedrich-Wilhelms-Universität Berlin). In: Kirchhoff 1897 a.a.O., S.165.

empfohlen. In einer weiteren Argumentationsfigur wurde der Nationalcharakter der ‚deutschen Wissenschaft' und der ‚deutschen Frau' konstruiert. Dies geschah in Abgrenzung zu anderen Nationen, hauptsächlich zu Russland, aber auch zu den USA:

> „Was in russischen oder amerikanischen Lebensbedingungen wurzelt und dort zulässig oder erwünscht erscheint, hat deshalb noch keine Geltung für deutsches Leben und Bewußtsein. Unsere Männer sind anders und unsere Frauen sind anders als dort. Vor allem unsere Wissenschaft trägt ausschließlichen Charakter. (...) Die strengere Art deutscher Wissenschaft erschwert weiblichen Mitarbeitern Zugang und Bethätigung. Deutsche Wissenschaft ist Männerwerk."[262]

Markant an diesem Zitat ist, dass der Nationalcharakter der deutschen Wissenschaft über den Ausschluss von Frauen bestimmt wird. Ein typisches Merkmal der deutschen Wissenschaft, das sie von anderen absetze, sei, dass sie Frauen ausschließe. Die Kategorien ‚Geschlecht' und ‚Nation' konstituierten ‚Wissenschaft', und das ‚Deutsche' der Wissenschaft war in Abgrenzung von anderen Nationen und in Abgrenzung von Frauen konstruiert. Weiter wurde ‚deutsche Wissenschaft' von Hochschullehrern als weiter in die Tiefe gehend, als elitärer und als im internationalen Vergleich führend dargestellt. Detaillierter sei die ‚deutsche Wissenschaft' im Vergleich zur oberflächlicheren ‚amerikanischen Wissenschaft'. Elitärer sei sie in Bezug auf die Selektionsmechanismen und die Zulassungsbeschränkungen zur Universität. Das deutsche Abitur und die deutsche Gymnasialausbildung wurden in diesem Zusammenhang als der amerikanischen und der russischen überlegen bewertet. Diese Überlegenheitshaltung rekurrierte auf den zeitgenössischen Topos der deutschen Vormachtstellung in der internationalen Wissenschaft.

Der oben zitierte ‚ausschließliche Charakter' der deutschen Wissenschaft bezog sich, nachdem Frauen in Deutschland das Abitur ablegen konnten und als Gasthörerinnen Zutritt zu den Universitäten erhielten, verstärkt auf nicht-deutsche Studentinnen. Bis dato war es Usus, die Abschlusszeugnisse russischer Mädchengymnasien, amerikanischer Colleges etc. als Berechtigung zum Gasthören anzuerkennen. Die Fragen der Bewertung von internationalen Abschlüssen und der Zulassung von nicht-deutschen Studentinnen wurden im Frauenstudiumsdiskurs thematisiert und neu bewertet, nachdem Frauen mit einem deutschen Reifezeugnis als Gasthörerinnen zugelassen wurden:

262 Ebd.

„Den gegenwärtigen Zustand, der unter anderem das Übel hat, daß den Ausländerinnen die Teilnahme an akademischen Vorlesungen bei weitem nicht so erschwert wird, wie den Inländerinnen, kann ich nur als Übergangsstadium gut heißen (...).“[263]

Nicht nur Hochschullehrer in der Kirchhoff-Studie sprachen sich gegen nichtdeutsche Gasthörerinnen aus, auch Gasthörerinnen, die im Besitz eines deutschen Reifezeugnisses waren, protestierten gegen die Gleichstellung mit russischen Studentinnen.[264] Die Statistik des preußischen Kultusministeriums, mit der neben der Nationalität der Gasthörerinnen auch deren Konfession, Familienstand, der Beruf des Vaters und die Studienfächer erfasst wurden, dokumentierte für das Sommersemester 1901 folgende Zahlen: 710 Deutsche, 82 Russinnen, 43 Amerikanerinnen, neun Engländerinnen, vier Französinnen, vier Schweizerinnen etc.[265]

In den Akten des preußischen Kultusministeriums befinden sich Gutachten zum Vergleich der russischen und der deutschen Mädchenbildung, mit Hilfe derer beurteilt werden sollte, ob Frauen mit dem Reifezeugnis eines russischen Mädchengymnasiums weiterhin Zugang zu preußischen Universitäten zu gewähren sei. Am 23.06.1902 verfasste der preußische Kultusminister von Studt einen Erlass gegen russische Gasthörerinnen an preußischen Universitäten.[266] Mit sofortiger Wirkung wurde das Reifezeugnis eines russischen Mädchengymnasiums nicht mehr als Zugangsberechtigung anerkannt. Die Begründung lautete, dass dieses dem deutschen Lehrerinnenzeugnis nicht gleichwertig sei. Im Anhang zu diesem ministeriellen Erlass befand sich ein zehnseitiges Gutachten, dessen Schlusssatz und Fazit lautete:

"In keinem Falle wird die Bildung der Russin, die das Mädchengymnasium einschließlich der Ergänzungsklasse durchgemacht hat (...) der unseren Lehrerin gleichgestellt werden dürfen, die erst nach Absolvierung des auf der neunklassigen Mädchenschule aufgebauten dreijährigen Seminars zur Prüfung zugelassen wird. Auch die Ablegung einer besonderen Ergänzungs-

263 Prof. Dr. phil. Eduard Sachau (Philologie, Direktor des Seminars für orientalische Sprachen der Friedrich-Wilhelm Universität Berlin). In: Kirchhoff 1897 a.a.O., S. 215.

264 Vgl. die Eingabe der cand. Med. Elisa Taube, Gasthörerin an Friedrich Wilhelm Universität zu Berlin, vom 8.7.1901 an den preußischen Staatssekretär von Posadowsky gegen ihre russischen Kommilitoninnen. Sie bittet um Zulassung zum medizinischen Examen mit dem Argument, dass Kapazitäten frei werden würden, wenn die vielen russischen Studentinnen, die keine dem deutschen Reifezeugnis äquivalente Vorbildung hätten, abgewiesen werden könnten. Geheimes Staatsarchiv Preußischer Kulturbesitz Rep. 76 V a Sektion 1: Generalia VIII. Abteilung No. 8. Bd. IX, S. 97.

265 Vgl. Geheimes Staatsarchiv Preußischer Kulturbesitz Rep. 76 V a Sektion 1, Generalia VIII. Abteilung No. 8, Adhibendium I, Bd. II, S. 72.

266 Vgl. Geheimes Staatsarchiv Preußischer Kulturbesitz Rep. 76 V a Sektion 1, Generalia VIII. Abteilung No. 8. Bd. X, S. 23.

prüfung im Lateinischen, welche für das Medizinische Fraueninstitut in Petersburg als genügend angesehen ist, vermag hieran nichts zu ändern."[267]

Eine Gruppe von 42 russischen Gasthörerinnen der Friedrich-Wilhelms-Universität zu Berlin protestierte gegen den Erlass und legte ein Gegengutachten vor, jedoch ohne Erfolg.[268]

Der Ausschluss der russischen Gasthörerinnen stand im Zusammenhang mit dem ausschließlichen Charakter der ‚deutschen Wissenschaft' aber auch mit der Konstruktion einer ‚deutschen Weiblichkeit' in Abgrenzung zu ‚Russinnen' und ‚Amerikanerinnen'. Dies belegt das obige Zitat Adolf Lassons, in dem er angibt, die deutschen Männer und Frauen seien anders als die russischen und amerikanischen.[269]

Ein uneingeschränkter Befürworter des Frauenstudiums benannte ein spezifisch deutsches Weiblichkeitsideal als einen Grund für die ablehnende Haltung gegenüber dem Frauenstudium:

„Einerseits hat nämlich, wie man hervorhebt, der Deutsche ein anderes Ideal von Weiblichkeit (im Vergleich zu den USA, D.H.), das durch die höhere Bildung geschädigt wird, andererseits werden gerade in Deutschland durch das akademische Studium die höchsten geistigen Anforderungen gestellt."[270]

Das Anders-Sein der deutschen Frauen wurde gepriesen, wie das nachfolgende Zitat belegt. Der Verfasser formulierte die Werte des weiblichen Intellekts im Rahmen einer komplementären Geschlechtertheorie:

„(...) so wird uns doch der ehrenvollste Doktorhut und alle Gelehrsamkeit der Welt nimmermehr die natürliche Frische und Unmittelbarkeit des Denkens und Fühlens, die instinktiv richtige Auffassung des Lebens und der Menschen, die Feinheit der reflexionslosen Unterscheidung wahrer und falscher Werte ersetzen, die der Frauenseele ihren unvergleichlichen Reiz geben und eine notwendige Ergänzung zu den männlichen Anlagen bilden. Wenigstens wir Deutschen empfinden es so; wie es anderen Nationen damit geht, ist ihre Sache."[271]

267 Geheimes Staatsarchiv Preußischer Kulturbesitz Rep. 76 V a Sektion 1, Generalia VIII. Abteilung No. 8. Bd. IX, S. 300 (S. 10 des Gutachtens).

268 Vgl. Geheimes Staatsarchiv Preußischer Kulturbesitz Rep. 76 V a Sektion 1, Generalia VIII. Abteilung No. 8. Bd. X, S. 14-22.

269 Dr. phil. Adolf Lasson (Philosophie, Dozent an der Friedrich-Wilhelms-Universität Berlin). In: Kirchhoff 1897 a.a.O., S. 165.

270 Prof. Dr. med. Ottomar Rosenbach (Innere Medizin, Universität Breslau). In: Kirchhoff 1897 a.a.O., S. 79f.

271 Prof. Dr. phil. Carl Stumpf (Psychologie, Friedrich-Wilhelms-Universität Berlin, Direktor des Psychologischen Seminars). In: Kirchhoff 1897 a.a.O., S. 177.

Danach ist die weibliche Art des Denkens der männlichen auf der Universität geförderten Intellektualität entgegengesetzt. Das Loben der andersartigen, der Natur und den Emotionen näher stehenden weiblichen Intellektualität ist Merkmal eines Geschlechterverhältnisses als Machtverhältnis. Denn das Hochloben des Andersartigen ging einher mit seiner Ausgrenzung aus mit Macht und Ressourcen besetzten Gesellschaftsbereichen.

Im Frauenstudiumsdiskurs und in der Verflechtung von Geschlecht und Nation wurden russische Studentinnen nicht allein als Andere konstruiert. Mit der Konstruktion von Differenz gingen Diffamierungen einher. Ihnen wurde ‚unsittliches Verhalten' vorgeworfen: „Wenn nur die Ausländerinnen mit ihren zum Teil abweichenden Sitten fern gehalten werden (...)."[272] Deutlicher wird die Diffamierung in einem Leitartikel der Berliner Zeitung ‚Neue politische Correspondenz', der in Reaktion auf den Erlass zum Ausschluss der russischen Gasthörerinnen entstand:

„Die Maßnahme des Kultusministers, den *russischen Studentinnen* und Hospitantinnen den Einlaß zur Berliner Universität fernerhin nur im Ausnahmefall zu gewähren, selbst wenn die Vorbildung der betreffenden als eine zur Immatrikulation genügende anzusehen ist, erfährt die verschiedenste Auslegung. Es steht fest, daß die ministerielle Einschränkung nicht auf politische Gründe zurückzuführen ist. Wie wir hören haben sich vielmehr unter den russischen Studentinnen Elemente befunden, deren *sittliches* Verhalten geeignet war, das Ansehen der Universität zu schädigen." (Herv. i. O.)[273]

In seinem Bericht vom 17. November 1901 an den preußischen Kultusminister über die Anzahl der an Sezierübungen teilnehmenden deutschen und ausländischen Gasthörerinnen beschrieb Professor Roux, Direktor des königlich anatomischen Instituts zu Halle a. S., welche Bedingungen den ausländischen Studentinnen auferlegt wurden. Die sechste, speziell für Studentinnen russischer Herkunft abgefasste Bedingung reflektiert die Vorurteile:

„Die Russinnen haben im eigenen Interesse darüber zu wachen, daß keine unsittliche Dame und keine politische Agitation für polnische Umtriebe, Nihilismus etc. hierherkommt; bzw. sie haben, wenn eine solche Dame hierhergekommen ist, dafür zu sorgen, daß sie baldigst wieder

---

272 Dr. phil. Eduard von Hartmann (Philosophie, Groß-Lichterfelde bei Berlin). In: Kirchhoff 1897 a.a.O., S. 155.

273 In: „Neue politische Correspondenz" Nr. 31 vom 17.07.1902, S. 1. Berlin. Die Sexualisierung der russischen Studentinnen und der Vorwurf der Prostitution geschieht indirekt und regt die Phantasie der AdressatInnen an, worin genau das sittenwidrige Verhalten bestehen könnte. Allein in einer Quelle der Akten des preußischen Kultusministeriums war direkt von „bordellähnlichen Verhältnissen" die Rede. Geheimes Staatsarchiv Preußischer Kulturbesitz Rep. 76 V a Sektion 1, Generalia VIII. Abteilung No. 8. Bd. IX, S. 366.

fortgeht, da bei nur einem einzigen Ärgerniss, was auf solche Weise entsteht, die Regierung voraussichtlich alle hier studierenden Russinnen ausweisen wird."[274]

Neben der Unsittlichkeit wurden hier noch zwei weitere unweibliche Stigmata zitiert, die im Frauenstudiumsdiskurs russischen Gasthörerinnen anhafteten: politisches Engagement und Atheismus.

Die Abgrenzung von der ‚amerikanischen Frau' war im Vergleich dazu nicht entsprechend feindlich und weniger explizit. Angesprochen wurde, dass in den USA weniger Wert auf eine Trennung der gesellschaftlichen Sphären der Geschlechter gelegt werde. Koedukation sei in der Schulausbildung und auch in der akademischen Bildung die Regel und es würden dort nicht wie in Deutschland sittliche Gefahren des gemeinschaftlichen Unterrichts gesehen. Dass amerikanische Frauen sich selbstverständlicher auf dem gesellschaftlichen Parkett und im Berufsleben bewegen würden, wurde als weitere Differenz benannt.[275]

Zusammenfassend lässt sich das Zusammenwirken der Kategorien ‚Geschlecht' und ‚Nationalität' als ein Mechanismus beschreiben, in dem die Konstruktion von Differenzen zwischen Frauen mit einer Hierarchisierung einherging. Die russischen Studentinnen wurden nicht allein als Andere (gegenüber den deutschen Studentinnen) konstruiert. Ihr Verhalten sei unsittlich und ihre Aktivitäten wie Politik und atheistische Philosophie unweiblich. Die Zulassung deutscher Abiturientinnen ging einher mit dem Ausschluss russischer Gasthörerinnen. Dabei war die Zulassung deutscher Abiturientinnen weit davon entfernt, dem Immatrikulationsstatus deutscher Männer gleichberechtigt zu sein, jedoch wurden sie in eine nationale Gemeinschaft eingeschlossen, deren Anrufung in unserem Fall durch neue Differenzierungen und Hierarchisierungen im Frauenstudiumsdiskurs begleitet wurde. Der ‚Einschluss' deutscher Frauen an

274 Geheimes Staatsarchiv Preußischer Kulturbesitz Rep. 76 V a Sektion 1, Generalia VIII. Abteilung No. 8. Bd. IX, S. 242.

275 Vgl. Bericht über das Frauenstudium in den USA von Prof. Dr. phil. Dr. med. Hugo Münsterberg (Philosophie, Universität Freiburg i. B.). In: Kirchhoff 1897 a.a.O., S. 350ff. In der Literatur zur vergleichenden Frauenbildungsgeschichte wird diese Differenz mit der Entwicklung des amerikanischen Bildungs- und Gesellschaftssystems in Zusammenhang gebracht. In den USA habe das viktorianische Frauenideal während des Krieges, der Eroberung des Landes und durch die ‚frontier economy' für die Gruppe der Siedlerfrauen schon früh in großem Widerspruch zur gelebten Erfahrung gestanden. Das Bildungssystem sei besonders in den ländlichen Gebieten auf Lehrerinnen angewiesen gewesen. Mit dem Argument einer verbesserten Lehrerinnenausbildung zum Wohle aller wurde der Zugang für Frauen zu Universitäten und die Gründung von Frauenuniversitäten begründet. Vgl. Costas 1992 a.a.O., S. 131f.

die Universitäten hatte einen Gegenkonstituenten: den Ausschluss russischer Studentinnen.

3.4 Auf naturwissenschaftliches Wissen rekurrierende Argumentationsfiguren

In den ersten beiden Argumentationsfiguren, die ich in diesem Abschnitt präsentiere, wird nicht auf physikalisch-chemisches Wissen Bezug genommen. Ich beschreibe sie, um das volle Repertoire zu zeigen und einen Eindruck von dem Kontext zu geben, in dem auf physikalisch-chemisches Wissen rekurrierende Argumentationsfiguren standen. Mit der Argumentationsfigur ‚weibliche Anatomie' ist ein Diskurselement aufgenommen, auf das in den Gutachten der Kirchhoff-Studie allein in negativer Form Bezug genommen wurde. In diesem Sinn war es um 1900 Bestandteil des Diskurses um das Frauenstudium, allerdings nicht in affirmierender Redeweise. Es wurde allein aufgeführt, um es zu widerlegen.

3.4.1 Weibliche Anatomie

> „Das Europäische Gehirn ist beim Mann 128-148 Gramm schwerer als bei der Frau. (...) Nach Krafft-Ebing ist die geistige Integrität des menstruierenden Weibes forensisch fraglich." [276]

Gerade nicht als ein Problem der sozialen Verhältnisse, sondern als mit naturwissenschaftlichen Methoden zu entscheidendes Problem ist die Frage des Frauenstudiums in Argumentationen gefasst, die ich mit ‚weibliche Anatomie' überschreibe. Unter diesem Titel sind all jene Argumente gefasst, die sich im Frauenstudiumsdiskurs auf die Anatomie des weiblichen Körpers bzw. auf naturwissenschaftliches Wissen über die Anatomie weiblicher Körper bezogen. Politisierte Körperzonen waren aus anatomischer Perspektive vor allem der Schädel, das Gehirn und die weiblichen Fortpflanzungsorgane.

---

276 Prof. Dr. phil. Baumann (Psychologie, Universität Göttingen). In: Kirchhoff 1897 a.a.O., S. 148. Baumann zitiert diese Daten, um sie anschließend zu entkräften.

Mit Schädeln und Gehirnen befassten sich die Wissenschaften Kraniometrie und Phrenologie. In diesen Wissenschaften wurde in biologisch-deterministischer Logik nach den anatomischen Grundlagen von Intelligenz, menschlichen Fähigkeiten und Charaktereigenschaften gefragt. Gängige Messparameter dieser experimentellen Wissenschaften waren Schädelgröße, Gehirnvolumen und Gehirngewicht.[277] Zu den Differenzkategorien, in denen die Messdaten angeordnet wurden, zählten neben den zwei Geschlechtern eine durchaus variierende Anzahl unterschiedlicher ‚Rassen'.[278]

Im Frauenstudiumsdiskurs wurde Theodor L. W. Bischoff (1807-1882), Professor für Anatomie in München, mit seinen Studien zum menschlichen Gehirngewicht häufig zitiert.[279] Er kam darin zu dem Ergebnis, dass das weibliche Gehirn im Durchschnitt eine geringere Masse habe als das männliche und zog daraus den Schluss, dass Frauen eine geringere geistige Leistungsfähigkeit als Männer hätten. Bischoff brachte seine wissenschaftlichen Ergebnisse schon früh in den Diskurs über das Frauenstudium ein. In seinem Buch „Das Studium und die Ausübung der Medicin durch Frauen" aus dem Jahr 1872 begründete Bischoff ausführlich, dass Frauen auf Grund der anatomischen Beschaffenheit ihrer Gehirne nicht zum Medizinstudium – und noch weniger zum Studium der Physik und Chemie – befähigt seien.[280] Das weibliche Gehirn sei insgesamt dem kindlichen ähnlicher als dem männlichen. Bischoffs wissenschaftliche Daten zur Geschlechterdifferenz im Bereich der Phrenologie und Kraniometrie wurden Frauenstudiumsdiskurs von Gegnern als wissenschaftliche Belege angeführt, so z.B. in der einflussreichen antifeministischen Veröffentlichung des Leipziger Nervenarztes Paul Julius Möbius (1825-1908) „Über den physiologischen Schwachsinn des Weibes".[281] Von Aktivistinnen der Frauenbewegung wurde

277 Zur Kritik und Geschichte dieser Wissenschaften vgl. Gould, Stephen Jay: The Mismeasure of Man. 2. Aufl. New York 1996 und für eine feministische Kritik vgl. Fee, Elizabeth: „Nineteenth-Century Craniology: The Study of the Female Scull". In: Bulletin of the History of Medicine. Jg. 53 (1979), S. 415-433.

278 Am Beispiel der Phrenologie und Kraniometrie ist die Überschneidung der Kategorien ‚Geschlecht' und ‚Rasse' sehr erkenntnisreich untersucht worden. Vgl. Russett 1989 a.a.O., S. 16-77; Schiebinger, 1990 a.a.O.; Stepan 1993 a.a.O.

279 Bischoff, Theodor W.: Das Hirngewicht des Menschen: eine Studie. München 1872a.

280 Bischoff 1872b a.a.O., S. 14-19 und S. 27. Bischoffs Buch erntete viel Widerspruch, so z.B. von Hedwig Dohm, die sich ausführlich mit Bischoffs phrenologischen Daten und Argumenten befasste und sie im Endergebnis als ‚unwissenschaftlich' bezeichnete. Dohm 1874 a.a.O., S. 87-97.

281 Möbius, Paul Julius: Über den physiologischen Schwachsinn des Weibes. 8. Aufl. Halle a.d.S. 1907, S. 51-53.

Bischoffs Schrift gegen das Frauenstudium heftig kritisiert, beispielsweise von Hedwig Dohm, die sich ausführlich mit seinen phrenologischen Argumenten auseinander setzte.[282]

In der Kirchhoff-Studie wurde jedoch in keinem der Gutachten affirmativ auf Forschungsergebnisse der Phrenologie und Kraniometrie Bezug genommen. Diejenigen Gutachter, die Bezug nahmen, taten dies allein, um sich von diesen Wissenschaften und ihrer Autorität in der Frage des Frauenstudiums zu distanzieren. Das Zitieren von phrenologischen und kraniometrischen Daten zur Legitimierung der Aussage, dass Frauen zum Studium nicht befähigt seien, tauchte in keinem einzigen Gutachten auf. Aus diesem Ergebnis kann sicherlich nicht geschlossen werden, dass Phrenologie und Kraniometrie um 1900 keine Autorität und Wirkmächtigkeit mehr hatten. Erkennbar ist jedoch, dass diese Wissenschaften unter Hochschullehrern Glaubwürdigkeit stark eingebüßt hatten. Die Gutachten belegen, dass phrenologisches und kraniometrisches Wissen durchaus noch virulent im Diskurs über das Frauenstudium war. Denn ohne die Präsenz dieses Spezialdiskurses, auch wenn er immer mehr in den Hintergrund trat, hätten die Hochschullehrer diese Wissenselemente nicht, wenn auch widerlegend, aufgegriffen.

Insgesamt verfolgten die Hochschullehrer zwei unterschiedliche Strategien, mit denen sie durch die Phrenologie und Kraniometrie gestützte Argumente gegen das Frauenstudium zu widerlegen beabsichtigten. Die einen lehnten das Argument aus ethischen Gründen kategorisch ab:

„Die Heranziehung von Eigenthümlichkeiten im Baue des weiblichen Schädels und Gehirns zur Entscheidung dieser Frage ist einfach unstatthaft."[283]

Die anderen gingen auf die Argumentation inhaltlich ein und diskutierten über dessen wissenschaftliche Plausibilität:

„Wollte man aber, wie oft geschieht, einwenden, des Mannes Gehirn sei um mehr als 200 Gramm schwerer als das des Weibes, so ist zu bedenken, daß es auf das *relative* Gewicht ankommt, und daß die Struktur, die Furchung und das Verhältnis von grauer und weißer Substanz wichtiger sind, als das Gewicht." (Herv. i. O.)[284]

---

282 Vgl. Dohm 1874 a.a.O., S. 85-100.

283 Prof. Dr. med. Wilhelm Alex. Freund (Gynäkologie, Direktor der Universitäts-Frauenklinik in Straßburg i.E.). In: Kirchhoff 1897 a.a.O., S. 109f.

284 Der Begriff ‚relatives Gehirngewicht' bezeichnet das Gewicht des Gehirns in Relation zu Körpergewicht bzw. -größe. Zitat: Prof. Dr. Friedrich Kirchner (Lehrer an höherer Mädchenschule, Dozent an der Humboldt Akademie in Berlin). In: Kirchhoff 1897 a.a.O., S. 294.

Dieses Gegenargument ist das häufigst genannte, denn die phrenologischen und kraniometrischen Daten führten auch absolute Messwerte, in denen die Parameter Körpergröße und Körpergewicht nicht berücksichtigt wurden. Eine entsprechende Argumentation findet sich auch in den stenographischen Protokollen des preußischen Landtags. Im März 1903[285] war dort nochmals über Mädchengymnasien und das Frauenstudium diskutiert worden. Nachdem der Abgeordnete Dittrich wissenschaftliche Literatur zitiert hatte, welche die Schädlichkeit der Mädchenbildung und des Frauenstudiums für die Gesundheit von Frauen belegte (diese Argumentationsfigur wird Gegenstand des übernächsten Abschnitts sein), erwiderte der Abgeordnete Ernst in rhetorisch geschickter und amüsanter Weise:

„Herr Kollege Dr. Dittrich hat allerdings den Befähigungsnachweis als nicht erbracht erachtet; er hat die geistige Gleichwertigkeit der Frau angezweifelt. Seine Ansicht ist nicht ganz neu. In den fünfziger Jahren des vorigen Jahrhunderts hatte bereits ein Münchener Professor – ich glaube Dr. Bischoff war sein Name – die Ansicht ausgesprochen, die Frau sei nicht fähig, in die Tiefen der Wissenschaft einzudringen, weil ihr *Gehirn zu klein sei*. Diese Ansicht, weil von einem gelehrten Professor ausgehend, wurde nun überall nachgebetet und bis in die siebziger Jahre hinein als Haupttrumpf gegen das Frauenstudium ausgespielt. Das hörte erst auf, als sich bei der Sektion des Franzosen Gambetta ergab, daß sein Gehirn nicht größer war als das einer Pariser Näherin. Nun, meine Herren, wenn wir Deutsche auch keine Ursache haben, Gambetta besonders zu schätzen, anerkennen müssen wir doch, daß er ein sehr bedeutender Mann war. Nunmehr war also der strikte Beweis geliefert, daß es nicht auf die *Quantität*, sondern auf die *Qualität* des Gehirns ankomme. Wir machen ja die Erfahrung fast täglich bei Männern sowohl wie bei Frauen, daß die *geistige* Kraft unabhängig von der *körperlichen* Kraft und der *körperlichen* Größe ist. Es würde mir nicht schwer fallen, auch aus diesem Hohen Hause Beispiele dafür beizubringen. (Abgeordneter Dr. Dittrich: Das dürfen sie nicht!) Warum nicht? Herr v. Hendebrand kann sehr wohl als Beispiel dafür dienen, daß in einem kleinen Körper ein bedeutender Geist wohnen kann. Herr Abgeordneter Hendebrand wird mir hoffentlich diesen Hinweis nicht übelnehmen." (Herv. i. O.)[286]

Phrenologie und Kraniometrie sind in der Geschichte der ‚Wissenschaften von den Differenzen zwischen Menschen' ein klassischer Fall für eine Wissensproduktion, in der vom Körper direkt und in deterministischer Weise mentale Eigenschaften und Fähigkeiten abgeleitet werden.

Neben dem Gehirn waren die weiblichen Fortpflanzungsorgane Körperzonen, die im Frauenstudiumsdiskurs verhandelt wurden. Wie beim Zitieren phreno-

---

285 In der 42. Sitzung vom 12. März 1903, in der 44. Sitzung vom 14. März 1903, in der 45. Sitzung vom 16. März 1903 und in der 51. Sitzung vom 23. März 1903.

286 ‚Auszug aus den stenographischen Verhandlungen des Hauses der Abgeordneten' 45. Sitzung am 16. März 1903. In: Geheimes Staatsarchiv Preußischer Kulturbesitz Rep. 76 V a Sektion 1, Generalia VIII, Bd. X, S. 3130f.

nologischen und kraniometrischen Wissens war auch hier das Ziel, Frauen die Befähigung zum akademischen Studium und zu akademischen Berufen abzusprechen. Entgegen dem Argument von ‚kleinen Gehirnen', das in den Gutachten der Kirchhoff-Studie nur zitiert wurde, um sich davon zu distanzieren, wurde Wissen aus der Gynäkologie und Sexualwissenschaft mit zustimmender Autorität zitiert:

„Nach Krafft-Ebing ist die geistige Integrität des menstruierenden Weibes forensisch fraglich. Dies würde widerraten, Posten von einer auf viele sich erstreckenden Verantwortlichkeit, Posten, die jeder Zeit eine klare Umsicht und einen alle Folgen voraussehenden Entschluß erfordern, an Frauen zu übertragen (...).“[287]

Der Psychologie-Professor Baumann berief sich hier wahrscheinlich auf das einflussreiche Werk ‚Psychopathia Sexualis' von Richard von Krafft-Ebing (1840-1902), das der an der Universität Graz lehrende Psychiatrie-Professor 1886 veröffentlichte. Krafft-Ebing gilt als der Begründer der Sexualwissenschaft und seine ‚Psychopathia Sexualis' wurde unter Medizinern als Standardwerk zur Frage der menschlichen Sexualität angesehen. Menstruation bzw. die daraus folgenden Einschränkungen wurden besonders von Medizinern mit Berufung auf ihr Erfahrungswissen angeführt, um gegen die Befähigung von Frauen zu Studium und Berufstätigkeit zu argumentieren:

„Dazu kommt ein Moment, das bei der seitherigen Besprechung der Frauenfrage aus Zartgefühl meist unberührt geblieben ist, aber gerade von einem Frauenarzt scharf hervorgehoben zu werden verdient: die allmonatlich eintretende Beschränkung körperlicher und geistiger Leistungsfähigkeit, nicht selten zur Arbeitsunfähigkeit gesteigert, günstigsten Falls ein mehrtägiges Ruhe- und Schonungsbedürfnis (...).“[288]

In beiden Zitaten kommt die Vorstellung zum Ausdruck, dass nicht allein der Körper, sondern auch der Geist durch die Menstruation beeinträchtigt werde.
Neben der Menstruation wurden Schwangerschaft und Geburt als Hindernisse der weiblichen Anatomie angeführt, die einer Berufstätigkeit im Wege stünden:

„Mir ist oft wiederholt worden, daß weibliche Ärzte in der Zeit ihrer Menstruation sich überaus behindert fühlen und daß andere durch Schwangerschaft und Wochenbett in ihrer Thätigkeit jedesmal eine vollständige und verhängnisvolle Unterbrechung erfahren.“[289]

---

287 Prof. Dr. phil. Baumann (Psychologie, Universität Göttingen). In: Kirchhoff 1897 a.a.O., S. 148.

288 Prof. Dr. med. Adolf Kehrer (Gynäkologie, Universität Heidelberg). In: Kirchhoff 1897 a.a.O., S. 113.

289 Prof. Dr. med. August Martin (Friedrich-Wilhelms-Universität Berlin). In: Kirchhoff 1897 a.a.O., S. 117.

In den angeführten Zitaten von Medizinern wurde der postulierte Zusammenhang von Menstruation, Schwangerschaft, Geburt und der daraus gefolgerten mangelnden Befähigung für (akademische) Berufe expliziter ausgesprochen als dies die meisten Hochschullehrer anderer Fachrichtungen taten. Zumeist wurde dies eher durch vage Formulierungen, die von ‚Hemmnissen' und ‚wechselnden körperlichen Zuständen der Frauen' sprachen, angedeutet.

Wie wir bereits am Beispiel der Phrenologie und Kraniometrie sehen konnten, wurden geistige Fähigkeiten auf anatomische und physiologische Faktoren zurückgeführt. Diese lineare, anatomisch-mentale Konstruktion der Geschlechterdifferenz erscheint mir jedoch um 1900 im Umbruch zu sein, wie ich im Abschnitt ‚Von deterministischen zu dynamischen naturwissenschaftlichen Geschlechterkonstruktionen' in diesem Kapitel argumentieren werde.

3.4.2 Konkurrenz der Geschlechter

> „Die Entartung des freien Wettbewerbs in einen wilden Kampf ums Dasein macht reißende Fortschritte. Dem Manne (...) wird der Erwerb verkümmert."[290]

In dieser Figur trat die Formulierung der ‚Frauenfrage' als ‚soziale Frage' weiter in den Vordergrund. In der Argumentationsfigur ‚Konkurrenz der Geschlechter' sind zwei verwandte Konzepte enthalten: ‚Konkurrenz' und ‚Kampf ums Dasein'. Sie wurden im Frauenstudiumsdiskurs auf das Geschlechterverhältnis und auf den Eintritt von Frauen in den akademischen Arbeitsmarkt bezogen. In einer Visualisierung der Relationen und Verknüpfungen der verschiedenen Argumentationsfiguren würde die ‚Konkurrenz der Geschlechter' in enger Korrelation zu den Argumentationsfiguren ‚Not unverheirateter höherer Töchter' und ‚weibliche Erwerbsberufe' angeordnet werden. Alle drei Argumentationsfiguren bewegen sich auf der Matrix eines geschlechtspezifisch strukturierten Arbeitsmarktes.

In den Aussagen, aus denen ich die Argumentationsfigur ‚Konkurrenz der Geschlechter' generiert habe, wurde oft konkret Bezug auf den Arztberuf genommen und die behauptete oder befürchtete Konkurrenz zwischen Frauen und Männern in diesem Beruf. Die Konkretisierung auf das Medizinstudium und den

290 Prof. Dr. jur. Otto Giercke (Jurisprudenz, Friedrich-Wilhelms-Universität Berlin). In: Kirchhoff 1897 a.a.O., S. 26.

Arztberuf trifft insgesamt auf den Frauenstudiumsdiskurs und nicht allein auf diese Argumentationsfigur zu. Diese Beobachtung korrespondiert mit der in der Sekundärliteratur analysierten damaligen professionshistorischen Situation des Arztberufes. Die Forderung nach der Zulassung von Frauen zum Medizinstudium und zum Arztberuf fiel seit Ende der 1880er Jahre mit Bemühungen zusammen, die Zahl der Medizinstudenten zu senken und sich von Laienmedizinern zu distanzieren. Die seit der Einführung der gesetzlichen Krankenversicherung 1883 im Ärztestand zunehmend empfundene Kontrolle und Abhängigkeit führte um 1900 insgesamt zur Furcht vor Prestigeverlust und Existenzangst.[291]

In der Kirchhoff-Studie wurde sowohl affirmativ als auch widerlegend auf die Argumentationsfigur ‚Konkurrenz der Geschlechter' Bezug genommen. Es überwiegt jedoch die Tendenz, diese Argumentationsfigur als Baustein einer Erklärung gegen das Frauenstudium einzusetzen. Die ‚Konkurrenz der Geschlechter' wurde negativ als Bedrohung einer Geschlechterordnung gesehen, in der die Sphären der häuslichen Familienarbeit und der außerhäuslichen Berufsarbeit von einander getrennt sind. Eine ‚Konkurrenz der Geschlechter' steht dem Prinzip Komplementarität entgegen. Der Eintritt von Frauen in die akademische Erwerbsarbeit würde diese Ordnung der Geschlechter destabilisieren und so der Gesellschaftsordnung insgesamt Schaden zufügen:

„Indem die billigere Frauenarbeit auf Gebieten, von denen sie bisher ausgeschlossen war, der Männerarbeit Konkurrenz macht, verdoppeln sich alle Schäden, die ohnehin das freie Spiel der Kräfte im heutigen Wirtschaftsleben hervorruft. Die Entartung des freien Wettbewerbes in einen wilden Kampf ums Dasein, macht reißende Fortschritte. Dem Manne, der durch seine Berufsarbeit zugleich eine Familie ernähren soll, wird der Erwerb verkümmert. In manchen Berufszweigen, in denen heute noch der Verdienst des Mannes ausreicht, wird es vielleicht bald dahin kommen, daß auch die verheiratete Frau einen besonderen Beruf ergreifen muß, damit die Familie leben kann. So breitet sich unaufhaltsam die Krankheit aus, die den sozialen Körper zerfrißt."[292]

Männern wurde in dieser Argumentation als Ernährern von Familien implizit das Vorrecht auf Arbeitsplätze eingeräumt und ebenfalls implizit wurde Frauenarbeit als minderwertig vorausgesetzt, weshalb eine allgemeine Senkung des Lohnniveaus in akademischen Berufen befürchtet wurde.

In anderen Gutachten wurde die Konkurrenz zwischen Männern und Frauen auf dem Arbeitsmarkt nicht als bedrohlich dargestellt. Hier wurde den Frauen

---

291 Vgl. Costas 1992 a.a.O., S. 118f.

292 Prof. Dr. jur. Otto Gierke (Jurisprudenz Friedrich-Wilhelms-Universität Berlin). In: Kirchhoff 1897 a.a.O., S. 26.

prophezeit, dass sie in den sogenannten Männerberufen, in denen sie mit männlichen Bewerbern konkurrieren müssen, unterliegen würden:

„Daß das Weib für akademische Studien und Berufsarten in geringerem Maße veranlagt ist, als der Mann; daß es (...) nicht imstande ist, auf jenen Gebieten in den Konkurrenzkampf zu mit dem Manne einzutreten und denselben mit Erfolg zu bestehen."[293]

Die postulierte Minderbefähigung für akademische Berufe und Inferiorität von Frauen ist der Grund für die gelassenere Haltung derjenigen Hochschullehrer, die in dieser Weise auf die ‚Konkurrenz der Geschlechter' Bezug nahmen.

Zur Legitimierung der Geschlechterordnung der zwei Sphären bzw. der Legitimierung des weiblichen Berufes als Ehefrau, Hausfrau und Mutter wurde auch im Kontext der Argumentationsfigur ‚Konkurrenz der Geschlechter' die Natürlichkeit der weiblichen Berufung betont:

„Es handelt sich nicht bloß darum, daß die Frauen, die einen männlichen Beruf ergreifen, ihrer natürlichen Aufgabe ganz oder teilweise entfremdet werden. (...) Die Männerberufe müssen Männerberufe bleiben."[294]

‚Männerberufe' und ‚der natürliche Beruf der Frau als Ehefrau, Hausfrau und Mutter' verweisen auf zwei geschlechtsgetrennte gesellschaftliche Sphären, auf Produktion und Reproduktion, die räumlich als öffentliche Sphäre und häusliche Sphäre bestimmt sind. Die Einführung des Frauenstudiums wurde in diesem Zusammenhang als eine Bedrohung der strikten Trennung dieser Sphären gewertet.

Die Legitimierung dieser Geschlechterordnung als natürlicher Ordnung geschah auch durch das Zitieren naturwissenschaftlichen Wissens. Die Argumentationsfigur ‚Konkurrenz der Geschlechter' stellte mit ihrem Bezug auf das Konzept ‚Kampf ums Dasein' eine Verknüpfung zu evolutionstheoretischen Diskursen her.

In den Gutachten der Kirchhoff-Studie wurde das Konzept ‚Kampf ums Dasein' nicht allein Biologen von angeführt. Alle Hochschullehrer waren von Kirchhoff aufgefordert worden, vom ‚speziellen Standpunkt ihrer Disziplin' das Frauenstudium zu erörtern. Evolutionstheoretische Konzepte waren am Ende des

---

293 Prof. Dr. med. Wilhelm Erb (Direktor der medizinischen Klinik Heidelberg). In: Kirchhoff 1897 a.a.O., S. 125.

294 Prof. Dr. jur. Otto Gierke (Jurisprudenz Friedrich-Wilhelms-Universität Berlin). In: Kirchhoff 1897 a.a.O., S. 25, 26.

19. Jahrhundert nicht auf fachwissenschaftliche Diskurse beschränkt, sondern verbanden viele Diskurse miteinander.[295]

Charles Darwin (1809-1882) gab dem dritten Kapitel seines einflussreichen Buches „On the Origin of the Species by Means of Natural Selection, or the Preservation of Favoured Races in the Struggle for Life“ aus dem Jahr 1859 den Titel „Struggle for Existence“[296]. Der Begriff spielt in Darwins Evolutionstheorie eine große Rolle, denn der ‚Kampf ums Dasein‘ unter den Individuen einer Art ist die Voraussetzung für den Mechanismus, der nach Darwin der Motor für die Entwicklung der Arten war und ist, die ‚natürliche Zuchtwahl‘ (natural selection):

> "(...) how is it that varieties (...) become ultimately converted into good and distinct species (...)? How do those groups of species (...) arise? All these results (...) follow inevitably from the struggle for life. Owing to this struggle for life, any variation (...) will tend to the preservation of that individual, and will generally be inherited by its offspring. The offspring, also will thus have a better chance of surviving, for, of the many individuals of any species which are periodically born, but a smaller number can survive. I have called this principle, by which each slight variation, if useful, is preserved, by the term of Natural Selection, in order to mark its relation to man's power of selection."[297]

In „The Origin of Species“ beschränkte Darwin seine Theorie noch auf die Tier- und Pflanzenwelt, erst in seinem zweiten großem Werk „The Descent of Man, and Selection in Relation to Sex“ (Die Abstammung des Menschen und die geschlechtliche Zuchtwahl) aus dem Jahr 1871 weitete er seine Theorie auf die Evolution des Menschen aus und bezog den Mechanismus der ‚natürlichen Zuchtwahl‘ auch auf den Menschen:

---

295 In der Wissenschaftsgeschichte sind Evolutionstheorien und ihr Zusammenhang mit gesellschaftlichen Entwicklungen umfassend bearbeitet worden. Der Begriff ‚Sozialdarwinismus‘ ist dabei problematisiert worden, eben wegen einer vermeintlich genau zu ziehenden Grenze zwischen der biologischen und der sozialen Theorie. Fokus ist seitdem mehr der Raum und der ‚Grenzverkehr‘ zwischen den zuvor als trennbar implizierten Diskursen. Vgl. Barnes, Barry und Shapin, Steven: „Darwin and Social Darwinism: Purity and History“. In: Dies. (Hrsg.): Natural Order. Historical Studies of Scientific Culture. Beverly Hills 1979, S. 125-142 und Bowler, Peter J.: Social Metaphors in Evolutionary Biology, 1870-1930: The Wider Dimension of Social Darwinism“. In: Sabine Maasen; Everett Mendelsohn; Peter Weingart: Biology as Society, Society as Biology: Metaphors. Dordrecht und Boston 1995, S. 107-126.

296 Aus dem Englischen übersetzt von H. G. Bronn und 1860 in Deutschland unter dem Titel „Über die Entstehung der Arten durch natürliche Zuchtwahl oder die Erhaltung der begünstigten Rassen im Kampfe um's Dasein“.

297 Darwin, Charles: On the Origin of Species by Means of Natural selection, or the Preservation of Favoured Races in the Struggle for Life. Cambridge und London 1964 [1859], S. 61.

"Man tends to multiply at so rapid a rate that his offspring are necessarily exposed to a struggle for existence, and consequently to natural selection."[298]

Nach diesem Mechanismus konkurrieren alle Individuen einer Art miteinander um Ressourcen, die für die Erhaltung des Lebens notwendig sind. In den evolutionstheoretischen Modellen wird eine Konkurrenz zwischen Männchen und Weibchen nicht als zentral angesehen. In der Theorie Darwins und auch anderer Evolutionstheoretikern stehen die männlichen Individuen einer Art im Vordergrund der Beobachtungen und Theorien. Beim Mechanismus der ‚natural selection' (‚natürliche Zuchtwahl') konkurrieren die Individuen einer Art um die Lebenserhaltung, und beim Mechanismus der ‚sexual selection' (‚geschlechtlichen Zuchtwahl') konkurrieren männliche Individuen um eine erfolgreiche Paarung mit dem Ziel, eine möglichst große Nachkommenschaft zu zeugen.[299]

Dass im Diskurs über das Frauenstudium auf den ‚Kampf ums Dasein' Bezug genommen wurde, um über Konkurrenz zwischen Männern und Frauen durch den Eintritt von Frauen in die akademische Berufstätigkeit zu sprechen, zeigt, dass Konzepte in Diskursüberschneidungen, hier zwischen evolutionstheoretischen Diskursen und dem Diskurs über das Frauenstudium, Modifizierungen erfahren. In Darwins Evolutionstheorie bezog sich das Konkurrenzprinzip auf die männlichen Individuen einer Art, im Frauenstudiumsdiskurs wurde es auf das Verhältnis zwischen Männern und Frauen angewendet. Die Bedeutung als Fortschrittsprinzip schwenkte mit dieser Modifikation in eine kulturpessimistische Bedeutung um. Bedeutungen wurden transformiert und entwickelten sich in Diskursüberschneidungen fort. Widersprüche und Bedeutungbrüche im Vergleich der Diskurse sind dabei ein Beleg für die Dynamik von Bedeutungskonstruktionen in Diskursüberschneidungen.[300]

Ein weiteres Konzept, mit dem eine Verknüpfung zwischen dem Diskurs über das Frauenstudium und evolutionstheoretischen Diskursen hergestellt wurde, ist das der ‚Arbeitsteilung'. Es wurde als jahrtausendschwere Legitimation der Geschlechterordnung in den Diskurs über das Frauenstudium eingebracht:

---

298 Darwin, Charles: The Descent of Man, and Selection in Relation to Sex. Princeton 1981 [1871], S. 185. Die deutsche Übersetzung erschien im gleichen Jahr.

299 Vgl. Darwin 1964 a.a.O., S. 127. Im heutigen evolutionsbiologischen Sprachgebrauch lauten die deutschen Begriffe ‚natürliche Selektion' und ‚sexuelle Selektion'.

300 Peter Weingart hat die Bedeutungsveränderungen des Konzepts ‚Kampf ums Dasein' metaphernanalytisch untersucht. Vgl. Weingart, Peter: „ ‚Struggle for Existence' Selection and Retention of a Metaphor". In: Maasen/Mendelsohn/Weingart 1995 a.a.O., S. 127-151.

„Dabei vergesse man nicht, daß die heutige positive Fähigkeit des Weibes nicht eine Folge der Erziehung dieses Jahrhunderts, sondern unzähliger Jahrtausende ist. Diese wunderbar positive Befähigung wäre bald verloren, schwer wiederzugewinnen."[301]

Der Autor mahnte hier die dunkle Seite der Evolution an, dass nämlich erworbene Eigenschaften sich auch zurückentwickelt können. In positiver Fortschrittsdoktrin bezog sich ein anderer Hochschullehrer auf das evolutionstheoretische Prinzip:

„Auch mutet es eigentümlich an, wenn man in unserer Zeit hochausgebildeter Arbeitsteilung, gerade hinsichtlich des Wirkungskreises der beiden Geschlechter, diesen Grundsatz beiseite schieben will (...)."[302]

Die bestehende (geschlechtsspezifische) Arbeitsteilung wurde als fortschrittliches und zu bewahrendes Ergebnis einer Jahrtausende langen Evolution, die sich überall in der Natur, in der Tier- und Pflanzenwelt manifestiert, gefasst.[303]

Die mit der Argumentationsfigur ‚Konkurrenz der Geschlechter' angerufene Geschlechterordnung der zwei getrennten Sphären von ‚Heim' und ‚Welt' und der strikten Rollenverteilung eines männlichen Ernährers und der Frau als Ehefrau, Hausfrau und Mutter ist durch die Kategorie ‚Klasse' markiert. Diese Verschränkung der Kategorien ‚Klasse' und ‚Geschlecht' ist den Gutachten im Kontext der Argumentationsfigur ‚Kampf ums Dasein' meist implizit und wurde von den Hochschullehrern nur selten, wie im folgenden Zitat, reflektiert:

„Ich anerkenne vollkommen die hohe Bedeutung der Frauenbewegung, sie umfaßt einen Teil unserer ‚sozialen Frage'. Ist es doch wohl begreiflich, daß bei dem Anwachsen der Bevölkerungsziffer, bei der schwierigen Gestaltung der Erwerbsverhältnisse, die Forderung auftauchen könnte: auch den Frauen der mittleren und höheren Stände die Möglichkeit zu gewähren, sich eine selbständige Stellung zu erringen, mit dem Manne um die Wette zu arbeiten, wie das ja bei den Frauen der unteren Stände längst der Fall ist."[304]

Der Autor wies hier auf eine Diskrepanz zwischen der von vielen angerufenen Geschlechternorm und den dazu im Widerspruch stehenden Lebensbedingungen, besonders der ‚unteren Stände' hin. Karin Hausen führte in ihrer viel zitierten Studie über den Zusammenhang der Entstehung der Vorstellung von polaren Geschlechtscharakteren und der sozioökonomischen Entwicklung im 18. und 19.

---

301 Prof. Dr. phil Hajim Steinthal (Philologie, Friedrich-Wilhelms-Universität Berlin) In Kirchhoff 1897 a.a.O., S. 216.

302 Prof. Dr. Wilhelm von Bezold (Direktor des meteorologischen Instituts in Berlin). In: Kirchhoff 1897 a.a.O., S. 259.

303 Siehe für die detaillierte Analyse Kapitel 4.3.3.

304 Prof. Dr. phil. Heinrich Spitta (Philosophie, Universität Tübingen). In: Kirchhoff 1897 a.a.O., S. 173.

Jahrhundert die Klassenspezifik dieser Geschlechterordnung aus und wies besonders auf Widersprüche zwischen diesen normativen Vorstellungen und unterschiedlichen gesellschaftlichen Existenzweisen hin. Die strikte Trennung zwischen öffentlich-beruflichem und privat-familiären Lebensbereich, die diesem Geschlechterverhältnis zu Grunde lag, reflektierte kaum die Lebensbedingungen von Bauern und Bäuerinnen und von Lohnarbeitern und Lohnarbeiterinnen:

„Mit Phänomenen der gesellschaftlichen Realität korrespondierte die Polarisierung der Geschlechter zunächst ganz offensichtlich einzig und allein dort, wo sie um die Wende zum 19. Jahrhundert entwickelt wurde, nämlich im gebildeten Bürgertum.“[305]

Diejenigen Hochschullehrer, welche die Figur ‚Konkurrenz der Geschlechter‘ aufgriffen, um sich davon zu distanzieren bzw. sie als unrechtmäßig zu widerlegen, sprachen von einem ‚Geschlechteregoismus‘ derjenigen Männer, die sich dieses Arguments bedienten, um Frauen von akademischer Bildung auszuschließen:

„Das so oft gehörte Argument: es seien schon in allen Gebieten die Angebote männlicher Bewerber zahlreich genug, es bestehe daher kein Bedürfnis auch nach weiblicher Konkurrenz und dergleichen, – dieses Argument erscheint mir lediglich als der Ausdruck eines brutalen Geschlechteregoismus, der nicht besser ist als irgend ein Klassenegoismus, der Vorrechte für sich in Anspruch nimmt.“[306]

Wie eingangs zu diesem Abschnitt beschrieben, hängt die hier analysierte Argumentationsfigur ‚Konkurrenz der Geschlechter‘ eng mit den oben dargestellten Argumentationsfiguren ‚Not unverheirateter höherer Töchter‘ und ‚Weibliche Erwerbsberufe‘ zusammen. Gemeinsam sind ihnen die Formulierung der ‚Frauenfrage‘ als ‚soziale Frage‘ mit besonderem Hinweis auf die hohe Anzahl unverheirateter bürgerlicher Frauen und der Kompromissvorschlag, bürgerliche Frauen für bestimmte Assistenzberufe auszubilden. Die Assistenzberufe brachen zwar mit dem bürgerlichen Ideal einer strikten Trennung der öffentlich-beruflichen und der privat-familiären Sphäre, jedoch wurde durch die Konstruktion weiblicher Assistenzberufe weiterhin eine hierarchisierte Trennung zwischen männlichen und weiblichen Tätigkeits- und Lebensbereichen aufrechterhalten.

---

305 Hausen 1977 a.a.O., S. 383.

306 Prof. Dr. med., jur. et phil. Wilhelm Wundt (Direktor des Instituts für Experimentalpsychologie der Universität Leipzig). In: Kirchhoff 1897 a.a.O., S. 179.

3.4.3 Bildung schadet dem Frauenkörper

> „Nach meiner Meinung sollte die Begründung weiblicher Gymnasien aus Gesundheitsrücksichten ein für allemal verboten werden“[307]

In beiden bisher beschriebenen auf naturwissenschaftliches Wissen rekurrierende Argumentationsfiguren wurde nicht auf physikalisch-chemisches Fachwissen Bezug genommen. Die folgende Argumentationsfigur ist die erste von zweien, in denen Diskursüberschneidungen mit physikalisch-chemischen Fachdiskursen, namentlich der Thermodynamik, rekonstruierbar sind. Für eine Untersuchung dieser Diskursüberschneidungen von Spezialdiskursen und übergreifenden Diskursen ist es wichtig, sich vor Augen zu führen, dass diese Bezüge nicht statisch zu denken sind. Insofern finden sich Wissenselemente der Thermodynamik nicht isoliert und unverändert im Diskurs über das Frauenstudium. Durch die Interaktion sowohl mit anderen disziplinären Fachdiskursen, als auch mit Interdiskursen und Diskurssträngen übergreifender Diskurse erfahren die thermodynamischen Wissenselemente Modifikationen. In diesem Sinne muss ein Versuch, wie ich ihn unternehme, im Frauenstudiumsdiskurs Wissenselemente aus fachwissenschaftlichen Diskursen der physikalischen Wissenschaften zu rekonstruieren, eher verstanden werden als eine Rekonstruktion eines netzartigen verlaufenden Prozesses denn als einer kausal angeordneten Relation.

Die Argumentationsfigur, in der sich thermodynamische Wissenselemente mit medizinischen und reformpädagogischen Wissenselemente verbanden, lässt sich als ‚Bildung schadet dem Frauenkörper‘ abkürzen. Sie war nicht entsprechend dominant wie die Argumentationsfiguren des ‚Naturberufes der Frau‘ und der ‚sozialen Not unverheirateter höherer Töchter‘, doch wurde in jedem sechsten Gutachten der Kirchhoff-Studie ein Zusammenhang zwischen höherer Mädchenbildung, Frauenstudium und Gefahren und Schäden für den Frauenkörper hergestellt.[308] Kirchhoff selbst setzte diese Argumentationsfigur in seiner Rangliste der am häufigsten vorgebrachten Einwände gegen das Frauenstudium an die dritte Stelle. Er wies das Argument nicht grundsätzlich zurück, sondern

---

307 Prof. Dr. phil. Dr. med. Strohmann (Chemie, Universität Leipzig). In: Kirchhoff 1897 a.a.O., S. 274

308 In 21 Gutachten der insgesamt 122 Gutachten der Kirchhoff-Studie wird dieser Zusammenhang postuliert und zitiert. Die überwiegende Mehrheit der Autoren sind Hochschullehrer aus medizinisch-naturwissenschaftlichen Disziplinen.

wandte ein, dass mit einer guten Pädagogik sicher Schäden vermieden werden könnten.[309]

Aus heutiger Perspektive ist es eine befremdliche Vorstellung, dass Bildung dem weiblichen Organismus schade. Wie soll diese gesundheitliche Schädigung geschehen und warum sind Frauen und nicht Männer und Frauen davon betroffen? Dieses Nicht-Verstehen aus heutiger Sicht verweist auf Diskontinuitäten der Vorstellungen zwischen dem Ende des 19. und dem Beginn des 21. Jahrhunderts. Foucault hat in seiner Historiographie auf die Bedeutung von Brüchen und Diskontinuitäten hingewiesen. An diesen Punkten beginne die Historiographie interessant zu werden und es gelte die Diskursdynamiken, die mit Diskontinuitäten im Zusammenhang stehen, zu beschreiben.[310] Diskursanalyse lässt sich in diesem Zusammenhang als Versuch bestimmen, die Dynamiken und das Bedeutungssystem zu rekonstruieren, die diesen Sinn, der in der Argumentationsfigur ‚Bildung schadet dem Frauenkörper' liegt, hervorbrachte. Auch wenn es aus heutiger Perspektive schwer fällt, diese absurd erscheinenden Vorstellungen ernst zu nehmen, bleibt es wichtig, auf der Ebene ihrer Wirkmächtigkeit und der Machtanalyse zwischen der Absurdität aus heutiger Perspektive zum einen und der Relevanz und ihrer Effekte im damaligen Kontext zum anderen zu unterscheiden. In der Sprache der Diskurstheorie lässt sich der Machteffekt dieser Argumentationsfigur als Körperpolitik bezeichnen.

Im Unterschied zur Argumentationsfigur ‚weibliche Anatomie' ging es in der Argumentationsfigur ‚Bildung schadet dem Frauenkörper' nicht darum, Frauen ihre Befähigung zum Studium abzusprechen. Frauen *können* studieren. Im Unterschied zur biologistisch-deterministischen Argumentationsweise geht es um die Folgen für die betreffenden Frauen. Die Argumentationsweise von der mangelnden Befähigung aufgrund der anatomischen Konstitution von Frauen wurde abgelöst durch ein Folgenabschätzungsargument. Frauen *sollen* wegen der negativen Folgen für ihre Gesundheit nicht studieren. Das Argument ist vermittelter konstruiert als das Argument, dass Frauen auf Grund der Anatomie ihrer Gehirne und der Behinderung durch Menstruation, Schwangerschaft und Gebären nicht studieren können. Es fand eine Verschiebung von einer biologisch-deterministischen hin zu einer Argumentation statt, die Frauen die Befähigung zum wissenschaftlichen Arbeiten nicht abspricht, aber vor negativen

---

309 Vgl. Kirchhoff 1897 a.a.O., S. XIf.

310 Mit dem Begriff der Diskontinuität verfolgte Foucault eine zweifache Intention. Der Begriff betrifft sowohl die Methodologie als auch sein Geschichtsverständnis und ist damit gleichzeitig Instrument und Gegenstand einer historischen Studie. Foucault1995 [1969].

gesundheitlichen Folgen warnt. Auch die Rolle der ,Natur' ist in dieser Argumentationsfigur eine andere. Im Kontext der Argumentationsfigur ,weibliche Anatomie' ist die ,Natur' eine Autorität, die für den Willen und die Handlungsoptionen des einzelnen Individuums keinen Spielraum lässt. Anders erscheint die Rolle der ,Natur' und der ,Naturgesetze' in dem vermittelteren Zusammenhang von Frauenbildung und Frauengesundheit. Der Frau ist die Option gegeben, gegen die ,Natur' zu handeln, jedoch mit der Konsequenz, dass ihr diese Grenzüberschreitung Schaden zufügt:

„Aber die Natur läßt sich ihrer nicht spotten, und auf die Dauer ist es weder der Königin Semiramis noch der Päpstin Jutta wohl bekommen, den Mann zu spielen."[311]

Die Frau könne sich über ihre Natur hinwegsetzen, die Natur werde diesen Gesetzesbruch jedoch ahnden, wie auch Max Planck in seinem Gutachten anmerkte:

„Im allgemeinen aber kann man nicht stark genug betonen, daß die Natur selbst der Frau ihren Beruf als Mutter und als Frau vorgeschrieben hat, und daß Naturgesetze unter keinen Umständen ohne schwere Schädigungen (...) ignoriert werden können."[312]

Diese Verschiebung in der Argumentationsstruktur erscheint mir bedeutsam. Eine ausführliche theoretische Reflexion dieses Wandels präsentiere ich im Abschnitt ,Von deterministischen zu dynamischen naturwissenschaftlichen Geschlechterkonstruktionen'.

Wie eingangs angemerkt, verbanden sich in der Argumentationsfigur ,Bildung schadet dem Frauenkörper' Wissenselemente aus fachwissenschaftlichen Diskursen der Medizin bzw. Psychiatrie, der Reformpädagogik und der Thermodynamik. In einigen der Gutachten wurden Argumente vorgetragen, die im Kontext der reformpädagogischen Bewegung um 1900 zu sehen sind.[313] Dabei wurde zumeist die Kluft zwischen dem in den Schulen vermittelten ,Buchwissen' und ,dem praktischen Leben' angesprochen. Es wurden autoritäre Lehrstile und eine Beschränkung der Schulbildung auf allein ,geistige Fähigkeiten' kritisiert, bei der körperliche und kreative Übungen wie freies Musizieren und freies Zeichnen vernachlässigt würden. In den Kirchhoff-Gutachten geschieht die Verbindung beider Diskurse meist in der Weise, dass angemahnt wurde, dass die

311 Prof. Dr. phil. Ulrich von Wilamowitz-Moellendorf (Philologie, Universität Göttingen). In: Kirchhoff 1897 a.a.O., S. 222.

312 In: Kirchhoff 1897 a.a.O., S. 257.

313 Zum reformpädagogischen Diskurs um 1900 siehe Scheibe, Wolfgang: Die reformpädagogische Bewegung, 1900 – 1932. 10. Aufl. Weinheim 1994 [1969].

schon für Jungen strapaziöse und einseitige Gymnasialausbildung für Mädchen noch viel schädlicher sei und deshalb dringend von der Einrichtung von Mädchengymnasien abzuraten sei. Diese Kritik und Einschätzung wurde auf die Ausbildung an Universitäten ausgeweitet:

„In Deutschland werden an die Knaben in dem höheren Unterricht so hohe Ansprüche gemacht, wie in keinem anderen Lande; und wie uns scheinen will, gehen sie schon sehr bedenklich an die äußerste Grenze der Leistungsfähigkeit der Kinder heran. Wo nicht in verständiger Weise im Hause ein Gegengewicht durch gute Nahrung, körperliche Bewegung etc. geboten war, ist die Gefahr der Verkümmerung des Körpers außerordentlich groß, wie wohl allgemein anerkannt wird. Ganz unbegreiflich ist es, daß man bei solchen Beobachtungen glaubt, dem weiblichen Geschlechte dieselbe Arbeit aufbürden zu dürfen und Mädchengymnasien eingerichtet hat und sie noch weiter zu verbreiten beabsichtigt. Wer Gelegenheit gehabt hat die Wirkung eines dreijährigen Kursus in den Lehrerinnenseminarien auf den Körper der Mädchen zu beobachten, der weiß, daß schon dort eine sehr erhebliche Zahl der Schülerinnen für ihr Leben in ihrer Gesundheit geschädigt wird, und der größte Teil körperlich erheblich reduziert daraus hervorgeht. Wie viele werden es dann sein, welche das Gymnasium mit gesundem Körper verlassen. Wenn es danach für uns ausgeschlossen ist, von den Mädchen Gymnasialbildung zu verlangen, so ist auch das Urteil über das Frauenstudium an unsren Universitäten gesprochen."[314]

Als ‚Dressur' charakterisierte der Physiologie-Professor Ihdor Rosenthal die Gymnasialbildung, die die „Gesundheit der Mädchen gefährden" würde.[315] Der Schriftsteller und Kammergerichtsrat Ernst Wichert merkte zur Gymnasialbildung von Mädchen an:

„Die Gesamtheit würde darunter an geistigem Wohl leiden und körperlicher Gesundheit schwer leiden und noch weniger Brauchbares ins Leben mitnehmen, als jetzt schon ein großer Teil der männlichen Jugend."[316]

Im reformpädagogischen Diskurs um 1900 wurden pädagogisch-philosophische Theorien und Schulmodelle entwickelt, welche die ‚freie natürliche Entwicklung' des Kindes in das Zentrum ihrer Entwürfe stellte. Dieser kulturkritische Bezug auf die ‚Natur' hatte in der Überschneidung mit dem Diskurs über das Frauenstudium den Effekt, dass im Kontext reformpädagogischer Argumentationen eine Reproduktion der Identifikation von ‚der Frau' mit ‚der Natur' und

314 Prof. Dr. phil. Johannes Conrad (Nationalökonomie, Universität Halle a. S.). In: Kirchhoff 1897 a.a.O., S. 197f.

315 In: Kirchhoff 1897 a.a.O., S. 55.

316 In: Kirchhoff 1897 a.a.O., S. 335.

mit ihrer ‚natürlichen Berufung zur Hausfrau, Ehefrau und Mutter' auftrat.[317] So führte eine Argumentation, die sich auf die Kulturkritik der Reformpädagogik berief, im Kontext der Kirchhoff-Studie zur Ablehnung der Öffnung der Universität für Frauen.

In den obigen Zitaten schon war von prognostizierten und auch diagnostizierten körperlichen Schäden als Folge von Bildung zu gelesen. Welche Krankheiten und Krankheitsbilder wurden dabei mit dem Frauenstudium in Zusammenhang gebracht? Diese Frage führt zu Überschneidungen des Frauenstudiumsdiskurses mit medizinischen und psychiatrischen Fachdiskursen.

Der Heidelberger Gynäkologie-Professor Adolf Kehrer gab eine detaillierte Auflistung der in vielen Gutachten immer wieder angesprochenen ‚gesundheitlichen Schäden':

> „Es läßt sich durchaus nicht bestreiten, daß es eine Anzahl Mädchen und Frauen gibt, welche die geistige Befähigung zum Studium wissenschaftlicher Fächer besitzen. Aber ebenso muß man zugeben, daß nur wenige thatsächlich im Stande sind, ohne schwere körperliche Schädigung von Jugend an bis zum Anfang des dritten Decenniums geistige Arbeit zu leisten und streng wissenschaftlichem Studium obzuliegen. (...) Die meisten jungen studierenden Damen, selbst wenn sie von echter wissenschaftlicher Begeisterung erfüllt sind, fallen früher oder später physisch ab oder sehen ein, daß die Ehe denn doch der schönste Beruf des Weibes ist. Führen sie aber ihre Studien hartnäckig zu Ende – was ist der Lohn für die meisten? Nervosität bis zur höchsten Erregung oder Erschöpfung, Hysterie, Blutmangel, öfters Zehrung, Herz- und andere hier nicht zu definierende Leiden. (...) Und die weiteren Folgen der sich häufenden Schädlichkeiten sind dann körperliche und geistige Erschlaffung, ungenügende Pflichterfüllung, chronische Krankheiten aller Art, vorzeitige Decrepität und Invalidität"[318]

Die Prognose dieses Mediziners für die Gesundheit von Akademikerinnen ist drastisch. Dieses Zitat stellt sich als ein Beispiel für Körperpolitik im Kontext des Frauenstudiumsdiskurses dar. Der ‚weibliche Körper' erscheint hier als diskursives Feld, in dem die politischen Auseinandersetzungen um Frauenbildung

---

317 Für eine allgemeine Kritik historischer reformpädagogischer Ansätze vgl. Bast, Roland: Kulturkritik und Erziehung: Anspruch und Grenzen der Reformpädagogik. Dortmund 1996. Für eine feministische Untersuchung der Überschneidung von Frauenbewegung und Reformpädagogik vgl. Schwitalski, Ellen: Lehrerinnen an Reformschulen – Die Odenwaldschule 1910-1934. Dissertation Universität Bielefeld 2002. Christine Mayer hat das Mädchenerziehungskonzept des Reformpädagogen Georg Kerschensteiner mit dem Ergebnis analysiert, dass darin die Familie (als natürlicher Beruf) in der Mädchenbildung die äquivalent zentrale Rolle spielte wie der Beruf als Zielsetzung in der Jungenerziehung. Vgl. Mayer Christine: „‚...und daß die staatsbürgerliche Erziehung des Mädchens mit der Erziehung zum Weibe zusammenfällt'. Kerschensteiners Konzept einer Mädchenerziehung". In: Zeitschrift für Pädagogik 38. Jg. Nr. 5 (1992), S. 771-791.

318 In: Kirchhoff 1897 a.a.O., S. 112f.

ausgetragen wurden. Der Szientismus, das Zitieren wissenschaftlicher Autorität, die der hier angeführte Autor in seiner Funktion als Gynäkologieprofessor verkörperte, spielt für eine Machtanalyse dieses Diskurses eine zentrale Rolle. Er spricht von einem Ort institutionalisierter Autorität, der Wissenschaft, über weibliche Körper. Im Frauenstudiumsdiskurs meldeten sich Mediziner und besonders Gynäkologen als ‚Sachverständige' zu Wort und beriefen sich auf ihre Kompetenz in ‚Frauenfragen'.[319] Sein Votum gegen das Frauenstudium transportierte Kehrer wirkmächtig, indem er weibliche Intellektualität mit Krankheit verband. Diese Machtworte eines Gynäkologen waren sicher nicht ohne Wirkung in Entscheidungsprozessen zur Ausbildungs- und Berufswahl von Eltern und ihren Töchtern. Die Prognose einer ernsthaften Erkrankung für Studentinnen aus dem Munde eines Arztes ist ein wirkmächtiges Sprachmittel. Es lässt sich, wie schon in den Argumentationsfiguren ‚Naturberuf der Frau' und ‚männliche Wissenschaft', eine Normalisierungsstrategie ausmachen. In der ersteren war die erwerbstätige (bürgerliche) Frau als minderwertig gegenüber der verheirateten Frau, die ihrem ‚Naturberuf' als Ehefrau, Hausfrau und Mutter nachgeht, konstruiert worden. ‚Weibliche Erwerbsberufe' für unverheiratete, höhere Töchter wurden als geschlechterpolitische Lösung in der Situation des sozioökonomischen Wandels konstruiert, jedoch blieb der ‚Naturberuf' als Ehefrau, Hausfrau und Mutter der gesellschaftlich höherwertige weibliche Lebensentwurf. In der Argumentationsfigur ‚männliche Wissenschaft' waren Wissenschaftlerinnen als Neutren, unweiblich und in der Variante der Anatomin als monströs dargestellt worden und so die normale Wissenschaft als männliche konstruiert worden. Spezifisch für die Normalisierung in der Argumentationsfigur ‚Bildung schadet dem Frauenkörper' ist, dass mit den dichotomen Konzepten von ‚Krankheit' und ‚Gesundheit' operiert wurde.[320] Das A-normale, die studierende Frau, ist das Kranke. Die Pathologisierung des als anormal definierten Weiblichen ist eine von mehreren Normalisierungsweisen im Frauenstudiumsdiskurs. Die unsichtbare Norm ist die Verknüpfung von

319 In der Kirchhoff-Studie beispielsweise der Gynäkologe Max Runge: „Meine Ansicht, daß das Weib nicht geeignet ist zum akademischen Beruf, namentlich nicht zum Arzt, basiert auf einer genauen Kenntnis der weiblichen Geschlechtseigenart, die ich mir als Frauenarzt erworben habe." (Herv. i. O.) Kirchhoff 1897 a.a.O., S. 122. Runge veröffentlichte zur ‚Frauenfrage'. Vgl. Runge, Max: Das Weib in seiner geschlechtlichen Eigenart. 3. Aufl. Berlin 1898 [1896]. Dort argumentiert er, dass die Frau allein für ihren ‚Naturberuf' geeignet und durch ‚ewige Gesetze' an diesen gebunden sei.

320 Vgl. Canguilhem 1974 [1966] a.a.O.

Männlichkeit und Wissenschaft. Sie erhält durch die Bezeichnung studierender Frauen als anormal ihre Definition.

Für kulturkritische Diskurse um 1900 ist das Krankheitsbild der ‚Nervosität' bzw. der ‚Neurasthenie' typisch.[321] ‚Neurasthenie' ist der Fachbegriff aus dem Spezialdiskurs der Psychiatrie. ‚Nervosität' ist der alltagssprachliche Begriff und hatte einen weniger klinischen Klang. ‚Nervosität' wurde im Gegensatz zu ‚Neurasthenie' nicht zwangsläufig als therapiebedürftig eingeschätzt, sondern galt als verbreitete ‚Zivilisationskrankheit'. Der medizinische Fachbegriff wurde von dem amerikanischen Nervenarzt George Miller Beard (1839-1883) mit der Veröffentlichung seines Buches „Neurasthenia" aus dem Jahr 1879 eingeführt.[322] Beards Neurastheniebegriff und die Konstruktion der modernen Krankheit ‚Neurasthenie' wurden in Deutschland aufgenommen und weiterentwickelt. Eine Welle von Veröffentlichungen mit den Titelstichwörtern ‚Nervosität' und ‚Neurasthenie' lässt sich in Deutschland beobachten, die erst mit Beginn des ersten Weltkrieges abriss. Hier sei nur hingewiesen auf Möbius und sein Werk „Die Nervosität" aus dem Jahr 1882, mit dem er den deutschen Neurasthenie/Nervositäts-Diskurs früh und nachhaltig anschob, und auf Krafft-Ebings „Nervosität und neurasthenische Zustände" aus dem Jahr 1895. Beide Autoren wurden als antifeministische Autoritäten in den Kirchhoff-Gutachten zitiert.

Die Frage nach dem genauen Krankheitsbild der Neurasthenie ist nicht präzise zu beantworten. Sowohl die Krankheitsursachen als auch die Symptome sind in ihrer Darstellung so vielfältig wie unspezifisch. Gerade diese Offenheit der Konstruktion und ihre breite Abschlussfähigkeit kann als Charakteristikum des Konzepts gesehen werden. Allgemein wurde die Nervosität bzw. Neurasthenie als moderne Zivilisationskrankheit mit den Folgen großstädtischer Reizüberflutung und den steigenden Anforderungen im Kontext der Entwicklung von industrieller Arbeit und Technik in Zusammenhang gebracht. Als Symptome wurden allgemein Leistungsabfall und ein Mangel an ‚Energie' beschrieben. In diesem allgemeinen Sinn führt auch der Theologie-Professor August Dorner ‚Nervosität' in seine Argumentation zum Frauenstudium ein:

---

321 Vgl. Roelcke, Volker: Krankheit und Kulturkritik. Psychiatrische Gesellschaftsdeutungen im bürgerlichen Zeitalter (1790-1914). Frankfurt a. M. 1999 und Radkau, Joachim: „Die wilhelminische Ära als nervöses Zeitalter, oder: Die Nerven als Netz zwischen Tempo- und Körpergeschichte". In: Geschichte und Gesellschaft Jg. 20 (1994), S. 211-241.

322 Beard, George Miller: Neurasthenia (nerve exhaustion): with remarks on treatment. St. Louis 1879. 1881 von M. Neisser ins Deutsche übersetzt und unter dem Titel „Die Nervenschwäche (Neurasthenia), ihre Symptome, Natur, Folgezustände und Behandlung" erschienen.

„Was aber das akademische Studium der Frauen angeht, so ist es fraglich, ob es im Durchschnitt der weiblichen Kraft entspricht, die Gymnasialvorbereitungen und die Anstrengungen des akademischen Studiums ohne dauernde Schädigung der Gesundheit durchzuführen. Die zunehmende Nervosität unserer Zeit wird gewiß durch dasselbe nicht abnehmen."[323]

Über die Geschlechtsspezifik dieser Krankheit besteht sowohl in der Primär- als auch in der Sekundärliteratur Uneinigkeit.[324] Die These, dass die Neurasthenie das männliche Pendant zur Hysterie sei, lässt sich empirisch durch die Krankenakten der sogenannten Nervenkliniken nicht stützen. Es scheint, dass in den 1880er Jahren mehr Männer als Frauen mit Neurasthenie diagnostiziert wurden, sich das Zahlenverhältnis aber ab den 1890er Jahren ausglich. Für die Hysteriediagnose galt um 1900 ebenso eine Flexibilisierung der Geschlechtergrenze. Seit 1890 wurden nach Radkau immer mehr Männer als Hysteriker diagnostiziert. Diese Entwicklung setzte sich während des ersten Weltkrieges mit der Diagnose von Hysterie unter Soldaten weiter fort.[325]

Eine geschlechtsspezifische Bedeutung und Wirkung hatte das Krankheitskonzept jedoch im Frauenstudiumsdiskurs. Das Krankheitskonzept lässt sich im Kontext antifeministischer Körperpolitik verorten, wenn Frauen mit der Legitimation durch den medizinischen Fachdiskurs der Zugang zu höherer Schulbindung und zu den Universitäten verwehrt werden sollte. Der Nervenarzt und Psychiatrie-Professor an der Friedrich-Wilhelms-Universität Berlin, Emmanuel Mendel, prophezeite in seinem Gutachten gegen das Frauenstudium ‚die nervöse Frau':

„Gerade dieser Fleiß aber, welcher die Veranlagung zum Teil ersetzen soll, wird es dann wieder sein, welcher den zu Nervenkrankheiten besonders disponierten Frauen schädlich wird.

---

323 Prof. Dr. theol. Dr. phil. August Dorner (Theologie, Universität Königsberg). In: Kirchhoff 1897 a.a.O., S. 4.

324 Nach Radkau vertrat Beard die Auffassung, dass mehr Frauen an Neurasthenie leiden würden als Männer. Vgl. Radkau, Joachim: „Die Männer als schwaches Geschlecht. Die wilhelminische Nervosität, die Politisierung der Therapie und der mißglückte Geschlechterrollentausch". In: Thomas Kornbichler und Wolfgang Maaz (Hrsg.): Variationen der Liebe. Historische Psychologie der Geschlechterbeziehung. Tübingen 1995, S. 249-293, hier S. 268. Shorter bezeichnete die Neurasthenie als typisch männliche Krankheit. Vgl. Shorter, Edward: Moderne Leiden. Zur Geschichte der psychosomatischen Krankheiten. Hamburg 1994, S. 376ff. Ebrecht stellte Neurasthenie in ihrer These, dass Weiblichkeit um 1900 als kulturelle Pathologie konstruiert wurde, als Krankheit dar, die vorwiegend Frauen zugeschrieben wurde. Vgl. Ebrecht, Angelika: „Weiblichkeit als kulturelle Pathologie. Kulturkritik, Pathologie und Geschlecht in Theorie der Jahrhundertwende". In: Feministische Studien. Nr. 2 (1996), S. 110-121.

325 Vgl. Radkau 1995 a.a.O., S. 266ff.

Dieser, wie die Aufregungen, welche die Examina hervorrufen, und welchen das weibliche Geschlecht viel weniger gewachsen ist als das männliche, wird beim Ende des Studiums ‚die nervöse Frau‘ hervorgebracht haben. (...) Ich endlich als Nervenarzt glaube, daß die Zulassung der Frauen zum Studium für diese selbst ein Danaergeschenk sein würde (...).“[326]

Als eine Gruppe, die schon jetzt besonders unter Nervosität und Neurasthenie leide, wurden immer wieder Lehrerinnen benannt. Sie wurden von den Hochschullehrern als lebendiger Beweis dafür angeführt, dass die höhere Schulbildung und das Studium Frauen gesundheitlich schade:

„Die üblen Wirkungen einer solchen sitzenden und wesentlich mit geistiger Arbeit ausgefüllten Lebensweise hat der Frauenarzt oft genug Gelegenheit, bei den zu Lehrerinnen und Erzieherinnen ausgebildeten jungen Mädchen zu sehen.“[327] (S. 91 f.)

In der oben bereits erwähnten Sitzung des preußischen Landtags zum Frauenstudium im März 1903 wurde ebenfalls auf einen Zusammenhang zwischen Neurasthenie und der Lehrerinnenausbildung Bezug genommen und die Studie eines Prof. Zimmer zu „Geisteskrankheiten unter den Lehrerinnen“ zitiert.[328]

Der übergreifende Nervositätsdiskurs um 1900 war mit dem Frauenstudiumsdiskurs gekoppelt. Jedoch beschränkte er sich nicht ausschließlich auf die ‚Frage des Frauenstudiums‘. Im Frauenstudiumsdiskurs wurden Studentinnen und Lehrerinnen als ‚nervös‘ bzw. ‚neurasthenisch‘ stigmatisiert. Im umfassenderen Nervositäts- und Neurastheniediskurs war diese Krankheit jedoch nicht ausschließlich ‚weiblich‘ und wurde auch mit nicht-akademischen Berufen in Zusammenhang gesetzt.

In der Argumentationsfigur von den schädigenden Folgen geistiger Arbeit für den weiblichen Organismus lassen sich an der Weise, wie über den weiblichen Körper gesprochen wurde, Diskursüberschneidungen mit dem thermodynamischen Fachdiskurs erkennen. Thermodynamik lässt sich allgemein als Lehre von Energieumwandlungen in einem definierten System übersetzen.[329]

---

326 In: Kirchhoff 1897 a.a.O., S. 133.

327 Prof. Dr. med. M. Hofmeier (Kinderkrankheiten, Universität Würzburg). In: Kirchhoff 1897 a.a.O., S. 10.

328 Vgl. „Auszug aus den stenographischen Verhandlungen des Hauses der Abgeordneten“, 45. Sitzung am 16. März 1903. In: Geheimes Staatsarchiv Preußischer Kulturbesitz Rep. 76 V a Sektion 1, Generalia VIII, Bd. X, S. 3093. In den Akten findet sich jedoch kein vollständiger Literaturhinweis zu dieser Studie.

329 Aus wissenschaftshistorischer Perspektive ist die Thermodynamik des 19. Jahrhunderts eine höchst spannendes Feld, weil sehr viele Konzepte, die in der Thermodynamik eine Rolle spielen, im Wandel waren. Dazu gehört der Wandel der Vorstellung von Wärme als Wärmestoff hin zu einer kinetischen Theorie und der Vorstellung von Wärme als einer Form von Energie. Weitere

Vorstellungen, die den menschlichen Körper in Analogie zu energieumwandelnden Maschinen auffassten, verweisen auf thermodynamische Diskurselemente. Thermodynamische Praxen, wie Energiebilanzen und Wirkungsgraden zu bestimmen, wurden auf den menschlichen Organismus angewendet. Der Professor für Innere Medizin an der Universität Breslau, Ottomar Rosenbach, zitierte eine solche Vorstellung in seinem Gutachten zum Frauenstudium:

„(...) daß die Frau wegen der besonderen Ausbildung der sexualen Organe und Funktionen, gewissermaßen zum Ausgleiche, mit einer Schwäche der geistigen Organisation behaftet sein müsse (...).“[330]

Die Vorstellung, dass Bildung dem Frauenkörper schade, ist Teil einer Diskursdynamik, in der thermodynamisches Wissen eine große Rolle spielte. Das vielfach zitierte antifeministische Standardwerk ‚Über den physiologischen Schwachsinn des Weibes‘ verweist schon in seinem Titel auf diesen Zusammenhang. Der ‚Schwachsinn‘, oder weniger diffamierend ausgedrückt, die geistige Minderbefähigung ‚des Weibes‘ ist physiologisch und nicht wie zuvor anatomisch begründet:

„Nach alledem ist der weibliche Schwachsinn nicht nur vorhanden, sondern auch nothwendig, er ist nicht nur ein physiologisches Faktum, sondern auch ein physiologisches Postulat.“[331]

Das „physiologische Postulat“ ist „der Gegensatz zwischen Gehirntätigkeit und Fortpflanzung“ wie Möbius wenig später ausführt.[332] Gehirn und Fortpflanzungsorgane waren als politisierte Körperzonen nichts Neues, jedoch dass die Geschlechterhierarchie mittels eines physiologischen Modells konstruiert wird, war neu:

„Die modernen Närrinnen sind schlechte Gebärerinnen und schlechte Mütter. In dem Grade, in dem die ‚Civilisation‘ wächst, sinkt die Fruchtbarkeit, je besser die Schulen werden, um so schlechter werden die Wochenbetten, um so geringer wird die Milchabsonderung, kurz, um so untauglicher werden die Weiber. (...) Offenbar ist das Urphänomen der Gegensatz zwischen

---

wissenschaftshistorische Dynamiken betrafen die Frage von mikro- oder makroskopischer Betrachtungsweise und von Reversibilität oder Irreversibilität von Prozessen. Für eine spannende Geschichte der Thermodynamik, die diese Dynamiken im Kontext kultureller Diskurse betrachtet, siehe Brush, Stephen, G.: The Temperature of History. Phases of Science and Culture in the Nineteenth Century. New York 1978.

330 In: Kirchhoff 1897 a.a.O., S. 82. Rosenbach zitiert diesen Zusammenhang, um sich persönlich davon zu distanzieren und dieses Argument als frauenfeindlich zu disqualifizieren.

331 Möbius 1907 a.a.O., S. 25.

332 Ebd.

Gehirnthätigkeit und Fortpflanzung. Beide Funktionen sind eng verknüpft, aber je mehr die eine das Übergewicht erhält, umso mehr leidet die andere."[333]

Mit einem energetisch-physiologischen Modell wird eine innerkörperliche Konkurrenz im Frauenkörper zwischen den physiologischen Funktionen des Denkens und der Fortpflanzung konstruiert. Die eine Funktion kann in dieser Vorstellung nur auf Kosten der anderen ausgeführt werden. Diese Null-Summen-Mathematik rekurriert auf die Vorstellung des menschlichen Körpers als thermodynamisches Systems, in dem die Gesamtenergie als konstant definiert ist. Die physiologische Ressource, um die es in diesem innerkörperlichen Konkurrenzverhältnis geht ist physikalisch-chemisch bestimmt: Energie. Die detaillierte Rekonstruktion dieser Diskursüberschneidungen ist Gegenstand des vierten Kapitels.

3.4.4 Frauenbildung schadet künftigen Generationen

„Es handelt sich hier um die Gesundheit des Volkes, die durch die Verkehrtheit der ‚modernen Frauen' gefährdet wird."[334]

Der Mahnung ‚Bildung schadet dem Frauenkörper' folgte in den Kirchhoff-Gutachten oft das Argument, dass Frauenbildung fatale Folgen für die nachfolgenden Generationen haben werde. Max Planck deutete nur an, was andere ausführlicher begründen:

„Im allgemeinen kann man aber nicht stark genug betonen, daß die Natur selbst der Frau ihren Beruf als Mutter und als Hausfrau vorgeschrieben hat, und daß Naturgesetze unter keinen Umständen ohne schwere Schädigungen, welche sich im vorliegenden Fall besonders an dem nachwachsenden Geschlecht zeigen würden, ignoriert werden können."[335]

Der Direktor der medizinischen Klinik in Heidelberg und anerkannter Spezialist für Nervenkrankheiten, Wilhelm Erb, führte aus, mit welchen Schäden Kinder gebildeter Frauen zu rechnen hätten:

„Auch die aus diesen Nachteilen resultierenden Gefahren für die künftigen Generationen, für die Kinder der ‚studierten' Mütter dürfen meines Erachtens nicht gering geachtet werden; ich denke dabei in erster Linie an die heriditäre Übertragung der unter den studierenden Mädchen

333 Möbius 1907 a.a.O., S. 25 und S. 27.

334 Möbius 1907 a.a.O., S. 26.

335 Prof. Dr. phil. Max Planck (Physik, Direktor des Instituts für theoretische Physik der Universität Berlin). In: Kirchhoff 1897 a.a.O., S. 257.

ohne Zweifel erheblich zunehmenden Kurzsichtigkeit und der nervösen Disposition. Noch mancherlei ließe sich anführen; ich glaube aber das Gesagte reicht hin, um uns in der Aufnahme akademischer Studien und in der Ausübung verschiedener wissenschaftlicher Berufsarten eine ernste Gefahr für die Gesundheit der heranwachsenden weiblichen Jugend und damit auch der künftigen Generationen erblicken zu lassen und ich halte es deshalb schon aus gesundheitlichen Rücksichten für geboten, daß das akademische Frauenstudium in keiner Weise begünstigt werde."[336]

Der körperliche Schaden durch wissenschaftliches Arbeiten übertrage sich auf die Kinder der akademisch ausgebildeten Frauen. Vorstellungen über die Vererbbarkeit dieser ‚akademischen Krankheiten' Nervosität und Kurzsichtigkeit verweisen auf die Lamarcksche Evolutionstheorie und den Mechanismus der ‚Vererbung erworbener Eigenschaften' In der Evolutionstheorie positiv als Motor des Fortschritts konnotiert, wurde dieser Mechanismus im Frauenstudiumsdiskurs als ‚dunkle Seite der Evolution' thematisiert. Evolution ist hier kein per se fortschrittlicher Prozess, sondern birgt die Gefahr der Regression. Eben diese Gefahr wurde mit dem Frauenstudium assoziiert.

Generativität ist in dieser Argumentationsfigur um die schädlichen Folgen der Frauenbildung für zukünftige Generationen der Nexus über den Frauen als Verbindung zwischen individueller Gesundheit und der Gesundheit der zukünftigen Bevölkerung dargestellt wurden:

„Man würde, wenn man viele junge Mädchen auf diese Bahn lockte, einen ansehnlichen Teil derjenigen, auf deren frischer Kraft und gesunden Sinnen die Hoffnung für das Gedeihen künftiger Generationen beruht, dem Siechtume und der Verkümmerung entgegen führen."[337]

Diese Verknüpfung von individuellem Frauenkörper und kollektivem Gesellschaftskörper birgt aus geschlechterpolitischer Perspektive eine Rückbindung der ‚Frau' in die private Sphäre der gesellschaftlich-biologischen Reproduktion. Frauen wurden in dieser Verknüpfung mit Reproduktion identifiziert. Ein Ausbruch aus dieser Bestimmung zur biologisch-gesellschaftlichen Reproduktion wurde als Bedrohung für die Gesellschaft thematisiert.

Aus diesem Zusammenhang heraus waren Frauen direktangesprochen, wenn Sorge um die (Erb-)Gesundheit der nachfolgenden Generationen artikuliert wurde. Im folgenden Zitat wird deutlich, dass auch Männer gemeint waren. Als

---

336 Prof. Dr. med. Wilhelm Erb (Psychiatrie, Direktor der medizinischen Klinik Heidelberg). In: Kirchhoff 1897 a.a.O., S. 128. Erb zitiert sich in dem Kirchhoff-Gutachten zwar nicht selbst als Autorität im Nervositätsdiskurs, sein Buch: Erb, Wilhelm: Über die wachsende Nervosität unserer Zeit. Heidelberg 1893 gab ihm jedoch diese Fachautorität.

337 Dr. phil. Adolf Lasson (Philosophie, Dozent an der Friedrich-Wilhelms-Universität Berlin). In Kirchhoff 1897 a.a.O., S. 164.

Verursacherinnen und folglich auch als potenzielle Retterinnen wurden jedoch vorwiegend Frauen als Mütter angesprochen. Über den Nexus der Generativität wurden Degenerationsängste mit dem Thema Frauenstudium verknüpft:

„Unsere gebildeten Stände sind ohnehin schon von einem gewissen Marasmus[338] durchzogen; was soll das für ein Geschlecht der Zukunft werden, wenn erst auch die Mütter von der Blässe des Gedankens angekränkelt, ihre naturwüchsige Frische und Kraft ebenso eingebüßt haben werden, wie dies bei einem großen Teil der Väter bereits der Fall ist. Eine direkte Degeneration wäre die unausbleibliche Folge."[339]

Die Degenerationserscheinungen, die im Frauenstudiumsdiskurs thematisiert wurden, sind neben den oben und im Abschnitt ‚Bildung schadet dem Frauenkörper' beschriebenen Symptomen und Krankheitsbildern außerdem der um 1900 bezeugte ‚Geburtenrückgang'.[340] Dieser Diskurs um diese bevölkerungspolitische Krise war eng verknüpft mit dem Frauenstudiumsdiskurs. Degenerationstheorien – ‚Entartung' ist der ebenfalls gebräuchliche deutsche Begriff – waren um 1900 virulent und Teil eines umfassenden kulturpessimistischen Diskurses.[341]

Auch Möbius stellte diese Verknüpfung zwischen dem Frauenstudium und der dadurch gefährdeten ‚Gesundheit des Volkes' her:

„Viel wichtiger scheint mir das zu sein, dass die Aerzte sich eine klare Vorstellung von dem weiblichen Gehirn- und Geisteszustande verschaffen, dass sie die Bedeutung und den Werth des weiblichen Schwachsinns begreifen, und dass sie alles thun, was in ihren Kräften steht, um im Interesse des menschlichen Geschlechtes die widernatürlichen Bestrebungen der ‚Feministinnen' zu bekämpfen. Es handelt sich hier um die Gesundheit des Volkes, die durch die Verkehrtheit der ‚modernen Frauen' gefährdet wird." (Herv. i. O.)[342]

In dieser Argumentationsfigur wurde ähnlich wie in der Argumentationsfigur vom ‚Naturberuf der Frau' prominent die Identifikation von Frau und Natur

338 ‚Marasmus' beschreibt eine allgemeine körperliche Entkräftung.

339 Prof. Dr. Friedrich Albrecht Weber (Sanskrit, Friedrich-Wilhelms-Universität Berlin). In: Kirchhoff 1897 a.a.O., S. 218.

340 In der Primärliteratur zum Geburtenrückgang um 1900 wird dieser meist als klassenspezifisches Problem diskutiert, das besonders die ‚höheren Stände' betreffe. Vgl. Hartmann, Eduard von: Moderne Probleme. Leipzig 1886, hier S. 50ff. und Mombert, Paul: Studien zur Bevölkerungsbewegung in Deutschland. Karlsruhe 1907.

341 Für eine umfassende Beleuchtung der Degenerationsdiskurse um 1900 in so verschiedenen Fachdiskursen wie Geschichte, Anthropologie, Soziologie, Sexualwissenschaft, Biologie, Medizin, Technikwissenschaften, Politische Theorie, Literatur, Kunst, Theaterwissenschaft vgl. die Aufsatzsammlung von Chamberlin, J. Edwards und Gilman, Sander L.: Degeneration. New York 1985.

342 Möbius 1907 a.a.O., S. 26.

zitiert. Die Natur schreibe der Frau ihren Beruf als Ehefrau und Mutter vor. In der Argumentationsfigur von den schädlichen Folgen der Frauenbildung wurden die negativen Folgen imaginiert. Das Szenario, das sich aus den Kirchhoff-Gutachten herauslesen lässt, malte aus, dass die studierte Frau aus ihrer Einheit mit der ‚Natur' auszubrechen versuche und die ‚Natur' diesen Ausbruch räche. Als fatal wurde beschrieben, dass die Rache der Natur nicht allein die individuelle Frau treffe, sondern die Gesellschaft als ganze. Folglich hätten auch die Männer unter der Emanzipation der Frau zu leiden:

„Die Natur ist eine strenge Frau und bedroht die Verletzung ihrer Vorschriften mit harten Strafen. Sie hat gewollt, dass das Weib Mutter sei und hat ihre Kräfte auf diesen Zweck gerichtet. Versagt das Weib den Dienst der Gattung, will es sich als Individuum ‚ausleben', so wird es mit Siechtum geschlagen. Leider werden zugleich der Mann und die Nachkommenschaft gestraft."[343]

Auch wenn Niedergangsszenarios und die Assoziation von Frauenstudium mit negativen Folgen für die Gesellschaft dominierten, kann das folgende Zitat des Chemie-Nobelpreisträgers Wilhelm Ostwald (1853-1932) aufzeigen, wie die Verknüpfung zwischen Frauenstudium und Generativität ohne Schaden für die Gesellschaft konstruiert werden konnte:

„Es liegt in der Natur der Sache, daß die hier besonders hervortretenden Persönlichkeiten mit ausgeprägt antifamilialen Instinkten zum Aussterben verurteilt sind, weil sich eben ihre Instinkte nicht vererben können. Somit muß bereits das Erhaltungsinteresse der Rasse diejenigen bevorzugen, welche ihren Anteil an der Erhaltung gern und mit Freuden übernehmen."[344]

Ostwald war in Bezug auf eventuell negative Auswirkungen der Frauenbildungsbewegung optimistisch. Weil Feminismus ein vererbbares Merkmal und mit der Entscheidung gleichzusetzen sei, Ehe und Familie abzulehnen, folgte für ihn, dass Frauenrechtlerinnen und mit ihnen die Frauenbewegung aussterben werde. Auch hier treten Evolutionstheorien im Zusammenhang mit dem Frauenstudiumsdiskurs auf. Anders als im obigen Zitat von Wilhelm Erb, der auf die Vererbung der durch Frauenbildung geschwächten Gesundheit auf die nachfolgenden Generationen hinwies, konstruierte Ostwald einen Fall ‚negativer sexueller Zuchtwahl'. Weil Frauenrechtlerinnen sich nicht als Fort-

343 Ebd.

344 Dieses Ostwald-Zitat zum Frauenstudium stammt nicht aus seinem Kirchhoff-Gutachten, sondern aus einem Zeitungsartikel, der im Kontext der Verleihung des Nobelpreises für Chemie an ihn stand. Ostwald, Wilhelm: „Die Frauen und die Wissenschaft". In: Berliner Neueste Nachrichten, Unterhaltungsbeilage. Jg. 29, Nr. 674, 21. Dezember 1909a, S. 23.

pflanzungspartnerinnen zur Verfügung stellen würden, führe das – für Ostwald in fortschrittlicher Konsequenz – zum Aussterben des vererbbaren Merkmals frauenemanzipatorischer Überzeugung.

In der Argumentationsfigur ‚Frauenbildung schadet künftigen Generationen' verweist der Begriff der Kraft und die Vorstellung, dass akademische Bildung die ‚Kraft' der Frauen, die sie für die biologische Reproduktion benötigen, schwäche, auf ein energetisches Körpermodell. Die Rolle von thermodynamischen Wissenselementen in diesem energetischen Modell wird im folgenden vierten Kapitel zu rekonstruieren und auf die Konstruktion einer Geschlechtsspezifik hin zu untersuchen sein.

3.5 Fazit

Für die aufeinander bezogenen Konstruktionsprozesse von ‚Männlichkeit', ‚Weiblichkeit', ‚Bildung' und ‚Wissenschaft' im Diskurs über das Frauenstudium lässt sich festhalten, dass eine Vielfalt diskursiver Strategien beschrieben werden konnten. Grenzziehungen waren als diskursive ‚Prozeduren der Ausschließung' ein Moment der Konstitution von Wissenschaft als männlich. Dabei wurde die Männlichkeit der Wissenschaft nicht unmittelbar definiert, sondern vermittelt über den Gegensatz von Wissenschaft und Weiblichkeit konstruiert. Für die Bestimmung von Anderen als produktives Element der Konstitution von Wissenschaft war neben der Kategorie Geschlecht die Kategorie Nation zentral. Wissenschaft konstituierte sich über die Abgrenzung von Frauen, anderen Nationen (und in Überschneidung beider Kategorien über die Abgrenzung von nicht-deutschen Studentinnen) als männlich und deutsch. Die diskursive Strategie der Grenzziehung wurde besonders in den Argumentationsfiguren ‚männliche Wissenschaft' und ‚deutsche Wissenschaft' deutlich. Prozesse des Ausschlusses gingen mit Prozessen des Einschlusses einher. Am diskursiven Ereignis des Ausschlusses russischer Abiturientinnen, der zeitgleich mit der Verleihung der Matura an deutsche Studentinnen stattfand, zeigt sich eine Verschränkung der Kategorien Geschlecht und Nationalität in diesem Prozess. Mittels der diskursiven Separation von russischen und deutschen Studentinnen wurden deutsche Studentinnen als Deutsche in die (männliche) Universität integriert und russische Studentinnen ausgeschlossen. Die vormals erteilte Zugangsberechtigung wurden ihnen entzogen.

Eine weitere diskursive Strategie lässt sich als Normalisierungsstrategie und in einer Variante als Pathologisierungsstrategie beschreiben. Studentinnen als Frauen, die sich im männlich definierten Feld der Wissenschaft verorteten, wurden in den Argumentationsfiguren ‚Bildung schadet dem Frauenkörper' und ‚Frauenbildung schadet künftigen Generationen' pathologisiert. Studentinnen verloren im Wirken dieser diskursiven Strategie ihren Status als gesunde, normale Frauen und wurden als körperlich abweichend dargestellt. In der Argumentationsfigur ‚männliche Wissenschaft' wurde Studentinnen über die Bezeichnung ‚Neutren', ‚Mannweiber' und ‚Amazonen' als unweiblich konstruiert. In einer heteronormativen Strategie wurden Studentinnen als Frauen, die ohne Männer leben, außerhalb der Norm der bürgerlichen, heterosexuellen Lebensform positioniert. Der Eintritt von Frauen in das männlich definierte Feld der Wissenschaft manifestierte sich diskursiv demnach als eine vielfältige Konstruktion von Anomalie der Weiblichkeit dieser Frauen.

Das Verhältnis von ‚Männlichkeit' und ‚Weiblichkeit' ist im Diskurs über das Frauenstudium als komplementär konstruiert. Frauen und Männer sind in der Redeweise, die diesem Geschlechtermodell folgt, grundsätzlich verschieden, aber gleichwertig. Die Struktur der Komplementarität trat besonders in den Argumentationsfiguren ‚Naturberuf der Frau' und ‚weibliche Erwerbsberufe' hervor. Dabei ist die Gleichzeitigkeit vom Hochpreisen des Andersseins von Frauen und von der Ausgrenzung aus mit Macht und Ressourcen besetzten Gesellschaftsbereichen ein grundlegendes Moment dieses komplementären Geschlechterverhältnisses.

Die Bestimmung von Bildung ist im Diskurs über das Frauenstudium eng mit dem komplementären Geschlechterverhältnis verwoben. In den Argumentationsfiguren ‚weibliche Erwerbsberufe' und ‚Frauenuniversitäten' wurde deutlich, dass männliche und weibliche Bildungsziele separat definiert wurden. Dabei orientierten sich die weiblichen bestimmten Bildungsziele an dem ‚Naturberuf der Frau als Ehefrau, Hausfrau und Mutter'.

Neben der Kategorie Geschlecht strukturierten die Kategorien Klasse, Nation und Heterosexualität den Diskurs über das Frauenstudium. In der Argumentation ‚Not höherer Töchter' wurde explizit benannt, was den Diskurs insgesamt ausmacht. Es ging um bürgerliche Frauen und um das Ideal bürgerlicher Weiblichkeit. In den Argumentationsfiguren ‚männliche Wissenschaft' und ‚deutsche Wissenschaft' wurde deutlich, dass die Konstruktion von Männlichkeit eng mit der Konstruktion einer deutschen Nationalität gekoppelt war. Sowohl das Ideal von Weiblichkeit als auch das Ideal von Wissenschaft wurde für die deutsche Nation als spezifisch und in Abgrenzung von anderen Nationen bestimmt. Dies galt auch für die Konstruktion von Weiblichkeit, wie in der Argumentationsfigur ,Naturberuf der Frau' in der Anrufung dieser gesellschaftlichen Aufgabe als ,nationale Aufgabe' und ,nationale Pflicht' der Frau deutlich wurde.

Welche Rolle spielten physikalisch-chemische Wissenselemente in diesen diskursiven Dynamiken der Konstruktion von ,Männlichkeit', ,Weiblichkeit', ,Bildung' und ,Wissenschaft'? In den Argumentationsfiguren ,Bildung schadet dem Frauenkörper' und ,Frauenbildung schadet künftigen Generationen' wurde auf thermodynamische Wissenselemente rekurriert. Sie waren Teil der Normalisierungs- und Pathologisierungsstrategie, ,Weiblichkeit' und ,Wissenschaft' voneinander abzugrenzen. Das Überschreiten dieser Grenze wurde mit Krankheit assoziiert, die nicht nur als bedrohlich für das individuelle Schicksal des betreffenden ,Frauenkörpers', sondern als bedrohlich für nationale Schicksal des gesamten ,Gesellschaftskörpers' dargestellt wurde. Weil die thermodynamisches Wissenselemente als Resultat komplexer Diskursüberschneidungen, in die u.a. evolutionstheoretische Diskurse eingebunden waren, modifiziert auftraten, bedarf es im folgenden vierten Kapitel einer detaillierten Rekonstruktion der Dynamik dieser Diskursüberschneidungen.

3.6 Zwischenergebnis: Von deterministischen zu dynamischen naturwissenschaftlichen Geschlechterkonstruktionen

Im diesem Abschnitt präsentiere ich ein analytisches Zwischenergebnis der vorangehenden Darstellung naturwissenschaftlicher Wissenselemente im Frauenstudiumsdiskurs. Physikalisch-chemische Wissenselemente waren nicht allein Bestandteil des Frauenstudiumsdiskurs, sondern sie sind Teil einer diskursiven Dynamik, die zu einem Wandel der Konstruktionsweise hierarchischer Geschlechterdifferenz beitrug.

An den Gutachten der Kirchhoff-Studie lässt sich ablesen, dass Phrenologie und Kraniometrie um 1900 als ,sciences of gender' (Geschlechterwissenschaften) im Diskurs über das Frauenstudium nur noch eine marginale Rolle spielten.[345]

345 Hier weiche ich von der Interpretation Andrea D. Bührmanns ab, dass sich an der Kirchhoff-Studie zeige, dass Gegner des Frauenstudiums physio-psychologische Geschlechterdifferenzen postulierten und auf die Phrenologie und Kraniometrie rekurrierten. Nach meiner Auswertung (siehe 3.4.1 ,weibliche Anatomie') wird in keinem in der Kirchhoff-Studie veröffentlichten

Dieses Ergebnis erscheint mir bedeutend, weil die naturwissenschaftlichen Theorien, auf die stattdessen rekurriert wurde (Evolutionstheorien und Thermodynamik), sich sehr von Phrenologie und Kraniometrie unterscheiden. Sie differieren, weil eher Prozesse und der Wandel von Zuständen beschrieben werden, als dass mit absoluten Zahlen operiert wird. Das Konzept ‚Zeit' spielt in den Evolutionstheorien und der Thermodynamik eine große Rolle. Beide naturwissenschaftlichen Theorien haben eine historische Dimension. In der Phrenologie und Kraniometrie hingegen wurde das menschliche Gehirn in einem einseitigen Ableitungsverhältnis als ‚Landkarte' für geistige Fähigkeiten und Charakterzüge repräsentiert. Anatomie ist in dieser Vorstellung Schicksal, weil sie determinierend und unveränderlich ist.

Das Verhältnis zwischen dem Geschlechtskörper und seiner gesellschaftlichen Existenzweise wird dynamischer konzipiert. Anders als im biologischen Determinismus der Phrenologie und Kraniometrie wird kein unveränderlicher Geschlechtskörper vorausgesetzt, sondern vielmehr ein von gesellschaftlichem Wandel bedrohter Geschlechtskörper beschrieben. In dieser Dynamisierung des Verhältnisses von Geschlechtskörper und gesellschaftlicher Existenzweise sehe ich im Frauenstudiumsdiskurs den Einfluss evolutionstheoretischen und thermodynamischen Wissens manifestiert. Beide Forschungsprogramme rüttelten an der Vorstellung eines unveränderlichen Körpers und richteten den Blick auf Wandlungsprozesse.

Evolutionstheorien thematisierten das Gewordensein und die Wandelbarkeit des menschlichen Körpers und der menschlichen Kultur. Mit Jean Baptiste Lamarcks (1744-1829) Transformationstheorie der Arten, die er 1809 formulierte, und den von ihm postulierten Mechanismen der ‚Anpassung' und ‚Vererbung erworbener Eigenschaften' wurde eine Entwicklungsperspektive eingeführt.[346] Darüber hinaus wurde das Verhältnis zwischen Natürlichkeit und Sozialität als Wechselverhältnis begriffen, in dem die Möglichkeit der gegen-

Gutachten affirmativ auf Forschungsergebnisse der Phrenologie und Kraniometrie Bezug genommen, sondern diejenigen Gutachter, die Bezug nehmen, tun dies, um sich von diesen Wissenschaften und ihrer Autorität in der Frage des Frauenstudiums zu distanzieren.Vgl. Bührmann, Andrea Dorothea: „Die Verweiblichung von Erwerbstätigkeit um 1900 – konstruktionslogische und normalismustheoretische Überlegungen zur Transformation der ‚natürlichen' Geschlechterordnung". In: Werner Sohn und Herbert Mehrtens (Hrsg.): Normalität und Abweichung. Studien zur Theorie und Geschichte der Normalisierungsgesellschaft. Opladen und Wiesbaden 1999, S. 141-160, hier S. 141-146.

346 Lamarck, Jean Baptiste de: Philosophie Zoologique, ou Exposition des Considerations Relative à l'Histoire Naturelle des Animaux. Paris 1809.

seitigen Einflussnahme angelegt ist. Nicht allein die Anatomie bestimmt Fähigkeiten und soziales Verhalten des Individuums, sondern das Individuum ist lernfähig und kann sich an die Umgebung anpassen. Eine veränderte Umwelt und erworbenes Verhalten können sich in individuelle Körper einschreiben. In Charles Darwins Deszendenztheorie der Arten ist diese Sichtweise einer dynamischen Wechselwirkung zwischen Organismen und ihrer Umwelt ebenfalls enthalten. Im Unterschied zu Lamarck geht Darwin jedoch von einem weniger aktiven und direkten Mechanismus aus. Durch den Mechanismus der Selektion überleben die Individuen mit den an die jeweiligen Umweltbedingungen am besten angepassten Eigenschaften. Nach Wolfgang Levèvre geht die Vorstellung von der Vererbung erworbener Eigenschaften nicht allein auf Lamarck zurück, sondern war vom 18. Jahrhundert und auch bis Ende des 19. Jahrhunderts eine weit verbreitete Überzeugung, von der unter anderen auch Charles Darwin ausging.[347]

Auch die Thermodynamik ist in ihrer experimentellen Methode und in ihren Theorien eine dynamische Sichtweise. In der Thermodynamik werden Umwandlungsprozesse einer Energieform in eine andere quantitativ beschrieben. Im 19. Jahrhundert ging es in der technischen Thermodynamik primär um Umwandlungsprozesse in Dampfmaschinen[348] und um die Optimierung der Wirkungsgrade dieser Maschinen. Der erste Hauptsatz der Thermodynamik lieferte den Rahmen für diese Berechnungen. Er besagt, dass die Energie in einem physikalischen System Null ist, d.h. dass Energie weder zerstört noch erschaffen werden kann. Mit dem zweiten Hauptsatz der Thermodynamik wurde die Unumkehrbarkeit von natürlichen Prozessen thematisiert, und so trat mit ihm die Zeitdimension zu den Betrachtungen über Energieumwandlungen hinzu.

‚Natur' ist in der Sichtweise von Thermodynamik und Evolutionstheorien nicht ahistorisch und determiniert, sondern geworden und veränderbar. Dies hatte Implikationen für geschlechterpolitische Argumentationsweisen, in denen auf diese naturwissenschaftlichen Wissenselemente Bezug genommen wurde. In den Argumenten der Phrenologie und Kraniometrie determinierte der Körper in einer

347 Levèvre, Wolfgang. „Jean Baptiste Lamarck (1744-1829)" Max-Planck-Institut für Wissenschaftsgeschichte, Preprint Nr. 61, Berlin 1997, S. 23. Vgl. zu Lamarcks Evolutionstheorie Burckhard, Richard W. jr.: The Spirit of System – Lamarck and Evolutionary Biology. Cambridge 1995. Vgl. zur Rezeption von Lamarcks Evolutionstheorie in Deutschland Schilling, Dietmar: „Biographie und problemgeschichtliche Einleitung". In: Jean Baptiste Lamarck: Zoologische Philosophie. 3 Bde. Leipzig 1990-91 [franz. Orig. 1809], [dt. Übers. 1809].

348 In Dampfmaschinen wird chemische Energie in Wärme und Wärme wiederum in mechanische Energie umgewandelt.

direkten Ableitungsweise den gesellschaftlichen Ort des Menschen. Im Diskurs über das Frauenstudium wurde behauptet, dass Frauen, weil sie ein geringeres Gehirnvolumen hätten, nicht zum wissenschaftlichen Studium befähigt seien.

Die Argumentationsfiguren ‚Bildung schadet dem Frauenkörper' und ‚Frauenbildung schadet künftigen Generationen' enthalten eine dynamischere Konstruktionsweise von Geschlechterdifferenz. Zum einen ist die Blickrichtung vom ‚natürlichen' Körper auf den sozialen Ort hin umgekehrt. Nicht vom Körper wird eine soziale Befähigung abgeleitet, sondern soziales Verhalten wirkt auf den Körper ein, verändert diesen, schreibt sich in Körper ein. Frauen waren nach dieser Argumentation zu wissenschaftlichem Denken generell befähigt, aber als Folge ihrer wissenschaftlichen Betätigung wurden ihnen negative Auswirkungen auf ihren Geschlechtskörper prognostiziert. Eine deterministische Argumentationsweise wurde durch ein Folgenabschätzungsargument abgelöst.

Diese Umkehrung der Sicht- und Ableitungsweise zwischen ‚natürlichem Körper' und ‚gesellschaftlichem Ort' ist bemerkenswert und stand in Zusammenhang mit naturwissenschaftlichen Diskursen wie der Evolutionstheorie und Thermodynamik.

Die Argumentationsfiguren ‚Bildung schadet dem Frauenkörper' und ‚Frauenbildung schadet künftigen Generationen' machen auch deutlich, wie mit der Einführung eines Zeitkonzepts Reversibilität und Regression thematisierbar wurden und gesellschaftlicher Wandel als Bedrohung imaginiert wurde. Die ‚dunkle Seite' der Evolutionstheorien, die Möglichkeit der Degeneration, und die im zweiten Hauptsatz der Thermodynamik angesprochene Erschöpfbarkeit von Ressourcen verbanden sich im Frauenstudiumsdiskurs mit der als Bedrohung der Geschlechterordnung interpretierten Frauenbewegung.

Welche Uminterpretationen des weiblichen Geschlechtscharakters in dieser Situation des gesellschaftlichen Wandels stattfinden konnten, zeigte die Fallstudie von Mary Gibson. Das ehemals Frauen zugeschriebene Geschlechtsmerkmal der Empfindsamkeit wechselte um 1900 sein Geschlecht. Mit kriminologisch-anthropologischen Experimenten wurde in Italien in den 1890er Jahren eine Theorie der geringeren Empfindsamkeit – physische, emotionale und moralische Empfindsamkeit wurde von den Forschern gleichgesetzt – von Frauen formuliert. Gibson setzte diese Transgression eines sekundären Geschlechtmerkmals in Korrelation mit Bedrohungsvorstellungen durch die Frauenbewegung um 1900 und mit Geschlechtervorstellungen in der Evolutionstheorie Darwins, nach denen Weibchen einen geringeren Sexualtrieb als Männchen hätten und für sexuelle Reize weniger empfindsam seien.[349]

Lorraine Dastons Studie zur Geschichte der weiblichen Intelligenz[350] belegte ebenfalls einen Wandel der Geschlechterkonstruktion um 1900 im Kontext von Darwins Evolutionstheorie und Herbert Spencers[351] Konzeption des menschlichen Körpers als physikalisches System. Wurden zuvor männliche und weibliche Intelligenz als gänzlich verschiedene Qualitäten konstruiert, so wurde Intelligenz Ende des 19. Jahrhundert neu als kontinuierliche Quantität verstanden. Daston nannte Darwins Evolutionstheorie und ihren Grundsatz ‚Natura non facit saltum'[352], die experimentelle Psychologie, Francis Galtons These von der statistischen Normalverteilung der Intelligenz und Herbert Spencers Theorie von der Erhaltung der metabolischen Energie als Diskurselemente, die zum Übergang von einem polaren und qualitativen Modell zu einem kontinuierlichen quantitativen Modell männlicher und weiblicher Intelligenz geführt haben. Dieser Wechsel war nach Daston die wichtigste Voraussetzung, damit männliche und weibliche Intelligenz als gleich erklärt werden konnten. Daraus schlossen AntifeministInnen, dass Frauen zwar intellektuelle Gleichheit mit Männern erreichen könnten, dies sozial aber nicht erwünscht sei. Dieser Wandel der Geschlechterkonstruktion markiert demnach auch einen Wandel von der Argumentation, dass Frauen qua ihrer Natur zum Studium nicht befähigt seien hin zur Argumentation, dass sie zum Wohl der Gesellschaft eine bestimmte soziale Funktion einnehmen sollten. Nicht mehr ein natürlicher Frauenkörper beschränkt die Möglichkeiten, sondern ein sozialer Gesellschaftskörper, wobei in beiden Konzepten Natur und Gesellschaft eng ineinander verwoben sind.

Mir erscheint der Wandel in der Konstruktion von Geschlechterdifferenzen und die Beteiligung von naturwissenschaftlichem Wissen an diesem Wandel bedeutsam, weil diese flexibilisierten Geschlechterkonstruktionen ein erweitertes Verständnis davon erfordern, wie naturwissenschaftliches Wissen an den Konstruktionsprozessen von Geschlechterdifferenz beteiligt ist. Dem Mechanismus des ‚biological determinism' müssen noch weitere Modi, wie naturwissenschaftliches Wissen und Geschlechterkonstruktion zusammenwirken, an die Seite gestellt werden. Modi, die den Transformationen von naturwissen-

349 Vgl. Gibson, Mary: „On the Insensitivity of Women: Science and the Woman Question in Liberal Italy, 1890-1910". In: Journal of Women's History. Jg. 2, Nr. 2 (1990), S. 11-41.

350 Vgl. Daston, Lorraine J: „Weibliche Intelligenz: Geschichte einer Idee". In: W. Lepenies (Hrsg.): Jahrbuch des Wissenschaftskollegs zu Berlin. Berlin 1989, S. 213-229.

351 Für Informationen zu Spencers wissenschaftlicher Biographie siehe Kapitel 4.3.

352 Die Natur macht keine Sprünge.

schaftlichem Wissen Rechnung tragen und nicht allein auf eine Form naturwissenschaftlichen Wissens Bezug nehmen. Naturwissenschaftliche Programme, wie die Thermodynamik um 1900 und Evolutionstheorien, die Prozesshaftigkeit thematisieren, führen in ihrer Interaktion mit Geschlechterwissen zu veränderten Konstruktionsweisen hierarchischer Geschlechterdifferenz als naturwissenschaftliche Programme, in denen die Dimension ‚Zeit' nicht relevant war.

4. Thermodynamik und Frauenbildung

Der Verweis auf thermodynamisches Wissen in den Argumentationsfiguren ‚Bildung schadet dem Frauenkörper' und ‚Frauenbildung schadet künftigen Generationen', steht mit der Formulierung des ersten Hauptsatzes der Thermodynamik, dem Energieerhaltungssatz, in der Mitte des 19. Jahrhunderts im Zusammenhang.

4.1 Der Energieerhaltungssatz

Zentrale Aussagen des Energieerhaltungssatzes sind:

- Verschiedene Energieformen wie Wärme, kinetische Energie, potenzielle Energie, elektrische Energie, Bindungsenergie etc. sind ineinander umwandelbar.
- Diese Gleichsetzung verschiedener Energieformen ist quantifizierbar und so gibt es Maße (Wärmeäquivalente), die alle Energieformen miteinander verbinden und die Energieumwandlungen berechenbar machen.
- Energie kann weder erschaffen noch zerstört werden, sie ist konstant.

Aus heutiger physikalischer Sicht müsste dem dritten Punkt eine Systemdefinition hinzugefügt werden, denn das Konstanzpostulat gilt nur für Systeme, die mit ihrer Umgebung weder in Masse- noch in Energieaustausch stehen, also für abgeschlossene Systeme[353]. Diese Systemdefinitionen waren im 19. Jahrhundert

353 Für die Grenze zwischen System und Umgebung werden heute folgende Eigenschaften unterschieden: Ein abgeschlossenes System tauscht mit seiner Umgebung weder Masse noch Energie aus. Wenn nur Energie getauscht wird und die Masse konstant bleibt, ist ein System geschlossen. Wenn ein Austausch von Masse möglich ist, bezeichnet man ein System als offen. Vgl. Abbott, Michael M. und Van Ness, Hendrick C.: Thermodynamik. Theorie und Anwendung. Hamburg 1987, S. 1.

jedoch noch nicht etabliert. Deshalb wurde die Konstanzidee des Energieerhaltungssatzes zu dieser Zeit meist in Formulierungen ausgedrückt, die das beschriebene System wie folgt definierten:

„(...) das Naturganze [besitzt] einen Vorrat von wirkungsfähiger Kraft, welcher in keiner Weise weder vermehrt noch vermindert werden kann, daß also die Quantität der wirkungsfähigen Kraft in der unorganischen Natur ebenso ewig wie unveränderlich ist, wie die Quantität der Materie. In dieser Form ausgesprochen, habe ich das allgemeine Gesetz das Prinzip von der Erhaltung der Kraft genannt."[354]

‚Das Naturganze' (oder an anderen Stellen auch ‚das Universum'[355]) wird als ein System angeführt, das mit seiner Umgebung weder in Materie- noch in Energieaustausch steht. Mit diesem kosmologischen Bezug wird die Allgemeingültigkeit dieses physikalischen Gesetzes unterstrichen.

Ein weiteres zentrales Merkmal des Energieerhaltungssatzes, das in der Wissenschaftsgeschichte nicht als zentral hervorgehoben wird, aber für die vorliegende Rekonstruktion von Diskursverknüpfungen Bedeutung hat, ist, dass Energie als Fähigkeit Arbeit zu leisten definiert wurde:

„So oft Naturkörper vermöge anziehender oder abstossender Kräfte, welche von der Zeit und Geschwindigkeit unabhängig sind, aufeinander einwirken, muss die Summe ihrer lebendigen und Spannkräfte eine constante sein; *das Maximum der zu gewinnenden Arbeitsgrösse also ein bestimmtes, endliches.*"[356] (Herv., D.H.)

Die Gesamtenergie des Systems, die nach dem Energieerhaltungssatz konstant ist, wird hier als maximaler zu gewinnender Betrag an Arbeit bestimmt.[357]

---

354 Helmholtz, Hermann von: „Über die Wechselwirkung der Naturkräfte" [1854]. In: Ders.: Natur und Naturwissenschaft. München 1925, S. 49.

355 Beispielsweise in Rudolf Clausius' berühmter Formulierung der beiden Hauptsätze der Thermodynamik: „Die Energie des Universums ist konstant. Die Entropie des Universums strebt einem Maximum zu." Clausius, Rudolf: „Über verschiedene für die Anwendung bequeme Formen der Hauptgleichungen der mechanischen Wärmetheorie". In: Annalen der Physik. Jg. 125 (1865), S. 353-400, hier S. 400.

356 Helmholtz, Hermann von: „Über die Erhaltung der Kraft" [1847]. Ostwalds Klassiker der Exakten Wissenschaften. Bd. 1 Leipzig 1889, S. 16. Der Ausdruck ‚Summe ihrer lebendigen und Spannkräfte' bezeichnet die Energie. Helmholtz' Begriffe ‚lebendige Kräfte (vis viva)' und ‚Spannkräfte' würden in der heutigen Physik als potenzielle und kinetische Energie bezeichnet werden. Vgl. Gillispie, Charles: The Edge of Objectivity. An Essay in the History of Scientific Ideas. Princeton 1960, S. 390.

357 Die detaillierte Analyse der Rolle, die das Konzept der Arbeit in den Diskursüberschneidungen zu Thermodynamik und Geschlecht spielt, folgt ab dem Abschnitt 4.2 ‚Der Körper als thermodynamische Maschine'.

Wie an den oben zitierten Formulierungen des Energieerhaltungssatzes deutlich wird, sind die heute gebräuchlichen Begriffe nicht diejenigen, mit denen der heute ‚erster Hauptsatz der Thermodynamik' genannte Zusammenhang um 1840 ausgedrückt wurde. In den Gründungsformulierungen des Energieerhaltungssatzes wurde der Begriff ‚Energie' noch nicht verwendet, sondern der Kraftbegriff.[358] Er war bekannt als das ‚Gesetz über die Erkaltung der Kraft'. Ähnliches gilt für den Begriff ‚Thermodynamik'.[359] Die Theorie, die dem Begriff ‚Wärme' zu Grunde lag, vollzog in der Zeit der Formulierung des ersten Hauptsatzes der Thermodynamik einen grundlegenden Wandel von einer Wärmestofftheorie hin zu einer mechanischen Wärmetheorie, in der Wärme als Bewegung kleinster Teilchen aufgefasst wird.[360] Thermodynamik wandelte sich von einer Wärmelehre, die Wärme als stoffliche Qualität auffasste, zu einer Lehre der Energie (Energetik), in der Wärme als eine Form der Energie bestimmt wurde.

Auch die später in den Begriffen ‚erster und zweiter Hauptsatz der Thermodynamik' festgelegte Chronologie stimmt nicht mit der geschichtlichen Abfolge überein. Historisch liegt die Formulierung des heute ‚zweiter Hauptsatz der

---

358 Vgl. Breger, Herbert: „Von der Erhaltung der Kraft zur Erhaltung der Energie". In: Max-Planck-Institut für Wissenschaftsgeschichte: Symposium 150. Jahrestag des Vortrags ‚Über die Erhaltung der Kraft' von Hermann von Helmholtz. Preprint Nr. 130 (1999), S. 23-33, hier S. 32. Nach Breger wurde ‚Energie' als physikalischer Fachbegriff 1852 von William Rankine, (1820-1872), einem schottischen Ingenieur und Naturforscher, erstmals gebraucht. Thomas Young (1773-1823), ein britischer Naturphilosoph, schlug den Terminus Energie jedoch schon um 1800 vor, um den anthropomorphen Begriff vis viva zu ersetzen und eine Abgrenzung zum Newtonschen Kraftbegriff zu schaffen. Vgl. Gillispie 1960 a.a.O., S. 389. Für diese Begriffsgeschichte der Energie spricht auch der Verweis von J. Clerk Maxwell in seinem Werk „Theory of Heat", London 1899, S. 91 und die Encyclopaedia Britannica, 15. Aufl. ‚Micropaedia', Chicago 1984, S. 860. Für den Beleg bei Maxwell und in der Encyclopaedia Britannica danke ich Jens Weber, Arbeitsgruppe ‚Hochschuldidaktik und Wissenschaftsgeschichte' des Fachbereichs Physik der Universität Oldenburg. Für die Definition und Etablierung des Begriffs ‚Energie' und die Substitution der Begriffe Kraft und ‚mechanical effect' war neben Rankine auch William Thomson, der spätere Lord Kelvin, engagiert. Siehe Smith, Crosbie: The Science of Energy. London 1998, S. 140.

359 Der Begriff ‚Thermodynamik' 1849 wurde von William Thomson (1824-1907, seit 1892 Lord Kelvin) eingeführt in „An account of Carnot's theory of the motive power of heat, with numerical results from Regnault's experiments on steam". In: Transactions of the Royal Society of Edinburgh. Jg. 16 (1849), S. 541-574, hier S. 545. Vgl. Kremer, Richard L.: The Thermodynamics of Life and Experimental Physiology. New York und London 1990b, S. 16.

360 In Hermann von Helmholtz Worten: „Diese Tatsachen führen notwendig zu dem Schlusse, daß die Wärme nicht, wie früher ziemlich allgemein angenommen wurde, ein feiner unwägbarer Stoff ist, sondern daß sie vielmehr, ähnlich dem Lichte und dem Schalle, eine besondere Form zitternder Bewegung der kleinsten Körperteile sei." Helmholtz 1925 [1854] a.a.O., S. 49.

Thermodynamik‘ genannten Entropieprinzips vor dem als ‚erster Hauptsatz der Thermodynamik‘ bezeichneten Energieerhaltungssatz. Die Geschichte des zweiten Hauptsatzes der Thermodynamik geht zurück auf den französischen Ingenieur Sadi Carnot (1796-1832), der an dem Problem arbeitete, die Wirkungsgrade von Dampfmaschinen zu optimieren und in seinem 1824 publizierten Werk „Réflexions sur la puissance motrice du feu et sur les machines propres à développer cette puissance“ zeigte, dass Arbeit in einer Dampfmaschine dann verrichtet wird, wenn im System eine Temperaturdifferenz vorhanden ist (im Fall der Dampfmaschine durch die Temperaturdifferenz zwischen Boiler und Kondensator), und dass die zugeführte Wärmeenergie nie vollständig in mechanische Energie transformiert werden kann. Mit dem Entropiebegriff, den Rudolf Clausius (1822-1888) erst 1865 einführte, wurde die Tendenz beschrieben, dass bei jeder Energieumwandlung die nicht weiter verwertbare Energie zunimmt. Wärmeenergie wird nach dem zweiten Hauptsatz der Thermodynamik ohne äußeren Zwang immer nur von einem wärmeren auf einen kälteren Körper übertragen und nie in umgekehrter Richtung. Wärmeübertragung ist demnach ein irreversibler Prozess – wie alle natürlichen Prozesse – und geht mit einer Entropiezunahme einher.

Ich werde im Folgenden nicht der ganzen Fülle wissenschaftshistorisch interessanter Fragen nachgehen, welche die Geschichte der Begriffe ‚Energie‘, ‚Kraft‘, ‚Arbeit‘ und ‚Wärme‘ bietet, sondern konzentriere mich auf die Einbettung der Entwicklung der Thermodynamik im 19. Jahrhundert in gesellschaftliche Prozesse im Allgemeinen und in geschlechterpolitische Prozesse im Besonderen.

Die Sekundärliteratur zur Geschichte der Thermodynamik bietet viele ‚Entdeckungsgeschichten‘ zum Energieerhaltungssatz. Als Entdeckungsgeschichte verstandene Wissenschaftsgeschichte und als Hagiographien verfasste Biografien berühmter Naturwissenschaftler zeigen an, dass der Prozess der wissenschaftlichen Erkenntnis als losgelöst von gesellschaftlichen Kontexten und Entwicklungen dargestellt wird. Naturwissenschaftler sind in diesen Texten als einzeln agierende Helden konstruiert, denen es gelang, einem in der Natur existierenden Gesetz, das bisher nicht erkannt worden war, einen wissenschaftlichen Ausdruck zu geben. Diese Entdeckungsgeschichten geben keine Hinweise auf den gesellschaftlichen bzw. geschlechterpolitischen Kontext, in dem die wissenschaftshistorische Entwicklung steht, weil sie a priori davon abstrahieren.

In der Geschichtsschreibung zum ersten Hauptsatz der Thermodynamik werden standardmäßig mindestens drei Namen genannt: Julius Robert Mayer (1814-1878), James Prescott Joule (1818-1889) und Hermann von Helmholtz

(1821-1894). Noch heute wird darüber debattiert, wem die Priorität in Bezug auf die Formulierung des Energieerhaltungssatzes zugesprochen werden sollte.[361] Für den deutschen Arzt und Physiologen Julius Robert Mayer spricht seine Publikation „Bemerkungen über die Kräfte der unbelebten Natur" in Justus Liebigs ‚Annalen der Chemie und Pharmacie' aus dem Jahre 1842. Wird die Chronologie der Veröffentlichungen als Prioritätskriterium gewählt, muss er als der erste, der das Prinzip der Energieerhaltung formulierte, gelten.[362] Interessant ist an der Person Mayers, dass er Arzt und kein ausgebildeter Physiker war. 1840, auf einem Segelboot in der Nähe von Java – so die wissenschaftshistorische Anekdote –, stellte er bei Aderlässen an Patienten fest, dass das venöse Blut im tropischen Klima heller als in gemäßigtem Klima ist, und folgerte, dass die Stoffwechselrate im wärmeren Klima geringer sei, was mit einem geringeren Verbrauch an Sauerstoff und folglich einer geringeren Farbdifferenz zwischen venösem und arteriellem Blut einhergehe.[363] Außer ihrem mythologischen Gehalt, mit dem vielleicht erklärt werden soll, warum der Nicht-Physiker und unbekannte Arzt Mayer ein so grundlegendes physikalisches Gesetz formulierte, liefert die Java-Anekdote keinen Zusammenhang mit den Konzepten, die Mayer in seinem nur achtseitigen Aufsatz von 1842 darlegte. Mayer verwendete darin gerade nicht Beispiele aus der Physiologie und dem menschlichen Stoffwechsel, sondern griff auf Beispiele aus der klassischen Mechanik, der Chemie und der Dampfmaschinentechnik zurück. Mayers selbst gestecktes Ziel dieser kurzen und prägnanten Abhandlung war es, der ‚Kraft' den Nimbus des „unbekannten, unerforschlichen, hypothetischen" zu nehmen und sie auf die gleiche erkenntnistheoretische Stufe wie die ‚Materie' zu stellen.[364] Für dieses Vorhaben leitete ihn der Grundsatz: „Causa aequat effectum." Dabei kann ein Effekt wieder zur Ursache für einen weiteren Effekt werden und es gilt:

„c = e; (...) e = f, u.s.f. c = e = f ... = c."[365]

---

361 Vgl. Max-Planck-Institut für Wissenschaftsgeschichte: Symposium 150. Jahrestag des Vortrags ‚Über die Erhaltung der Kraft' von Hermann von Helmholtz. Preprint Nr. 130 (1999).

362 Mayer, Julius Robert: „Bemerkungen über die Kräfte der unbelebten Natur". In: Annalen der Chemie und Pharmacie. Nr. 42 (1842), S. 233-240. Mayer hatte eine erste Fassung des Artikels zunächst bei den ‚Annalen der Physik' eingereicht, die jedoch vom Herausgeber Poggendorff abgelehnt wurde. Vgl. Breger, Herbert: Die Natur als arbeitende Maschine. Zur Entstehung des Energiebegriffs in der Physik, 1840-1850. Frankfurt a. M. und New York 1982, S. 170.

363 Vgl. beispielsweise Laidler, Keith James: The World of Physical Chemistry. New York 1993, S. 94.

364 Mayer 1842 a.a.O., S. 233.

365 Ebd.

Damit hatte Mayer zwei Aussagen des ersten Hauptsatzes der Thermodynamik formuliert: „Ursachen sind (quantitativ) *unzerstörliche* und (qualitativ) wandelbare Objecte." (Herv. i. O.)[366] Mayer schlug Experimente zur Bestimmung des mechanischen Wärmeäquivalents, also der Relation zwischen Ursachen und Wirkungen vor und war überzeugt, „[d]aß eine solche Gleichung wirklich in der Natur begründet sey (...)."[367] Diese Experimente führte Mayer jedoch nicht durch. Mit der experimentellen Bestimmung des mechanischen Wärmeäquivalents ist ein anderer Naturforscher assoziiert, mit dem Mayer 1848 in einen erbitterten Streit um die Frage, wer als Entdecker des Energieerhaltungssatz gelten solle, verwickelt war.[368]

James Prescott Joule erhob ebenfalls Anspruch auf diesen Titel. Joule, der ebenso wie Mayer keine akademische Ausbildung in Physik erhalten hatte, war Mitglied einer wohlhabenden Brauereifamilie in Manchester. Im Prioritätsstreit, der hauptsächlich vor der Französischen Akademie der Wissenschaften ausgetragen wurde, wurde zu Gunsten Joules vorgetragen, dass er als erster die experimentellen Grundlagen für das behauptete mechanische Wärmeäquivalent geliefert hatte. Die Ergebnisse veröffentlichte Joule im Jahre 1843.[369] Der Streit um die Priorität der ‚Entdeckung' des Energieerhaltungssatzes zeigt anschaulich, dass es bei Prioritätsstreitigkeiten (und wissenschaftlichen Kontroversen im Allgemeinen) auch um das Wissenschaftsverständnis der jeweiligen Disziplinen geht. Im Falle der Mayer-Joule Prioritätsstreitigkeit ging es auch um die Frage, ob allein Joules experimenteller Beweis Geltung habe, oder ob Mayers von Gegnern als metaphysisch kritisierte Herleitung Gültigkeit habe.[370]

---

366 Mayer 1842 a.a.O., S. 234.

367 Mayer 1842 a.a.O., S. 240.

368 Vgl. Laidler 1993 a.a.O., S. 97f.

369 Joule, James P.: „On the Caloric Effects of Magneto-Electricity, and Mechanical Value of Heat". In: Philosophical Magazine. Jg. 43 (1843), ebenfalls enthalten in ders.: The Scientific Papers. London 1884, S. 123-159. In diesem Aufsatz vertritt Joule die These von der Wandelbarkeit von Wärme in ‚mechanical force' und präsentiert eine experimentelle Bestimmung des mechanischen Wärmeäquivalents. Im beschriebenen Experiment benutze er einen Elektromotor als Dynamo, um über den erzeugten elektrischen Strom die Wärmeentwicklung in Wasser zu messen.

370 Auch Hermann von Helmholtz, der im folgenden Abschnitt 4.2. im Vordergrund stehen wird, war in Prioritätsstreitigkeiten verwickelt, denn er schrieb sich in einer Rede aus dem Jahr 1877 die „wissenschaftliche Formulierung des Gesetzes von der Erhaltung der Kraft" zu und verwies auf Mayer lediglich in Bezug auf die „Auffindung des Äquivalentverhältnisses zwischen mechanischer Arbeit und Wärme". Helmholtz plädierte für ein Wissenschaftsverständnis, mit dem nicht ‚Hypothesen' und ‚Geistesblitzen' die Priorität bei einer Entdeckung zugesprochen

Joule führte zahlreiche Experimente durch, um zu beweisen, dass eine konstante Relation zwischen Wärme und Arbeit bestehe. Um den Wert für dieses mechanische Wärmeäquivalent zu bestimmen, entwarf er nach den Versuchen zur Wärmeerzeugung, die mittels eines durch mechanische Kraft erzeugten elektrischen Stroms im Medium Wasser entsteht, den abgebildeten Versuchsaufbau, mit dem er das mechanische Wärmeäquivalent direkter mittels der mechanischen Reibung von Wasser und der dabei entstehenden Wärme bestimmen wollte:

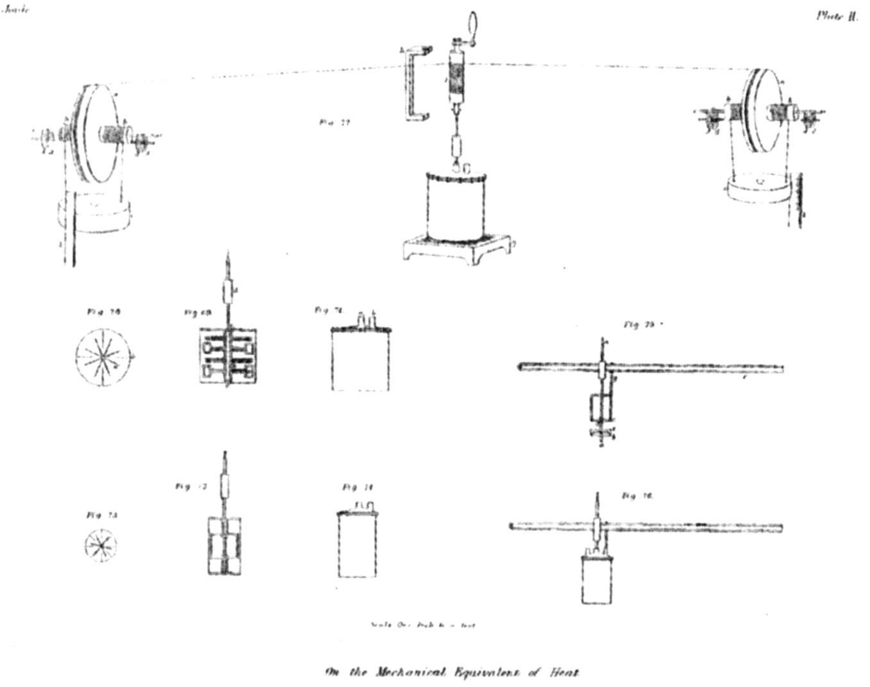

Abb. 3: Joules Schaufelradexperiment

In dem abgebildeten Versuchsaufbau versetzte Joule eine sich in dem mit Wasser gefüllten Kupferbehälter befindliche Messingachse in Rotation. An dieser befand sich ein Schaufelrad, mit einer von Joule genau beschriebenen Anordnung

wird, sondern der vollständigen experimentellen und mathematischen Durchführung. Vgl. Helmholtz, Hermann von: Vorträge und Reden. 2 Bde. 4. Aufl. Braunschweig 1896. Bd. 2, S. 174 und S. 184f.

mehrerer versetzter Schaufeln, durch deren Drehung das Wasser so stark bewegt wurde, dass die Rotationsenergie möglichst vollständig in Bewegung des Wassers und dadurch in Wärme umgewandelt wurde. Die Rotation der Schaufelradachse wurde durch den Fall zweier auf eine definierte Höhe gebrachter Gewichte hervorgebracht.

Für Joules Beitrag zur Formulierung des Energieerhaltungssatzes sind zwei gesellschaftliche Faktoren hervorzuheben: die Rolle, die das praktische Wissen der Brautechnik für die experimentelle Ermittlung des mechanischen Wärmeäquivalents spielte, und der Glaube an einen Demiurgen, der nach einem göttlichen Plan die Welt geschaffen hat. Otto Sibum und die Arbeitsgruppe ‚Hochschuldidaktik und Wissenschaftsgeschichte' des Fachbereichs Physik der Universität Oldenburg replizierten Joules Schaufelradexperiment und leisteten damit einen Beitrag zur Interpretation der ‚materiellen Kultur' von Joules gesellschaftlichem Kontext. Sie argumentierten überzeugend für die Rolle, welche die Braukultur seiner Zeit und das entwickelte Geschick oder auch ‚gestural knowledge' für Joules Beitrag zur Formulierung des Energieerhaltungssatzes spielte. ‚Gestural knowlege' bezeichnet in Joules konkretem Fall zum einen die Fähigkeit, Temperaturänderungen von äußerst geringem Maß messen und ablesen zu können. Bei den von Joule gewählten Gewichten von je 13 kg und 20 Wiederholungen des Vorgangs innerhalb von 35 Minuten ergab sich eine Temperaturdifferenz von 0,5 °C. Joule selbst gab an, eine Genauigkeit von 0,01°C mit bloßem Auge ablesen zu können. Zum anderen bezeichnet ‚gestural knowledge' hier die Fähigkeit, die 13 kg schweren Gewichte 20 mal hintereinander gleichmäßig anzuheben, was wahrscheinlich der Beitrag eines Assistenten war, den Joule jedoch nicht erwähnte.[371]

Der Erhaltungsgedanke, der im ersten Hauptsatz der Thermodynamik grundlegend ist, besitzt eine große Affinität zur jüdisch-christlichen Schöpfungstheologie. In der klassischen Schöpfungstheologie wurde von einer *creatio ex nihilo* ausgegangen und diese als Demonstration der Allmacht Gottes und als Heilversprechen Gottes an die Menschen ausgelegt.[372] Die Analogie zwischen der

---

371 Vgl. Sibum, Otto: „Reworking the Mechanical Value of Heat: Instruments of Precision and Gestures of Accuracy in Early Victorian England". In: Studies in the History and Philosophy of Science. Jg. 26, Nr. 1 (1995), S. 73-106 und Heering, Peter (Hrsg.): Welt erforschen – Welten konstruieren. Physikalische Experimentierkultur vom 16. bis zum 19. Jahrhundert. Oldenburg 1998, S. 113-117.

372 In gegenwärtiger Schöpfungstheologie gibt es verschiedene Positionierungen zur creatio ex nihilo: die Prozesstheologie weist sie gänzlich zurück, die Beziehungstheologie interpretiert Schöpfung als Beziehungsgeschehen und versteht das creatio ex nihilo als creatio ex amore. In

Unzerstörbarkeit von Gottes unendlichen Werken durch Menschenhand und der Erhaltungsidee der Gesamtheit der Naturkräfte leitete meines Erachtens die Suche nach der experimentellen Bestimmung des mechanischen Wärmeäquivalents. Der Überzeugung, dass es unmöglich sei, Gottes Schöpfungswerk von Menschenhand zu zerstören oder ihm etwas hinzuzufügen, wurde auch Gültigkeit für die physikalischen Zusammenhänge im Wirken der Naturkräfte beigemessen. Diese physikotheologische Glaubensgewissheit veranlasste Joule, wie das folgende Zitat belegt, seine Experimente zur Ermittlung des mechanischen Wärmeäquivalents abzuschließen und die Erhaltung der Gesamtheit der Naturkräfte als erwiesen anzusehen. Im Postskript zu seiner zentralen Veröffentlichung merkte er an:

> "I shall lose no time in repeating and extending these experiments, being satisfied that the grand agents of nature are, by the Creator's fiat, *indestructible*; and that wherever mechanical force is expended, an exact equivalent of heat is *always* obtained." (Herv. i. O.)[373]

Einen wichtigen Beitrag zur Geschichte des Energieerhaltungssatzes leistete Thomas S. Kuhn mit seiner Interpretation als ‚gleichzeitige Entdeckung'.[374] Mit der These der ‚simultaneous discovery' lenkte Kuhn das Augenmerk weg von den individuellen Naturforschern und der Frage ihrer Priorität hin zum wissenschaftshistorischen und gesellschaftlichen Kontext, in den die Formulierungen des Energieerhaltungssatzes eingebettet waren.[375] Kuhn nannte neben den drei in wissenschaftshistorischen Abhandlungen zum ersten Hauptsatz der Thermo-

---

der ökologischen Theologie wird die Verantwortung der jüdisch-christlichen Schöpfungstheologie an der Umweltzerstörung kontrovers debattiert. Im Zentrum steht dabei das dominium terrae („Macht Euch die Erde untertan.", Gen 1,28), die göttliche Zusicherung einer Konstanz der Schöpfung zu Gunsten des Menschen wird in diesem Zusammenhang jedoch auch thematisiert. Vgl. Bedford-Strohm, Heinrich: Schöpfung. Göttingen 2001.

373 Joule, James Prescott: Scientific Papers. London 1884, S. 157f.

374 Vgl. Kuhn, Thomas S.: „Energy Conservation as an Example of Simultaneous Discovery". In: Ders.: The Essential Tension. Selected Studies in Scientific Tradition and Change. Chicago und London 1977 [1959], S. 66-104.

375 Für alternative Wissenschaftsgeschichten zur Formulierung des Energieerhaltungssatzes siehe Haas, A. E.: Die Entwicklungsgeschichte von der Erhaltung der Kraft. Wien 1909. Haas benennt drei Motive: 1. Die Konstanzidee 2. Die Kausalitätsidee (Gleichsetzung von Ursache und Wirkung) 3. Die Einheitsidee (Vereinheitlichung der Naturphänomene). Elkana, Yehuda: The Discovery of the Conservation of Energy. London 1974. Elkana widerspricht Kuhns Darstellung als ‚simultaneous discovery' und hebt die Differenzen zwischen den Formulierungen von Mayer, Joule und Helmholtz hervor. Es handele sich bei der vermeintlich gleichzeitigen Entdeckung des Energieerhaltungssatzes vielmehr um verschiedene Formulierungen, die erst später verschmolzen wurden.

dynamik geläufigen Personen Mayer, Joule und Helmholtz neun weitere Naturforscher, die der Überzeugung waren, dass Wärme und Arbeit ineinander umwandelbar sind, und dafür einen Umwandlungskoeffizienten oder ein Äquivalent berechneten oder ein Kraftkonzept vertraten, das die Naturphänomene vereinheitlichte und das beinhaltete, dass die grundlegende Kraft weder erschaffen noch zerstört werden kann. In seiner Studie suchte Kuhn nach dem, was „die Zeit dafür reif machte", diesen neuen Blick auf die Natur, den all diese Naturforscher in den Jahren 1830-1850 entwickelten, hervorzubringen. Kuhn machte drei Faktoren aus, die das Fundament für diese Entwicklung bildeten: ‚availability of conversion processes', ‚concern with engines' und ‚philosophy of nature'.[376]

Die Reihe von wissenschaftlichen Entdeckungen seit 1800, angefangen mit Alessandro Voltas (1745-1827) ersten galvanischen Elementen (Batterien), ihre Klassifizierung als Umwandlungsprozesse und die Suche nach der Verbindung zwischen zunächst isoliert erforschten Phänomenen wie Licht, Magnetismus, Elektrizität, Wärme, Chemismus u.a. stellten für Kuhn den ersten Faktor dar. Das Konzept der universellen Umwandelbarkeit der Naturkräfte ist zwar nicht identisch mit dem Konzept der Energieerhaltung, jedoch fehlten von ihm aus nur noch kleinere konzeptionelle Schritte, um dorthin zu gelangen.[377]

Mit dem zweiten Faktor, der Beschäftigung mit Maschinen, wies Kuhn auf die Ingenieurswissenschaften, die Beschäftigung mit Energieumwandlungen in Maschinen, ihren Wirkungsgraden und besonders das in diesem Kontext entwickelte Konzept der Arbeit hin:

"Of the nine pioneers who succeeded, partially or completely, in quantifying conversion processes, all but Mayer and Helmholtz were either trained as engineers or were working directly on engines when they made their contribution to energy conservation. (...) To make the computation they needed the concept of work, and the source of that concept was principally

376 Kuhn 1977 a.a.O., S. 73.

377 Zum einen fehlte das philosophische Paradigma der Gleichheit von Ursache und Wirkung und zum anderen das Postulat der Unmöglichkeit eines Perpetuum Mobiles. Die Gleichheit von Ursache und Wirkung fordert ein quantitatives Äquivalent zwischen den sich ineinander umwandelnden Naturkräften. Existierte dieses Äquivalent nicht, wäre durch die Aneinanderreihung von Kräfteumwandlungen die Erschaffung von Kräften und somit ein Perpetuum Mobile möglich. Wie Kuhn anmerkte, zeigt diese Ableitung, dass alle Energieumwandlungen von den betreffenden Naturforschern als reversible Prozesse gedacht wurden und die Irreversibilität natürlicher Prozesse in diesem Diskurs ausgeblendet wurde. Vgl. Kuhn 1977 a.a.O., S. 80.

the engineering tradition. The concept of work is the most decisive contribution to energy conservation made by the nineteenth-century concern with engines."[378]

Hinweise auf den dritten Faktor, die Naturphilosophie, fand Kuhn in den großen konzeptionellen Sprüngen, welche die Naturforscher machten. Er sah in der tiefen Überzeugung vieler der Pioniere des Energieerhaltungssatzes, dass es eine einzige, allen Naturphänomenen zu Grunde liegende, unzerstörbare Kraft gebe, den Halt für diese großen Sprünge. Kuhn identifizierte in der Bereitschaft der Naturforscher, diese Einheit und Unzerstörbarkeit der Naturkräfte auch ohne experimentelle Grundlage zu behaupten, einen Einfluss der mit dem Namen Friedrich Schelling (1775-1854) verbundenen Naturphilosophie, welche die Naturauffassung vieler Menschen in den ersten beiden Jahrzehnten des 19. Jahrhunderts prägte.

In meiner Darstellung gesellschaftlicher Faktoren, die in die Formulierungen des ersten Hauptsatzes der Thermodynamik eingingen, fand das gesellschaftliche Verhältnis der Geschlechter bisher keine Berücksichtigung. Mit einer psychoanalytisch inspirierten Interpretation verschaffte Maria Osietzki der Kategorie Geschlecht in der Geschichte der Thermodynamik Aufmerksamkeit. Osietzki deutete die im Energieerhaltungssatz postulierte Unzerstörbarkeit und Unerschöpflichkeit der Naturkräfte als männliches Phantasma.[379] Sie hob einen Zusammenhang zwischen der geschlechtlichen Leiblichkeit des Mannes und der Entwicklung des ersten Hauptsatzes der Thermodynamik hervor. Aus der Vorstellung des quantitativ verlustfreien Wandels von Naturkräften in Arbeit analysierte Osietzki ein männliches Sehnen nach einer Loslösung aus der Abhängigkeit von der Natur. Die Beherrschung der Natur mit technischen Mitteln bleibe durch die Erhaltungsvision theoretisch verlustfrei und ohne Konsequenzen. Diesen thermodynamischen Blick auf die Natur charakterisierte Osietzki als männlich. Die Identifikation von ‚Natur' mit ‚der Frau' mache dieses Phantasma geschlechtsspezifisch. Psychoanalytisch gedeutet sei die Sehnsucht nach der Unabhängigkeit von natürlicher Reproduktion und der Natur eine Kompensation der männlichen Ausgeschlossenheit von der Reproduktion des menschlichen Lebens, wie sie sich in der Schwangerschaft sichtbar am Leib der Frau vollziehe. Osietzki führte das männliche Phantasma von der Unzerstörbarkeit der Energie zurück auf einen männlichen Gebärneid. Diesem Fundament ihrer Analyse stehe ich skeptisch gegenüber. Das Postulat eines männlichen Gebärneids birgt meines Erachtens das Problem, überzeitliche Geschlechterdifferenzen zu konstruieren

---

378 Kuhn 1977 a.a.O., S. 90.

379 Vgl. Osietzki 1995 a.a.O.

und es steht darüber hinaus in Bezug zur von feministischer Seite vielfach kritisierten psychoanalytische Theorie des Penisneids.[380]

Den in Osietzkis Interpretation der Geschichte des Energieerhaltungssatzes angesprochenen Ausschluss von Reproduktion verfolge ich in dem Sinn weiter, dass ich vermittelt über das Konzept der ‚Arbeit' und seine Einbettung in physikalische Diskurse und Interdiskurse, in denen thermodynamisches Wissen sich mit anderen Spezialdiskursen und allgemeinen Diskursen verband, die geschlechterpolitische Relevanz des Verhältnisses von Produktion und Reproduktion analysiere.[381] Osietzki leistete mit ihrem Ansatz einen Beitrag zur Geschichte der Thermodynamik als ‚Männlichkeitsgeschichte', und ihr Ansatz ermöglichte es, die Kategorie Geschlecht in Biographien über ‚große Männer' der Wissenschaftsgeschichte zu integrieren.

In Kuhns Interpretation der Formulierungen des ersten Hauptsatzes der Thermodynamik als ‚simultaneous discovery' wurde mit dem zweiten Faktor, der Beschäftigung mit Maschinen, schon auf das Konzept der Arbeit hingewiesen. ‚Arbeit' ist der Begriff, der zum nächsten Abschnitt überleitet, in dem die Anwendung thermodynamischen Wissens auf den menschlichen und tierischen Organismus thematisiert wird, und in dem ich Diskursverflechtungen des thermodynamischen Fachdiskurses rekonstruiere. Dabei wird ein Naturforscher, der bisher nur am Rande in meinen Ausführungen zum ersten Hauptsatz der Thermodynamik auftauchte, mehr in den Mittelpunkt rücken: Hermann von Helmholtz.

---

380 Angelika Saupe würdigt in ihrer Systematik und Kritik der feministischen Technikkritik ebenfalls die Arbeit Osietzkis und kritisiert unter anderem ihren Bezug auf einen männlichen Gebärneid. Saupe, Angelika: Verlebendigung der Technik. Perspektiven im feministischen Technikdiskurs. Bielefeld 2002, S. 129f.

381 Siehe Abschnitt 4.3.2 ‚Der Antagonismus zwischen Individuation und Fortpflanzung'.

4.2 Der Körper als thermodynamische Maschine

„Es ist ein Schauspiel für die Götter, den Muskel arbeiten zu sehen, wie den Zylinder einer Dampfmaschine."[382]

Hermann von Helmholtz wies selbst auf die erstaunliche Tatsache hin, dass zwei deutsche, an Physiologie interessierte Ärzte, Julius Robert Mayer und Helmholtz selbst, einen entscheidenden Beitrag zur Formulierung eines grundlegenden physikalischen Gesetzes geleistet hatten:

"Now, at first sight, it seems very remarkable and curious, that even physiologists should come to such a law. It appears more natural, that it should be detected by natural philosophers or engineers, as it was in England; but there is, indeed, a close connection between both the fundamental questions of engineering and the fundamental questions of physiology with the conservation of force."[383]

Seine Erklärung führt zum Kern dieses Abschnitts über den Körper als Maschine: die von Helmholtz benannte Verknüpfung zwischen Thermodynamik, Physiologie und Ingenieurswissenschaft. Diese Verknüpfung betrifft zunächst eine epistemologische Ebene. Wie Helmholtz ausführte, verbindet der Energieerhaltungssatz diese Wissensbereiche in fundamentaler Weise.[384] Das physi-

382 Emil du Bois-Reymond in einem Brief an Hermann von Helmholtz vom 09.02.1852. In: Christa Kirsten [et al.] (Hrsg.): Dokumente einer Freundschaft. Briefwechsel zwischen Hermann von Helmholtz und Emil du Bois-Reymond, 1846-1894. Berlin 1986, Brief Nr. 29, S. 123. Den Versuchsaufbau, auf den du Bois-Reymond sich hier bezieht, bezeichnet Helmholtz im Antwortbrief als „Muskelmaschine". Der Apparat sollte Fragen nach dem „Muskelstrom bei Zusammenziehung" beantworten. Dafür wurde ein isolierter Muskel durch elektrischen Strom kontrahiert.

383 Helmholtz, Hermann von: „On the Application of the Law of the Conservation of Force to Organic Nature", Vortrag gehalten am 12.04.1861 vor der ‚Royal Institution of Great Britain'. In: Wissenschaftliche Abhandlungen. 3 Bde. Leipzig (1882-1895). Bd. 3. Leipzig 1895, S. 565-580, hier S. 573.

384 Robert Brain und Norton Wise untersuchten diese Verknüpfung zwischen Physiologie, Physik und Ingenieurswissenschaft lokal anhand der Akteure der Berliner Physikalischen Gesellschaft, zu denen auch Helmholtz gehörte. Sie zeigten Verbindungen auf der Ebene der Forschungspraxis, der Instrumente und der graphischen Methoden auf. Vgl.: Brain, Robert und Wise, Norton: "Muscles and Engines: Indicator Diagrams and Helmholtz's Graphical Method". In: Lorenz Krüger (Hrsg.): Universalgenie Helmholtz. Rückblick nach 100 Jahren. Berlin 1994, S. 124-145.

kalische Gesetz der Energieerhaltung regiert demnach auch die organische Welt des menschlichen Körpers:

"Now if you compare the living body with a steam-engine, then you have the completest analogy."[385]

Die Analogie zwischen Organismus und Dampfmaschine hat Helmholtz nicht als Erster kreiert. Nach Kremer findet sich ihr erster Gebrauch bei Jean-Baptiste Dumas im Jahr 1841.[386]

Aber wie funktioniert eine Dampfmaschine? Um die Analogie zwischen Organismus und Dampfmaschine nachvollziehbar zu machen, beschreibe ich im Folgenden ihre Wirkungsweise: In einer Dampfmaschine wird durch Temperaturdifferenz mechanische Arbeit erzeugt. Im Brennstoff gespeicherte chemische Energie wird in Wärme und diese wiederum in mechanische Energie umgewandelt. In einem Boiler wird Wasser zu Wasserdampf erhitzt, der in einen Zylinder geleitet wird. Durch Kühlung und Einspritzen von kaltem Wasser kondensiert der Wasserdampf und der resultierende Unterdruck zieht einen Kolben abwärts.

Die ersten Dampfmaschinen von Thomas Newcomen (1663-1729) lösten damals, Anfang des 18. Jahrhunderts, noch keine große Euphorie aus. Vielmehr wurden die Newcomenschen Dampfmaschinen lediglich als eine andere Art von Wasserpumpen gesehen und stationär in Kohlebergwerken zum Abpumpen des Wassers eingesetzt. Der große Einfluss der Dampfmaschinentechnik setzte erst mit der Weiterentwicklung durch James Watt (1736-1819) ein. In Watts Weiterentwicklung waren Zylinder und Kondensator voneinander getrennt, was eine enorme Leistungssteigerung bewirkte, da der Kondensator gekühlt werden konnte, ohne ein vorzeitiges Kondensieren des Dampfes zu verursachen.[387] Watt führte für den quantitativen Vergleich der Maschinen den Begriff der ‚Pferdestärke' ein. Er definierte die Pferdestärke als Fußpfund pro Minute, als eine Maßeinheit, mit der ausgedrückt werden konnte, um welchen Weg ein Gewicht in einer bestimmten Zeit bewegt wurde.

In: Lorenz Krüger (Hrsg.): Universalgenie Helmholtz. Rückblick nach 100 Jahren. Berlin 1994, S. 124-145.

385 Helmholtz 1895 [1861] a.a.O., S. 574.

386 Vgl. Kremer 1990b a.a.O., S. 18.

387 Vgl. Farey, John: A Treatise on the Steam Engine. Historical, Practical, and Descriptive. London 1827, S. 321ff.

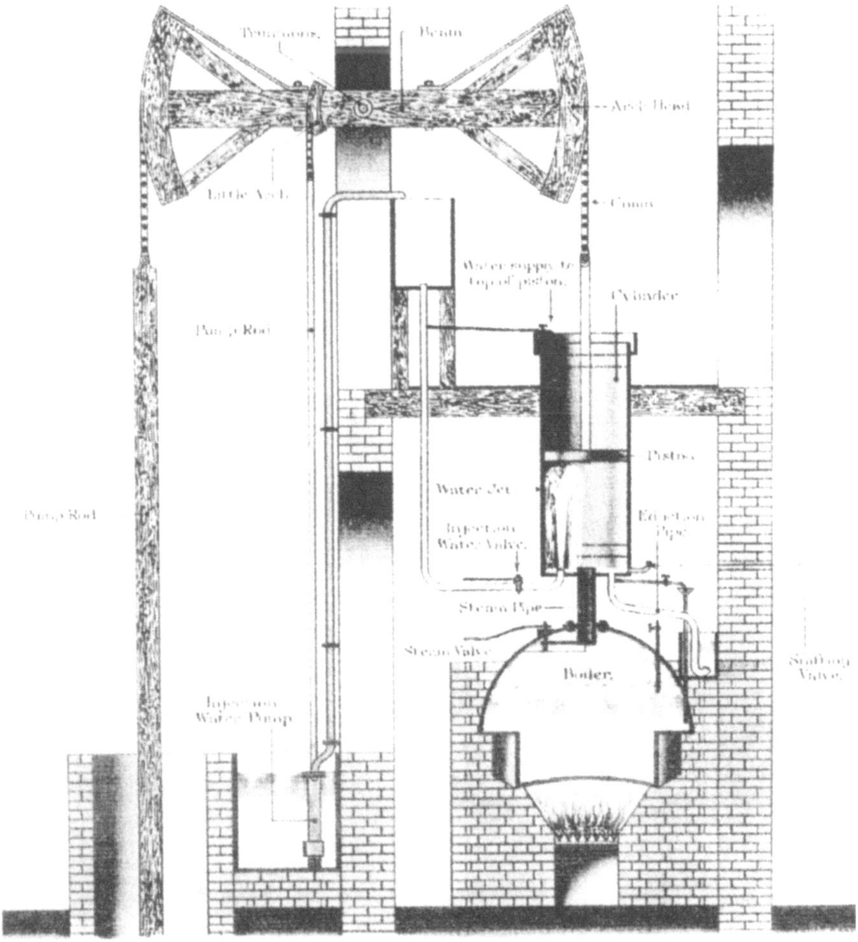

Abb. 4: Newcomens Dampfmaschine

Der wissenschaftliche Blick auf den Körper als energieumwandelnde Maschine brachte ein ganzes Forschungsprogramm, eine energetisch-mechanistische Schule der Physiologie, hervor.[388] In der Physiologie fand die Analogie zwischen

388 Die Vertreter dieser Schule selbst nannten ihr Forschungsprogramm ‚organische Physik'. Dem Berliner Kreis der ‚organischen Physiker' gehörten ferner Emil Brücke und wahrscheinlich Carl

Dampfmaschine und Organismus besonders auf dem Teilgebiet Anwendung, das sich mit dem Stoffwechsel beschäftigte. In der Metapher des Körpers als thermodynamische Maschine stand das ‚Füttern' der Dampfmaschine mit Kohle in Analogie zum Kohlenstoff in der menschlichen Nahrung: Beide ‚Maschinen' konsumierten Kohlenstoffverbindungen, um Wärme und aus der Wärme wiederum Arbeit zu erzeugen.

Abb. 5: Heidenhains ‚thermodynamisches' Muskelexperiment

Mit der thermodynamischen Methode wurde der Organismus (bzw. ein isolierter Teil des Organismus, wie z.B. ein Muskel) in der Physiologie als physikalisches System konzipiert. Der Energieerhaltungssatz besagt auf den Stoffwechsel bezogen, dass die chemische Energie, die durch das System aufgenommen wird, gleich der Wärme und der Arbeit ist, die das System verlässt. Mit der

---

Ludwig an. Für jüngste wissenschaftshistorische Sekundärliteratur zur ‚organischen Physik' vgl. Lenoir, Timothy: The Strategy of Life: Teleology and Mechanics in Nineteenth Century German Biology. Dordrecht 1982, 5. Kapitel und Kremer 1990b a.a.O., 1. Kapitel.

thermodynamischen Methode fand folglich eine Quantifizierung statt, die das ,Wie' der physiologischen Umwandlungsprozesse nicht thematisierte. Beobachtet und notiert wurden Input und Output des Systems. Ein Beispiel für einen solchen thermodynamischen Versuchsaufbau, in dem der erste Hauptsatz der Thermodynamik auf den aktiven Muskel angewendet wurde, ist das Experiment Rudolf Heidenhains (1834-1897). Heidenhain, seit 1859 ordentlicher Professor für Physiologie an der Universität Breslau, gehörte zu der ersten Generation von Schülern der Berliner Schule organischer Physiker.

Der Muskel ist an eine Zange (J) geklemmt und eine Thermosäule (α) berührt die Oberfläche des Muskels. Die Thermosäule, die im Querschnitt in der kleinen Abbildung rechts dargestellt ist, besteht aus der Säule, einem Korkrahmen und einem Blechrahmen. Die komplizierte parallele Hebelkonstruktion ($p\ q\ r\ s$ und $\gamma\ t\ x\ y$) hat die Funktion, dass die Thermosäule den Bewegungen des Muskels folgt und so immer dieselbe Stelle des Muskels an der Thermosäule anliegt. Zwei Kupferdrähte (g) führen von beiden Enden der Thermosäule zu zwei Quecksilbernäpfen (h). Der angehängte Nerv liegt über zwei Elektroden, durch die der Muskel zur Kontraktion angeregt wird. Heidenhain suchte mit diesem Versuchaufbau nach der experimentellen Bestätigung, dass der Energieerhaltungssatz auf die Muskelbewegung anwendbar ist. Danach ist die Summe aus Arbeit und Wärme konstant.[389]

Der Reduktion auf In- und Output des Organismus als physikalisches System liegt auch eine ökonomische Sichtweise auf den Organismus zu Grunde. Die Analogie zwischen dieser Experimentierweise und buchhalterischen Methoden wie der doppelten Buchführung ist erkennbar: Eingänge und Ausgänge werden notiert, um Differenzbeträge zu ermitteln. Die Systemveränderungen werden allein quantitativ beschrieben und das System selber wird als ,black box' gehandhabt. Das ,Wie' der Systemveränderungen bleibt im Dunkeln. In Bezug auf die von Antoine Laurent Lavoisier (1743-1794) eingeführte statische Methode wurde sie von Bernadette Bensaude-Vincent in ihrem sozialhistorischen und biographischen Kontext beschrieben.[390] Auch im Begriff ,Stoffwechsel' klingt eine ökonomische Sichtweise an: Wie in einer Wechselstube Währungen

389 Für eine Analyse dieses Versuchsaufbaus im Kontext konkurrierender physiologischer Schulen vgl. Kremer 1990b a.a.O., S. 392-410.

390 Vgl. Bensaude-Vincent, Bernadette: „Lavoisier: Eine wissenschaftliche Revolution". In: Michel Serres (Hrsg.): Elemente einer Geschichte der Wissenschaften. Frankfurt a. M. 1994 [franz. Orig. 1989], S. 645-685, hier S. 652. Für die Entwicklung von der ,statischen' Methode Lavoisiers zur ,thermodynamischen' Methode Helmholtz' siehe Kremer 1990b a.a.O., Teil 1, S. 28-259.

umgetauscht werden, werden im Organismus Stoffe umgewandelt. In der thermodynamischen Methode sind (im Unterschied zur Lavoisierschen statischen Methode) Wärme und Arbeit die Parameter der Input-Output-Messung, die nach dem Energieerhaltungssatz in einem festen Verhältnis zueinander stehen, nämlich dem mechanischen Wärmeäquivalent.

Wissenschaftshistorisch nahm Hermann von Helmholtz gemeinsam mit seinem langjährigen Freund und Kollegen, dem Physiologen Emil du Bois-Reymond (1818-1896) eine wichtige Position zur Etablierung der thermodynamischen Methode in der Physiologie und des energetisch-mechanistischen Forschungsprogramms, der ‚organischen Physik' ein. Wissenschaftspolitisch verfolgten die organischen Physiker das Ziel, den Vitalismus und sein Konzept der *vis viva* (Lebenskraft) zu verdrängen. Die Rhetorik in dieser wissenschaftlichen Kontroverse war gewaltig, wie ein Ausschnitt aus einem Brief von Helmholtz an seinen Mitstreiter du Bois-Reymond belegt:

„Hast Du R. Wagners letzten physiologischen Brief in der Augsburger Allgemeinen Zeitung 5. Juni des Jahres gelesen? Er läßt sich darin über die physikalisch-physiologische Schule los, ein junges Titanengeschlecht, mit ikarischen wächsernen Flügeln."[391]

Die Metapher des jungen Titanengeschlechts reflektierte den beinahe göttlichen Übermut und die Siegessicherheit, mit der die aufstrebenden Nachwuchswissenschaftler antraten, ihr Programm durchzusetzen. Auch der Bedeutungsgehalt der ungeheueren Kraft der Titanen macht die Wirkung der Metapher aus. Der kritische Gehalt der Metapher liegt in der Prognose der Niederlage, denn nach der griechischen Mythologie unterlagen die Titanen den olympischen Göttern im Kampf unter der Führung Zeus'. Auch das Bild der ikarischen Flügel enthält das Motiv des Scheitern, denn das ehrgeizige Projekt des gen Sonne Emporstrebens misslang laut der griechischen Mythologie, weil die wächsernen Flügel durch die Nähe zur Sonne schmolzen.[392] Diese Metapher zur Beschreibung der organischen Physiker transportiert sowohl die ungeheure Kraft und den Willen der jungen Wissenschaftler als auch die kritische Prognose des Autors in Bezug auf das Gelingen ihres Projekts.

Auch in dieser Kontroverse wurde um epistemologische Grundauffassungen gestritten. Die Vertreter der organischen Physik warfen den Vertretern des Vitalismus vor, dass das Konzept der *vis viva* keine wissenschaftliche Erkenntnis darstelle, sondern vielmehr die Lebensvorgänge mystifiziere:

---

391 Kirsten [et al.] 1986 a.a.O., Brief Nr. 34 vom 20.06.1852, S. 132.

392 Zum Mythos der Titanen und des Ikaros vgl. Ranke Graves 2000 a.a.O., S. 30 und S. 283.

„Es bedeutete durchaus keinen Forschritt, als Mitte des 18. Jahrhunderts (...) die Lehre des Vitalismus verbreitet wurde. Ein Schlagwort ohne bestimmten Inhalt, das jahrzehntelang in der biologischen Wissenschaft herrschte und die Entwicklung derselben gehindert hat. Die Versuche einer physikalisch-chemischen Weltklärung des Lebensprozesses wurden verworfen, über den natürlichen Vorgängen stand, alles beherrschend die *Lebenskraft* (...) als einer von der Materie ablösbaren, selbständig existierenden Kraft. Von dieser Art Kraft hatte man aber keine Vorstellung, denn man definierte sie als ‚die unbekannte Ursache der Erscheinungen'."[393]

Wie das Zitat aus dem viel beachteten Vortrag des Berliner Physiologie-Professors Max Rubner (1854-1932) in der Plenarsitzung der 80. Versammlung der Gesellschaft Deutscher Naturforscher und Ärzte 1908 in Köln deutlich macht, ging es um epistemologische Fragen wie: Was gilt als wissenschaftliches Wissen? Auf welchem Weg kann wissenschaftliches Wissen gewonnen werden, und welchem Ziel soll es dienen? Dem auf Hypothesen basierenden ‚Philosophieren' der Vitalisten wurde eine experimentelle Praxis der Naturerkenntnis entgegengesetzt. Dabei wurde die lebendige Natur nicht länger als von der toten Natur getrennt konzipiert – wie es im Vitalismus durch *vis viva* als ein selbstständiges Prinzip für die lebendige Natur geschah – sondern beide Bereiche wurden unter Anwendung physikalisch-chemischer Gesetze und Methoden vereinheitlicht.

In dieser Kontroverse galt der Energieerhaltungssatz auf der Seite der organischen Physiker als mächtigstes Instrument im Kampf gegen den Vitalismus:

„Das Gesetz der Erhaltung der Kraft hat zur definitiven Beseitigung und Überwindung des Vitalismus in der Biologie einen letzten Anstoß gegeben, (...)."[394]

Der Berliner Anatomie-Professor Oscar Hertwig (1849-1922) hob in einem berühmt gewordenen Vortrag aus dem Jahre 1900, in dem er die Leistungen und Fortschritte der Biologie der vergangenen 100 Jahre zusammenfasste, die Rolle des Energieerhaltungssatzes als „Leitstern" im Kampf gegen den Vitalismus hervor:

„(...) gleichzeitig [erhob] siegreich ihr Haupt eine physikalische Richtung in der Physiologie. Im Kampfe mit dem Vitalismus, (...), wurde ihr oberster Grundsatz, dass auch die Organismen

393 Rubner, Max: „Kraft und Stoff im Haushalt des Lebens". In: Verhandlungen der Gesellschaft Deutscher Naturforscher und Ärzte. Jg. 80, 1. Teil: Vorträge in den allgemeinen Sitzungen. Leipzig 1909, S. 54-78, hier. S. 55.

394 Rubner 1909 a.a.O., S. 56.

der Herrschaft der allgemeinen Naturkräfte unterthan sind; ihr Leitstern wurde das von Robert Mayer und Helmholtz begründete Gesetz von der Erhaltung der Kraft."[395]

Helmholtz' Formulierung des Energieerhaltungssatzes stand demnach im Kontext der Durchsetzung eines Forschungsprogramms, das einen energetisch-mechanistischen Blick auf den menschlichen und tierischen Körper zu etablieren suchte.

Helmholtz' Aufsatz „Über die Erhaltung der Kraft", der ihn als einen der Entdecker des Energieerhaltungssatzes gelten lässt, war ein Meilenstein sowohl in der Etablierung dieses Forschungsprogramms als auch in Helmholtz' akademischer Karriereplanung.[396] Briefe an seine Verlobte und zukünftige Frau Olga von Velten lassen eine weitere Dimension sichtbar werden, die das Geschlechterverhältnis betrifft. Helmholtz schrieb in der Zeit, als er an dem Manuskript „Über die Erhaltung der Kraft" arbeitete, glühende Liebesbriefe an Olga von Velten. Er fühlte sich durch die erwiderte Liebe an Olga von Velten begnadet und überglücklich. Zum zehnwöchigen Verlobungsjubiläum schieb er:

„Ich gehe umher mit dem seeligen Gefühl, als hätte ich ein besonderes Gnadengeschenk des Himmels bekommen, wie es vielleicht nur wenigen beglückten Menschen zu Theil wird; mein Herz ist fortdauernd mit einer so festlichen Freudigkeit erfüllt, die ich Dir gar nicht schildern, und für die ich Dir nicht genug danken kann."[397]

Neben der Beflügelung durch sein Verliebtsein und sein Glück, das ihn bei der Verfassung des Manuskripts „Über die Erhaltung der Kraft" begleitete, benannte Helmholtz in den Briefen an seine Verlobte einen Aspekt, der ihn anspornte, diesen Meilenstein für seine Reputation als Wissenschaftler zu setzen. Helmholtz

395 Hertwig, Oscar: „Die Entwicklung der Biologie im 19. Jahrhundert". In: Verhandlungen der Gesellschaft Deutscher Naturforscher und Ärzte. Jg. 72, 1. Teil: Vorträge in den allgemeinen Sitzungen. Leipzig 1901, S. 41-58, hier S. 51. Hertwig selbst distanzierte sich im Ausblick jedoch von der organischen Physik und nannte diese und den Vitalismus gleichermaßen dogmatisch.

396 Vgl. Helmholtz 1889 [1847] a.a.O. Helmholtz hatte das Manuskript bei Poggendorffs ‚Annalen der Physik' eingereicht, es war dort aber nicht angenommen worden. (Vgl. Brief von du Bois-Reymond an Helmholtz vom 4.08.1847. In: Kirsten [et al.] 1896 a.a.O., Brief Nr. 9, S. 82.) Du Bois-Reymond empfahl Helmholtz den Verleger G. Reimer, der den 72 Seiten langen Aufsatz dann noch im selben Jahr verlegte.

397 Brief Nr. 2 vom 20.05.1847. In: Richard L. Kremer (Hrsg.): Letters of Hermann von Helmholtz To His Wife (1847-1859). Stuttgart 1990a, S. 6. Ich danke Robert Brain, History of Science Department, Harvard University, für den Hinweis auf die Briefe Helmholtz' an seine zukünftige Frau. Die 37 erhaltenen Briefe der Hermann-Olga von Helmholtz Korrespondenz sind seit 1948 im Besitz der Houghton Library der Harvard University.

hatte sich, um das Medizinstudium finanzieren zu können, für acht Jahre (ab 1843) als Militärarzt verpflichtet. Mit seinem monatlichen Gehalt von 210 Talern als Militärchirurg konnte er es sich nicht leisten zu heiraten. Zu diesem Zeitpunkt standen ihm wegen seiner Verpflichtung dem Militär gegenüber noch vier weitere Jahre mit diesem geringen Einkommen und folglich ohne Aussicht auf rasche Heirat bevor. Die Arbeit an seiner Reputation als Wissenschaftler und das Anstreben der besser entlohnten akademischen Laufbahn waren für Helmholtz eine Möglichkeit, aus dieser finanziellen Sackgasse und damit auch aus der Sackgasse für seine Heiratspläne zu entkommen. In diesem Zusammenhang stehen die Briefpassagen, in denen Helmholtz Olga von Velten Rechenschaft über seine wissenschaftlichen Fortschritte ablegte:

„Heute laß nun nur Gnade für Recht ergehen, meine kleine Königin; wenn ich Dir aber ein anderes Mal keine bessere Abrechnung vorlegen kann dann schilt, was Du schelten kannst, und sieh mich nicht an. Je mehr ich darüber nachdenke desto mehr verwünsche ich meine Lässigkeit, denn Deine Zukunft ist ja meinem Fleiße anvertraut."[398]

Das Ziel Helmholtz', sich eine wissenschaftliche Reputation aufzubauen, war verwoben mit dem Motiv, baldmöglichst die Ehe mit der geliebten Frau eingehen zu können. Die von Helmholtz gelebte bürgerliche Geschlechterordnung band seine Ehefrau an die häusliche Sphäre und schloss eine Erwerbsarbeit seiner Ehefrau aus. Auf der männlichen Seite dieser Geschlechterordnung war entsprechend ein beruflicher Erfolg gefordert, der ein Einkommen hervorbrachte, das einen bürgerlichen Haushalt finanzieren konnte. Bezogen auf seine Wissenschaftlerkarriere war die beschriebene bürgerliche Geschlechterordnung ein positiver und beschleunigender Faktor. Die Entwicklung der wissenschaftlichen Karriere, der ‚bürgerlichen Karriere' und das Verlangen, mit der Frau, die er liebte, in einem eigenen Haushalt zusammen leben zu können, waren durch diese Strukturen verwoben. Sein beruflicher Ehrgeiz und seine emotionale Sehnsucht erscheinen in den Briefen an seine zukünftige Frau als eng miteinander verknüpft.

In einem anderen Brief berichtete Helmholtz Olga von Velten über den Stand der Dinge seines Manuskripts „Über die Erhaltung der Kraft", das er bis zum Besuch bei ihr fertig gestellt haben wollte, nun aber doch nach dem Besuch noch einmal redigieren müsse:

„Ich freue mich so unendlich, Dich wiederzusehen, es ist ja die längste Trennung, die wir bisher zu bestehen gehabt haben, und ich werde dieses Mal mit gutem Gewissen mich freuen

398 Kremer 1990a a.a.O., Brief Nr. 1 vom 06.04.1847, S. 3.

können. Länger würde ich es auch nicht aushalten; so lange ich reichlich zu arbeiten habe, hält mich der Gedanke, daß ich für unsrer beider Zukunft arbeite, aufrecht."[399]

Bedingt durch die bürgerliche Geschlechterordnung, die ihn als ‚Versorger' konstruierte, imaginierte Helmholtz seine zukünftige Frau als Instanz, vor der er Rechenschaft über seine Tätigkeit mit dem Ziel einer finanziell abgesicherten akademischen Karriere ablegen müsse. Dieser über die bürgerliche Geschlechterordnung hergestellte Zwang war Helmholtz täglich Ansporn und sein Verliebtsein verlieh ihm Flügel, den Meilenstein eines bedeutenden wissenschaftlichen Beitrags zu erreichen. Aus geschlechteranalytischer Perspektive ist interessant, dass sein emotionaler Höhenflug parallel zu seinem wissenschaftlichen Höhenflug stattfand, und dass sich Karriereplanung und Eheplanung bei ihm in enger Weise verschränkten.

Diese Verschränkung lässt sich unterscheiden von der Förderung seiner wissenschaftlichen Karriere, die er in einer bürgerlichen Ehe durch die geschlechtsspezifische Arbeitsteilung erfuhr. Den Vorteil der Ehe für einen Wissenschaftler legte Helmholtz seinem (zu diesem Zeitpunkt noch unverheirateten) Freund und Kollegen du Bois-Reymond dar:

„Ich kann Dir mit bestem Gewissen empfehlen, Dir bei erster Gelegenheit eine ebenso liebenswürdige Frau anzuschaffen, wie ich sie mir erworben habe. Denn abgesehen von der für einen Junggesellen gar nicht zu beschaffenden Bequemlichkeit der Existenz und der Beseitigung einer Menge von Dingen, um die man sich sonst notwendig bekümmern muß, gibt es dem Geiste eine so vollständige Befriedigung in der Gegenwart, eine so ruhige Sicherheit des Besitzes, daß auch meine Arbeitsfähigkeit beträchtlich wieder zugenommen hat."[400]

Seine Karriereplanung und Eheplanung ging auf, und er wurde nach der Veröffentlichung seiner Arbeit „Über die Erhaltung der Kraft" mit der Unterstützung des Anatomieprofessors Johannes Müller und Alexander von Humboldts aus der Verpflichtung dem Militär gegenüber befreit. Er trat im September 1848 eine Anstellung als Assistent am anatomischen Museum in Berlin und als Anatomie-Dozent an der Akademie der Künste zu Berlin an. Die damit einhergehende Gehaltserhöhung auf 600 Taler monatlich ermöglichte ihm zu diesem Zeitpunkt noch keine Heirat. Als er jedoch im darauf folgenden Jahr im Mai 1849 zum außerordentlichen Professor für Physiologie an der medizinischen Fakultät der Königsberger Universität ernannt wurde und in dieser Anstellung 800 Taler

---

399 Kremer 1990a a.a.O., Brief Nr. 4 vom 12.06.1847, S. 13.

400 Kirsten [et al.] a.a.O. 1986, Brief Nr. 12 vom 14.10.1849, S. 86.

monatlich verdiente, heiratete er Olga von Velten am 29. August 1849.[401] Die Freude über das erreichte Ziel brachte Helmholtz in seinem Einladungsschreiben an seinen Kollegen und Freund Emil du Bois-Reymond zum Ausdruck:

„Ich kann Dich im Guten nicht von der Teilnahme an dieser Feierlichkeit dispensieren, weil ich es zu ungern sehen würde, wenn mein bester Freund an dem freudenreichsten Tage meines Lebens, dem Zielpunkte jahrelanger Bemühungen, keinen Teil haben sollte. Also überwinde Deine Scheu gegen alle Leute, welche nicht Physiologen sind, und komm."[402]

Diese Analyse zur Relevanz des Geschlechterverhältnisses im biographischen Kontext Helmholtz' ist eine geschlechterpolitische Dimension neben anderen. Der Energieerhaltungssatz birgt neben den von Helmholtz genannten Verknüpfungen zwischen Physiologie und Physik noch weitere Diskursüberschneidungen, die für die Interpretation des Zusammenhangs von Energieerhaltung und Frauenbildung bedeutsam sind. Auf einen Zusammenhang mit den „fundamental questions of engineering" hatte Helmholtz im Eingangszitat selbst hingewiesen. Vor diesem Hintergrund ist es notwendig, die industrielle Revolution und die Entwicklung der Dampfmaschinentechnik in die bisherige Analyse einzubeziehen.

In Deutschland setzten um 1835, und damit ungefähr ein halbes Jahrhundert später als in England, die industrielle Revolution und die damit bezeichneten ökonomischen Veränderungen ein. Ich beschränke mich hier auf die Aspekte dieses weitreichenden historischen Wandels, die für die Interpretation des Zusammenhangs von Energieerhaltung und Frauenbildung relevant sind. Mit der industriellen Revolution wurde die Dampfmaschine zum Vehikel für Analogien zwischen Menschen und Maschinen. Im 17. und 18. Jahrhundert war die Uhr das Vorbild für mechanistische Naturauffassungen. Die gleichmäßige Regelhaftigkeit ihrer Bewegungen war Modell für die Bewegungen der Himmelskörper und der Lebewesen. Faszination ging auch von der selbsttätigen Bewegung der Uhr aus, die sie in die Nähe des Lebendigen rückte. In der Metapher der Natur als Uhr nimmt Gott als Schöpfer die Rolle des Uhrmachers ein. In dieser physikotheologischen Vorstellung bewegt die Natur sich nach einer von Gott festgelegten Regelmäßigkeit. Gegen Ende des 18. Jahrhunderts vollzog sich ein

401 Helmholtz' weitere Karrierestationen waren: 1852 Ernennung zum ordentlichen Professor für Physiologie an der medizinischen Fakultät der Königsberger Universität; 1855 Ruf als Ordinarius für Physiologie und Anatomie nach Bonn; 1858 Ruf nach Heidelberg, Physiologisches Institut und 1871 Physik-Professur an der Friedrich-Wilhelms-Universität Berlin. Vgl. Kremer 1990a a.a.O., S. xii, S. 3 Fußnote 12 und Breger 1982 a.a.O., S. 211-213.

402 Kirsten [et al.] 1986 a.a.O., Brief Nr. 11 vom 19.08.1849, S. 85.

Wandel der an der Metapher der Uhr orientierten mechanistischen Naturauffassung: Von Vertretern einer romantischen Naturphilosophie wurden Maschinen nun negativ als widernatürlich identifiziert.[403] Ein erneutes Erstarken einer mechanistischen Naturauffassung stand in Deutschland im Kontext der industriellen Revolution, jedoch nahm in diesem Wandel in den 1830er und 1840er Jahren eine andere Maschine als die Uhr den Platz des Modells in mechanistischen Naturauffassungen ein. Helmholtz beschrieb diesen Metaphernwandel wie folgt:

„Jenen Erbauern der Automaten des vorigen Jahrhunderts erschienen Menschen und Tiere als Uhrwerke, welche nie aufgezogen würden, und die sich ihre Triebkraft aus nichts schafften; man wußte die aufgenommene Nahrung noch nicht in Verbindung zu setzen mit der Krafterzeugung. Seitdem wir aber an der Dampfmaschine diesen Ursprung von Arbeitskraft kennen gelernt haben, müssen wir fragen: Verhält es sich beim Menschen nicht ähnlich? (...) Der Tierkörper unterscheidet sich also durch die Art, wie er Wärme und Kraft gewinnt, nicht von der Dampfmaschine, (...).“[404]

Von der Dampfmaschine, in ihren verschiedenen Varianten als Werkzeugmaschine in der Fabrik, als Lokomotive auf den Schienen oder als Dampfboot auf dem Wasser ging eine Faszination und ein beflügelter Forschrittsglaube aus. Mittels der Dampfmaschine wurden Raum und Zeit in *loco motion* überwunden und in den Fabriken übertrafen die durch Dampfmaschinen angetriebenen Werkzeugmaschinen menschliche Arbeitskraft und ersetzten sie.

In der Sekundärliteratur wird betont, dass der erste Hauptsatz der Thermodynamik (im Gegensatz zum zweiten Hauptsatz) nicht unmittelbar aus der Dampfmaschinentechnik hervorgegangen sei.[405] Im strengen Sinne, da weder Mayer noch Helmholtz Dampfmaschinen-Ingenieure waren, mag dies zutreffend sein. Im weiteren Sinne jedoch war die Dampfmaschine für Helmholtz und auch für Mayer ein wichtiges heuristisches Instrument. Für Mayer belegt dies ein Brief aus dem Jahr 1842 an seinen Freund und Kollegen, den Arzt und späteren Medizinprofessor Wilhelm Griesinger, in dem er ihm seine Forschungen zum Energieerhaltungssatz über mehrere Briefseiten zusammenfasst:

„Wäre sonst nichts als Bewegung und Wärme ins Auge zu fassen, so könnten wir eine Dampfmaschine auch ein warmblütiges Tier nennen; auch in ihr verwandelt sich die chemische Differenz, die zwischen ihrer Nahrung und dem *O* der Atmosphäre besteht, teils in Wärme, teils in Bewegung; beide zusammen genommen geben natürlich wieder das Mass der ersteren. Zieht

403 Vgl. Breger 1982 a.a.O., S. 137.

404 Helmholtz 1925 [1854] a.a.O., S. 61f.

405 Vgl. Breger 1982 a.a.O., S. 141 und Osietzki 1995 a.a.O., S. 22.

man freilich vor, im tierischen Organismus Wärme und Bewegung durch Lebensäther, Nervengeister, Muskelkraft zu erklären, dann hört alles auf, und es geht, wie man wohl weiss wie."[406]

Die Analogie zwischen Dampfmaschine und Organismus war produktiv für die Formulierung des Energieerhaltungssatzes und für die Stoffwechselphysiologie. Mayer grenzte die für seine Forschung produktive Dampfmaschine-Organismus-Analogie von den nach seiner Überzeugung unproduktiven und in die Irre führenden Leitmetaphern des Vitalismus ab.[407] Damit wies Mayer der Analogiebildung in der Produktion naturwissenschaftlichen Wissens im Allgemeinen einen legitimen Platz zu. Er plädierte nicht für die Vermeidung der Analogiebildung und den Gebrauch von Metaphern, sondern stritt um die ‚bessere' Metapher und Analogie anhand eines konkreten Falls. Die oben zitierte Briefstelle belegt die heuristische Funktion der Analogie zwischen Dampfmaschine und Organismus für Mayers Forschung. Diese produktive Rolle, welche die Vorstellung des menschlichen Körpers als Maschine in Mayers physiologischen Studien spielte, hat auch Breger herausgearbeitet. Und Andreas Knie gab der energetisch-mechanistischen Sicht auf den menschlichen Körper den treffenden Namen ‚Dampfmaschinenblick'.[408]

Wie sich schon im vorangehenden Abschnitt 4.1 anhand der Definition von Energie als Fähigkeit Arbeit zu leisten andeutete, vermittelt der Begriff der ‚Arbeit' die Überschneidung zwischen Physik, Physiologie, Ökonomie und Maschinentechnik.[409] Norton Wise skizzierte die Art der Verknüpfung zwischen Ökonomie und Physik in der Thermodynamik als Vermittlungsprozess und bezeichnete die Dampfmaschine in diesem Zusammenhang als ‚mediating machine':

406 Mayer 1893 a.a.O., Brief Nr. VII. 1. vom 30.11.1842, S. 181f. Weitere Verweise auf die Analogie zwischen Dampfmaschine und Organismus in Briefen Mayers vgl. Mayer 1893 a.a.O., S. 179 und S. 210.

407 Polemik gegen die Metaphern und Begriffe der Vitalisten finden sich in Mayers Briefen an weiteren Stellen. Vgl. Mayer 1893 a.a.O., S. 181.

408 Vgl. Breger 1982 a.a.O., S. 181-184 und Knie, Andreas: „Versiegelter Zeitgeist: Hauptsätze der Thermodynamik mit überschrittenem Verfallsdatum?" In: Wechselwirkung. Nr. 54 (1992) S. 13-17.

409 Der Arbeitsbegriff lässt sich in noch weiteren Spezialdiskursen (z.B. Theologie und Mathematik) ausmachen und auf Wechselwirkungen hin untersuchen. Ich beschränke mich hier jedoch auf für meine Argumentation zur ‚energetischen Ökonomie der Geschlechterdifferenz' direkt relevante Spezialdiskurse.

"The engine therefore embedded both the natural philosopher's 'energy' and the political economists' 'labor value' as work. Therein lies the most essential feature of its mediating role."[410]

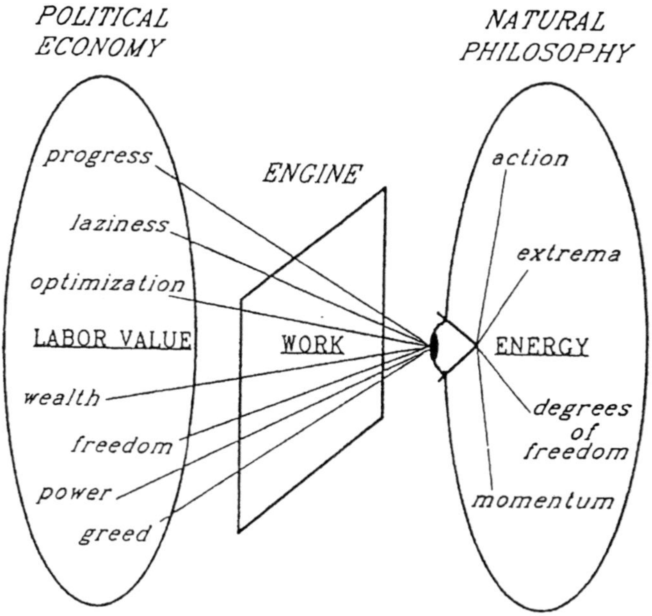

Abb. 6: Dampfmaschine als ,Mediating Machine'

Der Begriff der Arbeit ist das verbindende Element in der Metapher des Körpers als thermodynamische Maschine. Ein Blick in Helmholtz' Ableitung des Energieerhaltungssatzes belegt Helmholtz' Gebrauch des Begriffs und weist auf einen Zusammenhang mit der Beschäftigung mit Maschinentechnik hin:

410 Wise, Norton M.: „Mediating Machines". In: Science in Context. Jg. 2, Nr. 1 (1988), S. 77-113, hier S. 80.

„Die Arbeitsgrösse, welche gewonnen und verbraucht wird, kann bekanntlich ausgedrückt werden als ein auf eine bestimmte Höhe *h* gehobenes Gewicht *m*; sie ist dann *mgh*, wo *g* die Intensität der Schwerkraft. Um senkrecht frei in die Höhe *h* emporzusteigen braucht der Körper *m* die Geschwindigkeit $v = \sqrt{2gh}$; und erlangt dieselbe wieder beim Herabfallen. Es ist also $\frac{1}{2} mv^2 = mgh$; folglich kann die Hälfte des Products mv^2, welches in der Mechanik bekanntlich ‚die Quantität der lebendigen Kraft des Körpers *m*' genannt wird, auch an die Stelle des Maasses der Arbeitsgrösse gesetzt werden."[411]

Die Deduktion, die Helmholtz hier präsentierte, stellte eine Verknüpfung der Definition von Arbeit als Kraft mal Weg mit der Definition der ‚lebendigen Kraft'[412] her. Jedoch erschien der Ausdruck der ‚lebendigen Kraft' in modifizierter Form. Anstatt mv^2 (Masse mal Geschwindigkeit im Quadrat) führte Helmholtz $\frac{1}{2} mv^2$ ein. Mit dieser Reformulierung war erreicht, dass Arbeit und ihr Maß hervorgehoben wurden, denn zahlenmäßig ist mit dieser Reformulierung die ‚lebendige Kraft' eines Systems gleich der im System gespeicherten Arbeit. Kuhn argumentierte, dass diese Reformulierung der ‚lebendigen Kraft' und ihre Verbindung mit dem Arbeitsbegriff als ‚Kraft mal Weg' ein Hinweis auf Verknüpfungen mit der Maschinentechnik, besonders der französischen Schule der theoretischen Ingenieurwissenschaft, ist: "The concept work is the most decisive contribution to energy conservation by 19th-Century concerns with engines."[413]

Helmholtz erklärte in seinem bekannten, an ein allgemeines Publikum adressierten Vortrag „Über die Wechselwirkung der Naturkräfte" aus dem Jahr 1854 zur Begriffsgeschichte der Arbeit und ihrer Verflechtungen mit dem Ingenieurswesen:

„Der Begriff der Arbeit ist auf Maschinen offenbar übertragen worden, indem man ihre Verrichtungen mit denen der Menschen und Tiere verglich, zu deren Ersatz sie bestimmt waren.

---

411 Helmholtz 1889 [1847] a.a.O., S. 8.

412 Der Begriff der ‚lebendigen Kraft' stammt aus der klassischen Mechanik, die auch ein Gesetz von der ‚Erhaltung der lebendigen Kraft' kannte. Nach der Definition der klassischen Mechanik ist Kraft all das, was Bewegung erzeugt, verringert und ändert. Die in der Mitte des 19. Jahrhunderts zirkulierenden verschiedenen Kraftbegriffe und ihre Mehrdeutigkeit sind aus heutiger Perspektive verwirrend. Julius Robert Mayer beklagte selbst „eine jammervolle Begriffsverwirrung" in Bezug auf den Begriff der Kraft. Nach Breger lag in der Mehrdeutigkeit jedoch ein innovatives Moment, das die Formulierung des Energieerhaltungssatzes förderte. Später erst wurde die Bedeutung von Kraft auf den Newtonschen Kraftbegriff eingeschränkt und für das treibende Agens der Natur der Fachbegriff ‚Energie' eingeführt. Mayer, Julius Robert: Kleinere Schriften und Briefe nebst Mittheilungen aus seinem Leben. Hrsg. von Jacob J. Weyrauch. Stuttgart 1893, S. 180 und Breger 1999 a.a.O.

413 Kuhn 1977 a.a.O., S. 84-90, Zitat S. 90.

Noch heute berechnet man die Arbeit der Dampfmaschinen nach Pferdekräften." Und er fährt an späterer Stelle fort: „Wir haben bisher die Kraftentwicklung durch Naturprozesse nur in ihrem Verhältnis zum Nutzen des Menschen betrachtet, als Arbeitskraft in Maschinen. Jetzt sehen wir, daß wir ein allgemeines Naturgesetz vor uns haben, welches besteht, ganz unabhängig von der Anwendung, die der Mensch den Naturkräften gibt; (...) Zunächst ist es klar, daß wir die Arbeit, welche durch irgendeinen Naturprozeß in einer Maschine unter günstigen Bedingungen erzeugt wird (...) als ein allen gemeinsames Maß der Kraft benutzen können."[414]

Helmholtz wies hier auf den Kontext der industriellen Revolution und den Ersatz menschlicher Arbeitskraft durch Maschinen hin. Der von ihm beschriebene Verallgemeinerungs- und Abstraktionsprozess vollzieht sich über den Vergleich bzw. die Gleichsetzung der menschlichen Arbeit mit der Maschinenarbeit, um dann schließlich auch auf in der Natur gespeicherte Arbeitskraft zu abstrahieren. Das Konzept ‚Arbeit' ist damit als universelles und gleichmachendes Maß eingeführt. Mit diesem abstrakten Begriff der Arbeit werden Menschen, Tiere, Maschinen und die Natur als universelle Arbeitskraftspeicher und -verrichter konzipiert.

Jens Pukies argumentierte mit Karl Marx' Kritik der politischen Ökonomie werttheoretisch, dass die allgemeinen und abstrakten Begriffe von Wärme und Arbeit, wie sie im Energieerhaltungssatz definiert wurden, erst durch die Verbreitung der Dampfmaschinentechnik und der industriellen Produktionsweise ermöglicht wurden. Mit der Dampfmaschinentechnik, ihrer großen Verbreitung und ihrem industriellen Einsatz, hätte sich eine Auffassung der Energieformen Wärme und Arbeit als Waren entwickelt. Arbeit und Wärme sind nach dem Energieerhaltungssatz verschiedene Erscheinungsformen der Energie. Darüber hinaus sei die Energie ihre gemeinsame Wertform. Die Umwandlung der Energieformen nach dem Energieerhaltungssatz weist folglich strukturelle Korrelationen mit dem Warentausch in einer kapitalistischen Gesellschaft auf. Die Energie als Wertform der verschiedenen Energieformen korreliert demnach mit dem Geld als Wertform der Waren.[415]

Die strukturelle Analogie zwischen Geld und Energie begleitete den Energieerhaltungssatz von Anbeginn. In zwei an ein allgemeines Publikum gerichteten Vorträgen über den Energieerhaltungssatz setzte Helmholtz in seinen Ausführungen über die Unmöglichkeit, Energie aus Nichts zu erschaffen, seinen physikalischen Begriff der ‚Arbeitskraft' mit Geld analog: „Arbeit aber ist

414 Helmholtz 1925 [1854] a.a.O., S. 36 und S. 48.

415 Vgl. Pukies, Jens: „Energie – Was ist das?" In: Wechselwirkung. Jg. 2, Nr. 4 (1980), S. 35-38.

Geld."[416] Auch Wilhelm Ostwald bediente sich in seinem Lehrbuch, in dem er den Energieerhaltungssatz und das Entropieprinzip auf gesellschaftliche Fragen anwendete, in der Vorlesung über „Wert und Tausch" mit Begeisterung der Analogie des Geldes, das er an anderer Stelle als „die gegenwärtig konzentrierteste und umwandlungsfähigste Form der nutzbaren Energie" bezeichnete.[417] Ostwald erklärte seinem Publikum, dass „(...) das Geld eine merkwürdige Ähnlichkeit mit der Energie [erlangt], die in seiner *allgemeinen Umwandlungsmöglichkeit liegt.*" (Herv. i. O.) Im Schlusssatz seiner Vorlesung stellte er affirmativ fest, dass „(...) es (das Geld, D.H.) die gewaltigste Zusammenfassung der Gesamtenergie darstellt, über welche die Kulturmenschheit verfügt."[418]

Zusammenfassend lässt sich über die strukturellen Korrespondenzen zwischen der Ökonomie einer kapitalistischen Warengesellschaft und der energetischen Naturauffassung festhalten, dass in ihrem wechselseitigen Eingebettetsein die ökonomischen Auffassungen naturalisiert werden und gleichzeitig eine ökonomische Sicht auf die Natur entworfen wird. Im folgenden verwende ich für diesen rekonstruierten Zusammenhang zwischen Thermodynamik, Physiologie, Ingenieurswissenschaft und Ökonomie den Begriff ‚energetische Ökonomie des Menschen'.

Diese energetische Ökonomie enthält neben dem Begriff der Arbeit noch einen weiteren für meine Argumentation über den Zusammenhang zwischen Energieerhaltung und Frauenbildung relevanten Begriff: den Wirkungsgrad bzw. im Sprachgebrauch Ostwalds ‚das Güteverhältnis'. Der Wirkungsgrad einer Maschine ist definiert als das Verhältnis zwischen Arbeitsleistung und Energiezufuhr. Nach dieser Gleichung und dem Energieerhaltungssatz ist der Wirkungsgrad einer Maschine nie größer als eins. Die Arbeitsleistung einer Maschine berechnet sich entsprechend aus dem Produkt von Energiezufuhr und Wirkungsgrad. Die Wirkungsgrade der frühen Dampfmaschinen waren noch sehr klein. Helmholtz berechnete in seinem Aufsatz „The Application of the Law of Conservation of Force to Organic Nature", dass der Wirkungsgrad einer (zeitgenössischen) Dampfmaschine bei 1/8 liege und 7/8 der in Form von chemischer Energie zugeführten Energie als Wärme verloren gehe. Im Vergleich dazu – in der Metapher des Körpers als thermodynamische Maschine gefasst – sei der Wirkungsgrad des menschlichen Körpers weit größer:

---

416 Helmholtz 1925 [1854] a.a.O., S. 35 und „Über die Erhaltung der Kraft" [1862] In: Ders.: Vorträge und Reden. 2 Bde. Braunschweig 1884. Bd. 1, S. 228.

417 Ostwald, Wilhelm: Die Philosophie der Werte. Leipzig 1913, S. 282.

418 Ostwald, Wilhelm: Energetische Grundlagen der Kulturwissenschaft. Leipzig 1909b, S. 155f.

"Really we find from the great amount of work done, that the human body is in this way a better machine than the steam-engine."[419]

Das Konzept des Wirkungsgrades, wie das der (abstrakten) Arbeit, verband ökonomische, ingenieurswissenschaftliche und physikalische Diskurse. Es gab ein Effizienzdenken vor, mit dem ständige Leistungsmaximierung anstrebt wurde. Für Ostwald war das Streben nach Effizienz die Gemeinsamkeit, die Maschinen und Menschen als energetische Systeme verbindet:

„Man hat oft die Ähnlichkeit zwischen Organismen und Maschinen hervorgehoben (...) wie kommt es denn, daß man überhaupt die einen mit den anderen vergleicht? (...) Die Antwort ist: Weil *beide*, die Maschinen wie die Lebewesen, *Energietransformatoren* sind und den Zweck haben, die Energieumwandlungen *so zweckmäßig wie möglich* durchzuführen." (Herv. i. O.)[420]

Das Effizienzdenken, das im Konzept des Wirkungsgrades impliziert ist, beschäftigte auch Mayer in seinem kurzen Aufsatz von 1842, in dem er den Energieerhaltungssatz formulierte. Mayer schlug im Schlussparagraph seiner Abhandlung vor, die chemische Energie der Kohle besser über den Weg der Elektrizität in mechanische Energie umzuwandeln, weil über den Weg der Wärme (wie er in der Dampfmaschine beschritten wird) zu wenig von eben dieser Wärme in mechanische Energie umgesetzt werde, also der Wirkungsgrad zu gering sei.[421]

Neu an diesem Effizienzdenken waren die wissenschaftlichen Methoden und die wissenschaftlichen Konzepte mittels derer diese Entwicklung als wissenschaftliche Rationalisierung auftrat. Der thermodynamische Blick auf die menschliche Physiologie fand durch Frederick W. Taylor (1856-1915) und seine Doktrin des ‚scientific management' (wissenschaftliche Betriebsführung) Anwendung in der Organisation von Arbeitsabläufen in der industriellen Produktion. Taylor arbeitete mit Stoppuhr, Experimenten, Beobachtungen und mathematischen Formeln an der Objektivierung seiner wirtschaftlichen Konzepte. Dem Wirkungsgrad entspricht seine Berechnung der ‚eigentlichen Tagesleistung eines Arbeiters'. Entsprechend der Leistung einer Dampfmaschine berechnete Taylor sie in PS (Pferdestärke) mit der Maßeinheit Meterkilogramm. Er wendete dabei die Definition von Arbeit als Kraft mal Weg an und übersetzte sie als das

419 Helmholtz 1895 [1861] a.a.O., S. 578.

420 Ostwald, Wilhelm: „Maschinen und Lebewesen" [1910]. In: Ders.: Der Energetische Imperativ. Leipzig 1912, S. 130-135, hier S. 130.

421 Vgl. Mayer 1842 a.a.O., S. 240.

Gewicht der Last, die ein Arbeiter von A nach B bewegt.[422] Im Vorwort seiner „Grundsätze wissenschaftlicher Betriebsführung“ wies der Übersetzer auf die positive Übereinstimmung der Ideen Taylors mit der auf den zwei Hauptsätzen der Thermodynamik aufbauenden Schule der Energetik des Professors für Physikalische Chemie Wilhelm Ostwald hin. Er verwies besonders auf Ostwalds Ausführungen im Kapitel „Maschinen und Lebewesen“ in seinem Buch „Der Energetische Imperativ“.[423] Die Metapher des Menschen als thermodynamische Maschine stand so auch am Anfang der Disziplingeschichte der Betriebswirtschaftslehre, die sich in Deutschland unter dem Einfluss von Taylors ‚wissenschaftlicher Betriebsführung‘ nach der Jahrhundertwende etablierte.[424]

Die Wirkmächtigkeit der Diskursverflechtung, wie sie in der Metapher des Körpers als thermodynamische Maschine sichtbar wird, macht deutlich, dass es sich nicht allein um ein linguistisches Phänomen handelt, sondern zeigt, wie Wissen machtvoll wirkt und gesellschaftliche Existenzweisen produktiv strukturiert. Die Metapher des Körpers als thermodynamische Maschine bündelt Wissens- und Erfahrungsbereiche mit dem zentralen Konzept der Arbeit. Thermodynamik, Physiologie und Betriebswirtschaftslehre vereinigen sich in dieser Korrelation zu ‚Arbeitswissenschaften‘. Die Zielsetzung der Effizienzsteigerung umfasst die energetischen Ökonomien der Dampfmaschine, des menschlichen Körpers und der Fabrik. Bei der Umwandlung von Energien sollten möglichst geringe Verluste entstehen und das Verhältnis von aufgewendeter und genutzter Energie in einem möglichst optimalen Verhältnis stehen.[425]

Unter dem Einfluss des Energieerhaltungssatzes und der Metapher des Körpers als thermodynamische Maschine wurde vom traditionsreichen Descartesschen Dualismus zwischen Körper und Geist abstrahiert: Auch geistige Prozesse wurden in diese energetische Ökonomie integriert. Körper und Geist vereinen sich in diesem Körperdiskurs unter der Hegemonie eines physikalisch-chemischen Paradigmas. Lokalisiert wurden geistige Prozesse im Gehirn und im Nervensystem. Der zeitgenössische Begriff für die Energieform, die sich in die

---

422 Taylor, Frederick Winslow: Die Grundsätze wissenschaftlicher Betriebsführung. München und Berlin 1913 [am. Orig. 1911], S. 56-62.

423 Taylor 1913 a.a.O., S. X.

424 Vgl. Wupper-Tewes, Hans: „Normung und Normalisierung in wissenschaftlicher Betriebsführung und betrieblicher Leistungspolitik“. In: Werner Sohn und Herbert Mehrtens (Hrsg.): Normalität und Abweichung. Studien zur Theorie und Geschichte der Normalisierungsgesellschaft. Opladen 1999, S. 107-118.

425 Auf Implikationen für das Geschlechterverhältnis gehe ich in 4.3 ‚Die energetische Ökonomie der Geschlechterdifferenz‘ ein.

durch den Energieerhaltungssatz bestimmten Energietransformationen einreihte, war die ‚Nervenkraft'. Die organischen Physiker wählten als Analogie für die Nerven elektrische Leitungen: „(...) so dürfen wir die Nervenfäden nicht unpassend mit den elektrischen Telegraphendrähten vergleichen (...)."[426] Elektrizität stellte die physikalische Analogie für die Beschreibung geistiger Prozesse dar. Ähnlich wie chemische Energie in einer Batterie in elektrische Energie umgewandelt wird, funktioniert der menschliche Geist nach diesem Modell durch die Umwandlung von chemischer Energie, die dem Körper durch die Nahrung zugeführt wird, in die sogenannte Nervenkraft. Die Analogie der Elektrizität für geistige Prozesse ist heute noch in der Neurobiologie präsent, jedoch in weniger reduktionistischer Form. In alltäglichen Redewendungen wie ‚eine lange Leitung haben' als Metapher für langsames Denken oder ‚mir geht ein Licht auf' als Metapher für das Verstehen eines Zusammenhangs, die in Comics bildlich als das Licht einer Glühbirne dargestellt wird, tritt diese Analogie ebenfalls hervor und bestimmt weiter auch unsere Körperwahrnehmungen und Wahrnehmungen unseres Selbst.

Wilhelm Ostwald, Mitbegründer der Physikalischen Chemie und prominentester Vertreter der Energetik, einer monistischen Weltauffassung unter dem Leitkonzept der Energie, aus dem sich alle anderen Erscheinungsformen (auch die Materie) ableiten lassen, führte zu diesem Thema aus:

„Der (psychophysische, D.H.) Parallelismus wird überflüssig, weil eine *Energetik des Geistes* möglich und durchführbar ist. (...) Das Einheitsbedürfnis der Wissenschaft muß deshalb die willkürliche Annahme des Parallelismus ablehnen, sobald ihr die rationelle und im Geiste der übrigen gesamten Weltauffassung liegende Annahme der energetischen Natur der geistigen Vorgänge geboten wird." (Herv. i. O.)[427]

Nach Ostwald existiert die Energieform der Nervenenergie, die sich in andere Energieformen transformieren lässt und Teil der energetischen Ökonomie des Körpers ist. Ostwald behauptete,

426 Helmholtz, Hermann von: „Ueber die Methoden, kleinste Zeittheile zu messen, und ihre Anwendung für physiologische Zwecke" [1850]. In: Ders.: Wissenschaftliche Abhandlungen. 3 Bde. Leipzig (1882-1895). Bd. 2 (1883), S. 862-880, hier S. 873. Er gibt jedoch wenig später seinem Freund und Kollegen du Bois-Reymond die Priorität für diese Analogie: „Betreffs der Übereinstimmungen in unsren Vorlesungen überlasse ich Dir die Priorität der elektrischen Telegraphen, denn ich habe schon vor langer Zeit einmal von Dir die Hypothese gehört, die Ganglien verträten die Zwischenstationen elektrischer Telegraphen in den Nervenleitungen." Kirsten [et al.] 1986 a.a.O., Brief Nr. 25 vom 11.04.1851, S. 111.

427 Ostwald Die Philosophie der Werte 1913 a.a.O., S. 331.

„(...) daß die geistige Arbeit, wie sie im Gehirn entsteht, auch in dem Gehirn und in den Nerven wieder verschwindet, d.h. sich in andere Formen, vermutlich Wärme umwandelt."[428] (Herv. i. O.)

Diese energetisch-mechanistische Sichtweise auf Denkprozesse wurde in der Psychiatrie und Neurologie weit rezipiert.[429] Joachim Radkau beschrieb in seiner Geschichte der Nervosität den Einfluss der Metapher des Menschen als Maschine und der Analogie zwischen Elektrizität und geistigen Prozessen als bedeutend für die Arbeiten des amerikanischen Nervenarztes George M. Beard (1839-1883). Beards Werk beeinflusste in Deutschland Nervenärzte wie Paul Julius Möbius (1825-1908), Richard von Krafft-Ebing (1840-1902) und Sigmund Freud (1856-1939).[430] Das Krankheitsbild der Neurasthenie (Nervenschwäche) enthielt diese Vorstellung der Nervenkraft als eine Energieform in der energetischen Ökonomie des Menschen. Die in diesem Kontext entwickelten und angewandten Behandlungsmethoden wie die Elektrotherapie korrelieren mit dem energetisch-mechanistischen Paradigma und zeugen von seiner Verbreitung und seiner Relevanz in zeitgenössischen Körperdiskursen.

Die Anwendung des Energieerhaltungssatzes auf den menschlichen Körper wurde in evolutionstheoretischen Diskursen aufgegriffen und weiterentwickelt. Im folgenden Abschnitt rekonstruiere ich diese Diskursüberschneidungen und führe weiter auf die Geschlechtsspezifik im Diskurs der energetischen Ökonomie des Menschen hin.

4.3 Die energetische Ökonomie der Geschlechterdifferenz

„(...) die Früchte der Gehirndamen zeichnen sich nicht durch Kraft aus und es fehlt an Muttermilch."[431]

In diesem Abschnitt verfolge ich diejenigen Diskursüberschneidungen weiter, die sich im Frauenstudiumsdiskurs in den Argumentationsfiguren ‚Bildung schadet

428 Ebd.

429 Für den englischen Kontext und anhand der Arbeiten des Physiologen William B. Carpenter und des Anatomen John Cleland hat Cynthia Eagle Russett diese Integration von Geist und Körper unter physikalische Gesetze beschrieben. Vgl.: Russett 1989 a.a.O., S. 108-112.

430 Vgl. Radkau, Joachim: Das Zeitalter der Nervosität. Deutschland zwischen Bismarck und Hitler. München 2000, S. 54-59.

431 Möbius 1907 a.a.O., S. 40.

dem Frauenkörper' und ,Frauenbildung schadet zukünftigen Generationen' manifestierten. Im vorangehenden Abschnitt habe ich die Relevanz thermodynamischen Wissens im Interdiskurs des Körpers als thermodynamische Maschine dargelegt. Körper und Geist vereinten sich in diesem Interdiskurs unter der Autorität physikalischer Gesetze, namentlich des Energieerhaltungssatzes. Neben der Physiologie, besonders der energetisch-mechanistischen Stoffwechsellehre, wird in diesem Abschnitt auch die Evolutionsbiologie in das Blickfeld meiner Rekonstruktion rücken.

Das Netz der Diskursverflechtungen wird mit jedem Abschnitt dieses Kapitels komplexer und beschreibt schließlich die Diskursstruktur, für die ich den Begriff der ,energetischen Ökonomie der Geschlechterdifferenz' einführe. Dieses Netz wird in diesem Abschnitt zum einen um eine wissenschaftliche Subdisziplin, die Evolutionsbiologie, erweitert. Zum anderen werden andere Systeme mit dem Energieerhaltungssatz betrachtet. Im vorangehenden Abschnitt handelte es sich um das technische System ,Dampfmaschine' und in der Analogie zu dieser um den einzelnen tierischen und menschlichen Körper bzw. um einen isolierten Teil dieses Körpers. In der Evolutionsbiologie geht es um die Natur- und Menschheitsgeschichte. Die in diesen Diskursen behandelten Systeme sind folglich nicht mehr nur der individuelle (Mensch- und Tier-)Körper, sondern auch die Gesamtheit der Individuen einer Art. Die Gegenstände, über die in diesen Diskursen geredet und verhandelt wird, werden komplexer. Die Aussagen beziehen sich auf den individuellen Frauenkörper und auf den ,Gesellschaftskörper' und die darin zu erreichende geschlechtsspezifische Funktionenteilung.[432]

Die Anwendung des Energieerhaltungssatzes auf die Evolutionsbiologie hat vor allem ein Akteur ins Zentrum seiner wissenschaftlichen Ideen gestellt und darüber hinaus diese Verknüpfung auf die Frage des Frauenstudiums angewendet: der britische Sozialphilosoph Herbert Spencer (1820-1903).[433] Der gelernte Eisenbahningenieur Spencer verknüpfte in seiner späteren wissenschaftlichen und publizistischen Arbeit viele Disziplinen. In seinem neunbändigen Hauptwerk „The System of Synthetic Philosophy" (1862-93) widmete er sich der Biologie, Psychologie, Soziologie und Ethik. Spencer verknüpfte den Energieerhaltungssatz, den er in seinem Sprachgebrauch ,the persistence of force'

432 Dieser Begriff ist nicht dem historischen Sprachgebrauch entlehnt. Ich verfolge damit die analytische Absicht, Korrelationen zwischen dem Sprechen über den individuellen Körper und über die ebenfalls als biologische Einheit konzipierte Gesellschaft herauszuarbeiten.

433 Vgl. Fee, Elizabeth: „Science and the Woman Problem: Historical Perspectives". In: Michael S. Teitelbaum (Hrsg.): Sex Differences: Social and Biological Perspectives. New York 1976, S. 175-223, hier S. 195 und Russett 1989 a.a.O., S. 106.

nannte, in seiner Bevölkerungs- und Evolutionstheorie mit seinem ‚law of maintenance of all races'. Energieerhaltung und Arterhaltung werden bei Spencer miteinander gekoppelt. Den Zusammenhang zwischen ‚Energieerhaltung und Frauenbildung' und die damit verbundene Autorität physikalischen Wissens in Bezug auf die Frauenfrage ist durch das von Spencer produzierte und weit verbreitete Wissen wesentlich mitgestaltet worden.[434] Die Argumentationsfiguren ‚Bildung schadet dem Frauenkörper' und ‚Frauenbildung schadet den künftigen Generationen', die Ergebnis meiner Analyse der Gutachten der Kirchhoff-Studie sind, sind Ausdruck dafür, dass diese Verknüpfung ein konstitutives Element des Diskurses um das Frauenstudium war.

In den folgenden drei Unterabschnitten analysiere ich drei Elemente der Verknüpfung von Thermodynamik, Physiologie und Evolutionsbiologie, die in den Frauenstudiumsdiskurs eingingen: die Vorstellung, dass dem Individuum nur ein begrenzter Energievorrat zur Verfügung steht, das Spencersche Gesetz vom Antagonismus zwischen Individuation und Fortpflanzung sowie das Prinzip der geschlechtsspezifischen physiologischen Arbeitsteilung.

4.3.1 Das Modell des begrenzten Energievorrats

Der erste Hauptsatz der Thermodynamik hat durch Spencer und die Verknüpfung mit evolutionsbiologischen Diskursen eine spezifische Interpretation erfahren. Im Abschnitt 4.1 habe ich drei zentrale Aussagen des Energieerhaltungssatzes benannt. Die dritte lautete, dass die Energie (des Universums) weder erschaffen noch zerstört werden kann, d.h. dass sie konstant ist. Die anderen zwei zentralen Aussagen des Energieerhaltungssatzes, die Umwandelbarkeit verschiedener Energieformen ineinander und die Quantifizierbarkeit derselben durch Wärmeäquivalente spielten bei Spencer eine untergeordnete Rolle.

Die Konstanzidee des Energieerhaltungssatzes erfuhr bei Spencer in den Verknüpfungen mit evolutionsbiologischen Diskursen eine bedeutsame Modifikation: Das Konzept der Energie*konstanz* wurde modifiziert in ein Konzept der Energie*knappheit*. Welche Faktoren könnten bei dieser Transformation eine Rolle gespielt haben? Für diesen Bedeutungswandel des Energieerhaltungssatzes

434 Spencers Haltung gegenüber der Frauenbewegung änderte sich über die Jahre. Für die 1830er und 1840er wird ihm eine befürwortende Position zur Frauenemanzipation zugeschrieben, die sich später im Kontext der Entwicklung seiner evolutionstheoretischen Ideen in überzeugten Antifeminismus wandelte. Vgl. Paxton, Nancy: George Eliot and Herbert Spencer: Feminism, Evolutionism and the Reconstruction of Gender. Oxford 1991, S. 233 (Endnote 6).

im Interdiskurs einer energetischen Ökonomie des Menschen identifiziere ich zwei Faktoren. Zum einen den kosmologischen Bezug des Energieerhaltungssatzes, in dem das Universum als System gefasst wird, dessen Betrag an Energie unveränderlich ist. Helmholtz formulierte in einer seiner vielen an ein allgemeineres Publikum gerichteten Vorträge über den Energieerhaltungssatz:

"(...) the energy of the whole system of bodies which are not under the influence of any exterior body must be constant; that it cannot be lessened or increased by any change. Now the whole universe represents such a system of bodies endowed with different sorts of forces and of energy, and therefore we conclude from the facts I have brought before you, that the amount of the working power, or the amount of energy, in the whole system of the universe must remain the same, quite steady and unalterable, whatever changes may go on in the universe."[435]

Das Universum wird als Bezugssystem für den Energieerhaltungssatz, d.h. als ein System, das nicht unter dem Einfluss ihm äußerer Körper steht, angeführt. Der Begriff ‚Körper' begünstigte meines Erachtens die Koppelung mit biologischen Diskursen. Der physikalische Gebrauch dieses Begriffs[436] unterscheidet sich zwar sehr von seinem Gebrauch in der Biologie, aber nichtsdestotrotz führte er in dieser Diskursdynamik den thermodynamischen und evolutionsbiologischen Diskurs zusammen. Helmholtz nahm in der Geschichte der Thermodynamik eine wichtige Rolle bei der Vermittlung und Popularisierung der Idee der Energieerhaltung ein. Gillispie nannte ihn „one of the most eloquent preachers of the gospel of energy "[437]. Helmholtz vermochte die Sprache des Spezialdiskurses der Thermodynamik in eine allgemeinere und anschlussfähige Form zu übersetzen. Die mathematisch-physikalische Formulierung hätte diese Diskurskoppelung nicht hervorbringen können, weil ihre Sprachform zu exklusiv ist.

Spencer bezog sich in seiner Rezeption der Thermodynamik primär auf Helmholtz.[438] Er übertrug den für physikalische Systeme formulierten Energieerhaltungssatz auf Systeme, die Gegenstand der Evolutionsbiologie sind: Individuen und Arten. Die kosmologische Interpretation des ersten Hauptsatzes der Thermodynamik und die darin liegende Verallgemeinerung hat die Anwendung

---

435 Helmholtz 1895 [1861] a.a.O., S. 570.

436 Ein physikalischer Körper ist in der klassischen Mechanik, auf die Helmholtz sich seiner Herleitung des Energieerhaltungssatzes bezog, in ein System von Massepunkten, das durch die räumliche Anordnung, die Masse und die Kräfte, die wirken, definiert ist. Vgl. Helmholtz 1889 [1847] a.a.O.

437 Gillispie 1960 a.a.O., S. 393.

438 Vgl. Newman, Louise Michele: Men's Ideas / Women's Realities: Popular Science, 1870-1915. New York 1985, S. 6.

des Energieerhaltungssatzes auf den Menschen und die Gesellschaft meines Erachtens gestützt.

Neben dieser bedeutsamen Modifikation der Konstanzidee des Energieerhaltungssatzes bei Spencer ist zusätzlich die Anwendung des ersten Hauptsatzes auf den Menschen bemerkenswert. Lässt sich der Mensch als physikalisches System, wie es der Energieerhaltungssatz definiert, betrachten? Die Konzipierung des menschlichen und tierischen Körpers als thermodynamisches System ist aus der in Abschnitt 4.2 dargestellten thermodynamischen Methode der energetisch-mechanistischen Schule der Physiologie bekannt. Eine wichtige Differenz ist jedoch, dass es sich z.B. in Heidenhains ‚thermodynamischem' Muskelexperiment um eine Laborsituation handelt. Der isolierte Muskel wird im Versuchsaufbau so angeordnet, dass alle Parameter der Umgebung konstant gehalten werden und allein die gemessenen Parameter verändert werden. In Spencers Anwendung des ersten Hauptsatzes auf den individuellen menschlichen Körper und auf den ‚Gesellschaftskörper' wird der Mensch außerhalb des Labors, das durch den Anspruch gekennzeichnet ist, Parameter zu kontrollieren, den Gesetzen der Thermodynamik unterworfen. Aus heutiger Perspektive ist die Betrachtung des menschlichen Stoffwechsels als ein System, in dem die Gesamtenergie konstant ist, schwer nachvollziehbar. Sie steht im Widerspruch zur heutigen Definition biologischer Systeme als offene Systeme, die in einem kontinuierlichen Stoff- und Energieaustausch mit ihrer Umgebung stehen.[439] Allerdings wird auch innerhalb des physikalischen Fachdiskurses bis heute kontrovers über Probleme, welche die Verallgemeinerung des Energieerhaltungssatzes auf das Universum nach sich ziehen, diskutiert.[440]

---

439 Vgl.: Wuketis, Franz M.: Biologische Erkenntnis: Grundlagen und Probleme. Stuttgart 1983, S. 177. Der Systembegriff wurde 1894 von Hans Driesch (1867-1941) in die Biologie eingeführt. Vgl. Jahn, Ilse (Hrsg.): Geschichte der Biologie. 3. Aufl. Heidelberg und Berlin 2000, S. 435.

440 In der Physik werden Ausnahmen der Energieerhaltung diskutiert. Nach der zweiten Heisenbergschen Unschärferelation kann für kleine Zeiten Δt die Energie größer oder kleiner sein, nämlich um ΔE, wobei ΔE mal Δt größer gleich $\hbar$ ist. Für Fragen nach der Entwicklung des Universums, das sich nach dem ‚Big Bang' kontinuierlich ausbreitet, gibt es unterschiedliche Theorien. Expandiert das Universum ewig oder fällt es irgendwann wieder in sich zusammen (der sogenannte Big Crunch)? Neuere ‚High Redshift Super Nova Observations' zeigen, dass das Universum nicht nur expandiert, sondern immer schneller expandiert. Kontrovers wird gegenwärtig diskutiert, woher die Energie für diesen Prozess, die sogenannte Dark Energy, stammt. In wenigen Jahren wird es am CERN, dem europäischen Forschungszentrum für Teilchenphysik, einen neuen Beschleuniger geben (LHC). Von diesem erhofft man z.B. bestimmte Formen dieser Dunklen Energie nachweisen. Diese Fußnote zum gegenwärtigen Forschungsstand der Astronomie soll zeigen, dass die Energieerhaltung weiter Teil kontroverser

Als zweiter Faktor, der bei dem Bedeutungswandel von der Energiekonstanz hin zur Energieknappheit in der Diskurskoppelung zwischen Thermodynamik und Evolutionsbiologie meines Erachtens eine Rolle gespielt hat, ist die bevölkerungstheoretische und ökonomische Prämisse der Knappheit der Nahrungsressourcen anzuführen. Diese Prämisse bildet in evolutionstheoretischen Diskursen die Grundlage für den Mechanismus der Konkurrenz zwischen den Individuen einer Art, des daraus abgeleiteten Kampfes ums Daseins und schließlich des Mechanismus der natürlichen Selektion. Ressourcenknappheit ist eine zentrale Prämisse für Evolutions- und Bevölkerungstheorien im Allgemeinen. Das von Thomas Robert Malthus (1766-1834) im Jahr 1798 formulierte Bevölkerungsgesetz[441] basierte auf der Prämisse der Knappheit von Nahrungsmittelressourcen. Malthus' pessimistische Voraussage bezog sich auf das Verhältnis eines schnellen Bevölkerungswachstums und einer geringen Produktionssteigerung von Nahrungsmitteln:

"Though the produce of the earth would be increasing every year, population would be increasing much faster, and the redundancy must necessarily be checked by the periodical or constant action of moral restraint, vice, or misery."[442]

Elemente der Bevölkerungstheorie Malthus' finden sich sowohl in Darwins als auch in Spencers Evolutionstheorie wieder.[443] Durch die Verknüpfung des Energieerhaltungssatzes mit der evolutionstheoretischen Naturauffassung der Knappheit der Ressourcen wird die Konstanzidee des ersten Hauptsatzes der Thermodynamik bei Spencer zu einem Postulat der Energieknappheit. Diese Interpretation des ersten Hauptsatzes ist entscheidend für Spencers Überlegungen. Sein Gesetz vom Antagonismus zwischen Individuation und Fortpflanzung, das ich im nächsten Abschnitt beschreibe und untersuche, basiert auf der Prämisse der Energieknappheit. Nach Spencer steht jedem Menschen nur ein begrenzter Betrag an Energie zur Verfügung. Diese Interpretation des Konstanzgedankens ist allein

---

Debatten in der Physik ist. Für diese Hinweise danke ich Henric Krawczynski, Astronomy Department, Yale University.

441 Malthus, Thomas Robert: An Essay on the Principle of Population. Cambridge 1992 [1798].

442 Malthus 1992 a.a.O., S. 46.

443 Zum Einfluss Malthus' auf Spencer vgl. Ferdinand, Ursula: Das Malthusische Erbe: Entwicklungsstränge der Bevölkerungstheorie im 19. Jahrhundert und deren Einfluss auf die radikale Frauenbewegung in Deutschland. Münster 1999, S. 115. Den Einfluss von Malthus' Bevölkerungstheorie auf seine Evolutionstheorie benannte Darwin selbst. Er gilt in der wissenschaftshistorischen Literatur als paradigmatisches Beispiel für den Einfluss der politischen Ökonomie auf die Entwicklung biologischen Wissens. Darwin 1964 [1859] a.a.O., S. 63.

aus der Perspektive des physikalischen Fachdiskurses nicht nachvollziehbar. Die Aussage, dass die Energie des Universums konstant ist, wurde im fachwissenschaftlichen physikalischen Diskurs nicht zwingend als Energieknappheit interpretiert. Vielmehr war damit hauptsächlich die Bedeutung assoziiert, dass dieses System unendlich funktionieren kann, weil seine Gesamtenergie niemals verbraucht werden wird. Die Modifikation der Interpretation des ersten Hauptsatzes im Interdiskurs der energetischen Ökonomie des Menschen ist beachtlich. Der Aussagegehalt des physikalischen Fachdiskurses ist omnipotent und assoziierbar mit unendlichem Fortschrittsoptimismus, in dem Energieverluste und Energieverbrauch nicht thematisierbar sind.[444] Bei Spencer und im Interdiskurs der energetischen Ökonomie des Menschen öffnet die Prämisse der Energieknappheit rationalistischen Konzepten Tür und Tor. Die Interpretation des Energieerhaltungssatzes als Begrenztheit und Knappheit der Energie ist das Fundament von Spencers thermodynamischer Sozialphilosophie des Menschen und der Gesellschaft. Spencer selbst integrierte das bei Malthus pessimistisch ausgelegte Knappheitspostulat in eine optimistische Fortschrittsprognose. Die Knappheit der Ressourcen bzw. der ‚Bevölkerungsdruck' ist bei Spencer der Motor der Evolution der geistigen Fähigkeiten des Menschen und eine Voraussetzung für den zivilisatorischen Forschritt insgesamt.[445]

Spencer wandte den Energieerhaltungssatz in einer spezifischen Interpretation als Begrenztheit der Energie wie folgt auf den menschlichen Körper an:

> "Let it never be forgotten that the amount of vital energy which the body in any moment possesses is limited; and that, being limited, it is impossible to get from it more than a fixed quantity of results."[446]

Diese Anwendung des Energieerhaltungssatzes ist entscheidend für Konzepte, die im Interdiskurs der energetischen Ökonomie des Menschen eine große Rolle spielten: der Antagonismus zwischen Individuation und Fortpflanzung und das Prinzip der physiologischen und geschlechtspezifischen Arbeitsteilung. Der theo-

---

444 Der Verlustgedanke gewann erst im Rahmen der Betrachtung natürlicher Prozesse als irreversibel an Bedeutung und ist mit dem zweiten Hauptsatz der Thermodynamik verbunden. Spencer rezipierte den zweiten Hauptsatz der Thermodynamik jedoch nicht. In einem Brief an den Physiker John Tyndall gab er seiner Bestürzung gegenüber der Bedeutung des zweiten Hauptsatzes Ausdruck und sagte, dass dieser im Widerspruch zu seiner Sozialphilosophie stehe. Vgl. Duncan, David: Life and Letters of Herbert Spencer. 2 Bde. 1908, Bd. 1, S. 136.

445 Spencer, Herbert: System der synthetischen Philosophie. 9 Bde. 3. Bd.: Die Principien der Biologie. 2 Bde. Stuttgart 1877, Bd. 2, S. 555.

446 Spencer, Herbert: „Physical Training". In: British Quarterly Review, April (1859), S. 362-397, hier S. 389.

retische Rahmen der Geschlossenheit des Systems und der Begrenztheit der Energie ermöglicht mathematische Nullsummen-Gleichungen und konstruiert eine Sicht auf den menschlichen Organismus, in der verschiedene Bereiche um Energieressourcen konkurrieren. Vor diesem Hintergrund benenne ich den von mir rekonstruierten Zusammenhang zwischen Thermodynamik und Geschlecht als energetische *Ökonomie* der Geschlechterdifferenz. Prämisse dieser körperpolitischen Ökonomie ist die Knappheit der Energie, aus der das Prinzip der Konkurrenz, der Antagonismus zwischen Individuation und Fortpflanzung und das Prinzip der Arbeitsteilung abgeleitet werden.

Die Nullsummen-Mathematik, mittels derer der Energievorrat des Körpers verwaltet wird, drückte Spencer in einer ökonomischen Metapher aus, die aus dem vorangehenden Abschnitt schon bekannt ist. Er beschrieb die Natur als strenge Buchhalterin, die gemäß der Methode der doppelten Buchführung Ein- und Ausgänge verbucht:

"For Nature is a strict accountant; and if you demand of her in one direction more than she is prepared to lay out, she balances the account by making a deduction elsewhere."[447]

Das Budget der Natur (und des menschlichen Körpers) ist nach dieser Auffassung beschränkt: Eine Ausgabe in einem Bereich ist nur auf Kosten eines anderen Bereichs möglich. Die Metapher der Natur als strenge Buchhalterin belegt ein weiteres Mal die enge Koppelung energetischer und ökonomischer Diskurse und rekurriert auf die Analogiebildung zwischen Energie und Geld. Energie ist in der körperlichen Ökonomie das, was Geld in der Warenökonomie ist: eine Größe, mittels derer das System vereinheitlicht und regulierbar wird.[448]

Die oben schon angesprochene verwirrende Auffassung des menschlichen Organismus als ein System, dessen Gesamtenergie begrenzt ist, verweist auf eine Differenz zwischen der physikalischen und der biologischen Systemauffassung. Dieser Widerspruch zwischen der biologischen Auffassung des Metabolismus als offenem System, der Erfahrung, dass der menschliche Körper in Materie- und Energieaustausch mit seiner Umgebung steht, und der physikalischen Definition, ist Bestandteil des Interdiskurses des Körpers als thermodynamische Maschine. Interessanterweise führt dieser Widerspruch nicht zum Bruch der Koppelung beider Diskurse, sondern ist produktiver Teil des Interdiskurses. Diese Produktivität ist dadurch gegeben, dass die widersprüchliche Konzeption des Körpers als System mit einem begrenzten Energiebudget große Koppelungsaffinität zu

---

447 Ebd.

448 Siehe meine Ausführungen zur strukturellen Korrelation zwischen Energie und Geld als Wertformen in Kap. 4.2.

Krisendiskursen um 1900, wie dem Nervositätsdiskurs, in dem die Begrenztheit der Nervenenergie im Zentrum stand, hatte. Innerhalb der Evolutionsbiologie stärkte dieses Nullsummen-Modell das Prinzip der Konkurrenz: Innerhalb des Körpers wird eine Konkurrenz um begrenzte Energieressourcen ausgetragen. Diese macht einen rationalisierten Umgang mit der wertvollen Ware Energie erforderlich.

Mit Hilfe dieser Rekonstruktion wird die Verbreitung thermodynamischen Wissens um 1900 verständlich. Thermodynamische Begriffe und Konzepte wie ‚Energie' und ‚Konstanz der Energie' fungieren als Vehikel, den Körper unter dem Paradigma der Analogie mit der Maschine ökonomischem Rationalisierungsbestreben zugänglich zu machen. Das Ziel der kalkulierbaren Kontrolle und der Optimierung des ‚Gewinns' lässt sich mit der ‚natürlichen' energetischen Ökonomie, wie sie in den beiden Hauptsätzen der Thermodynamik formuliert ist, umsetzen. Das große Potential liegt darüber hinaus in dem vereinenden Zugriff, den die universellen Begriffe ‚Energie' und ‚Arbeit' ermöglichen: Natur und Technik, Körper und Maschine werden mittels dieser Konzepte in einer energetischen Ökonomie diskursiv vereint und sind Optimierungsstrategien zugänglich.

Als weiterer Beleg dafür, wie der Widerspruch der Anwendung des Energieerhaltungssatzes auf biologische Systeme produktiv gewendet wurde, lassen sich die Ausführungen des international einflussreichen Vertreters der Physikalischen Chemie, Wilhelm Ostwald, anführen. Ostwald schrieb über das Verhältnis des ersten Hauptsatzes zur Biologie:

„ (...) daß dieses biologische Gesetz der Begrenztheit anscheinend zu deuten ist als ein spezieller Fall des allgemeinen Gesetzes von der Unerschaffbarkeit der Energie. Die Gesamtenergie in Gestalt von chemischer Energie, welche dem Organismus zu Gebote steht, ist für alle Individuen einer Species annähernd gleich; (...) Hieraus würde also hervorgehen, daß ungewöhnliche zerebrale Leistungen im allgemeinen mit Unzulänglichkeiten in anderen Leistungen verbunden sein werden, die eine erhebliche Energieausgabe erfordern. Daß zum Beispiel die Fortpflanzungsarbeit einen ganz erheblichen Teil der vitalen Energie in Anspruch nimmt, ist wohlbekannt. Es handelt sich hier um die Konkurrenz zweier Gebiete von maximaler Bedeutung für das Leben der Rasse, und bei annähernder Unveränderlichkeit der Gesamtenergie liegen die Möglichkeiten der Variationen wohl nur in solchem Sinne, daß entweder die eine oder die andere Art der Energieausgaben auf Kosten der anderen gesteigert werden kann."[449]

---

449 Ostwald, Wilhelm: „Persönlichkeitsforschung". In: Vererbung und Geschlechtsleben Jg. 2, Nr. 4 (1929), S. 193-201, hier S. 200.

Ostwald glättete den von mir herausgearbeiteten Widerspruch, indem er die biologische Interpretation des Energieerhaltungssatzes, bei ihm ‚biologisches Gesetz der Begrenztheit' genannt, wissenschaftlich elegant als Spezialfall des Energieerhaltungssatzes definierte, bei ihm ‚allgemeines Gesetz von der Unerschaffbarkeit der Energie' genannt. Die Konkurrenz der beiden von Ostwald benannten biologischen Funktionen ist Gegenstand des folgenden Abschnitts.

Für die Rekonstruktion einer energetischen Ökonomie der Geschlechterdifferenz im Diskurs über das Frauenstudium bleibt festzuhalten, dass die Vorstellung der Begrenztheit der körperlichen Energieressourcen eine zentrale Prämisse für eine geschlechtsspezifische innerkörperliche Konkurrenz um diese Ressourcen und für eine geschlechtsspezifische physiologische Arbeitsteilung in Bezug auf die Verwendung dieser Ressourcen ist.

4.3.2 Der Antagonismus zwischen Individuation und Fortpflanzung

Die Vorstellung einer innerkörperlichen Konkurrenz um begrenzte Energieressourcen steht in engem Zusammenhang mit einem Gesetz, das eine zentrale Stellung in der Evolutionstheorie Spencers einnimmt: Das Gesetz vom Antagonismus zwischen Individuation und Fortpflanzung.

Auf dieses Gesetz wurde in den Gutachten der Kirchhoff-Studie Bezug genommen und es stützte die Argumentationsfiguren ‚Bildung schadet dem Frauenkörper' und ‚Frauenbildung schadet künftigen Generationen':

> „Und es ist ferner zu besorgen, daß auch die Ausbildung, Kraft und Leistungsfähigkeit des heranwachsenden Weibes für seinen eigentlichen Beruf: Gattin und Mutter zu sein, Kinder zu gebären, zu nähren und zu erziehen – erheblich herabgesetzt werden."[450]

Auch wenn nicht der Energiebegriff, sondern der Kraftbegriff verwendet wurde, wird an diesem Zitat deutlich, dass Bildung und Fortpflanzung in Bezug auf die Frauenbildungsfrage in Konkurrenz zueinander gesetzt wurden und behauptet wurde, dass der eine Bereich sich nur auf Kosten des anderen entwickeln könne.

Bei den schon genannten antifeministischen Autoren wie Möbius und Bischoff, auf die in den Gutachten der Kirchhoff-Studie Bezug genommen wurde und die im Diskurs über das Frauenstudium viel zitierte Argumente bereitstellten, fand sich das Gesetz des Antagonismus zwischen Individuation und Fortpflan-

450 Prof. Dr. med. Wilhelm Erb (Psychiatrie, Universität Heidelberg). In: Kirchhoff 1897 a.a.O., S. 127f.

zung an zentralen Stellen. Bischoff beschwor die fatalen Konsequenzen, sollte diesem Naturgesetz zuwider gehandelt werden:

„Man unternehme es nur, als Fortschritt in dieser Civilisation, dem jugendlichen weiblichen Organismus in noch weiterer und allgemeinerer Ausdehnung einen seinem natürlichen entgegengesetzten Entwicklungsgang, die Gehirnentwicklung auf Kosten der Geschlechtsentwicklung, zuzumuthen, und die Strafe der Natur wird in großartigem Maßstabe nicht ausbleiben."[451]

Am wirksamsten und nachhaltigsten hat jedoch das Buch von Möbius dazu beigetragen, das Gesetz vom Antagonismus zwischen Individuation und Fortpflanzung in den Diskurs über das Frauenstudium einzubringen. Es erschien bis 1908 jedes Jahr in neuer Auflage. Möbius' ganzes Buch basiert auf diesem Gesetz und sein Ausdruck für dieses ist ‚der physiologische Schwachsinn des Weibes'. In der Sekundärliteratur zu Möbius ist auf die energetisch-ökonomische Grundlage seiner Argumentation bisher nicht hingewiesen worden.[452] Schon am Titel fällt auf, dass Möbius auf die Physiologie und nicht wie frühere antifeministische Wissenschaftler auf die Anatomie Bezug nahm. Wurde die geistige Minderbefähigung zuvor aus geringen Gehirnvolumina etc. abgeleitet, basierte Möbius' Argument auf einem physiologischen Modell der Geschlechterdifferenz: „Nach alledem ist der weibliche Schwachsinn (...) nicht nur ein physiologisches Faktum, sondern auch ein physiologisches Postulat."[453] Frauen, die sich bilden, widersetzen sich der Natur. Als Folge werden sie mit Krankheit bestraft und verlieren darüber hinaus ihre Weiblichkeit:

„Jemand hat gesagt, man solle vom Weibe nichts verlangen, als dass es ‚gesund und dumm' sei. Das ist grob ausgedrückt, aber es liegt in dem Paradoxon eine Wahrheit. Uebermässige Gehirntätigkeit macht das Weib nicht nur verkehrt, sondern krank."[454]

Die Argumentationsfigur ‚Bildung schadet dem Frauenkörper' ist auch bei Möbius eng mit der Argumentationsfigur ‚Frauenbildung schadet künftigen Generationen' gekoppelt. Die Bedrohung der Gesundheit des individuellen Frau-

451 Bischoff, Theodor L.W. von: Das Studium und die Ausübung der Medicin durch Frauen. München 1872, S. 22.

452 Vgl. beispielsweise Planert, Ute: Antifeminismus im Kaiserreich. Diskurs, soziale Formation und politische Mentalität. Göttingen 1998, S. 79-92. Planert ordnete Möbius' ‚Vom physiologischen Schwachsinn des Weibes' in die phrenologischen und anatomischen antifeministischen Argumentationen ein.

453 Möbius 1907 a.a.O., S. 24f.

454 Möbius 1907 a.a.O., S. 25.

enkörpers durch Ausbildung der intellektuellen Fähigkeiten wird ausgeweitet auf ein Bedrohungsszenario für die „Gesundheit des Volkes":

„Es handelt sich hier um die Gesundheit des Volkes, die durch die Verkehrtheit der ‚modernen Frauen' gefährdet wird. (...) Versagt das Weib den Dienst an der Gattung, will es sich als Individuum ‚ausleben', so wird es mit Siechtum geschlagen. Leider werden zugleich der Mann und die Nachkommenschaft gestraft."[455]

Durch die gesellschaftliche Festlegung und Reduktion des Weiblichen auf Reproduktion wird eine Identifikationsrelation zwischen Frauenkörper und ‚Volkskörper' konstruiert. Eine Konsequenz dieser Koppelung ist der Gegensatz zwischen Individualität und Weiblichkeit. Der „Dienst an der Gattung", die Reproduktionsfunktion von Weiblichkeit wird als Gegensatz zur Individuation, um den Spencerschen Begriff zu gebrauchen, konstruiert. An dem Zitat von Möbius wird ein weiterer geschlechtskonnotierter Dualismus deutlich, der mit dem Gesetz vom Gegensatz zwischen Individuation und Fortpflanzung in Verbindung steht: Das Individuum ist männlich konnotiert und die Gattung weiblich.

In den Gutachten der Kirchhoff-Studie wurde auch kritisch Bezug auf das Gesetz vom Antagonismus zwischen Individuation und Fortpflanzung Bezug genommen. Ottomar Rosenbach, Professor für innere Medizin, lehnte vor allem die Vorstellung einer innerkörperlichen Ökonomie ab, die auf dem Konkurrenzprinzip basiert:

„Auch die Behauptung, daß die Frau wegen der besonderen Ausbildung der sexualen Organe und Funktionen, gewissermaßen zum Ausgleiche, mit einer Schwäche der geistigen Organisation behaftet sein müsse, kann nicht ernsthaft genommen werden, da die normale physiologische Entwicklung eines Organs durchaus nicht auf Kosten anderer stattfindet (...)."[456]

Die kritische Auseinandersetzung mit dem Gesetz vom Antagonismus zwischen Individuation und Fortpflanzung belegt den Stellenwert dieses mit thermodynamischem Wissen verknüpften Diskurselements.[457]

Der Begriff der Individuation ist eine Wortschöpfung Spencers, im Vokabular der Darwinschen Evolutionstheorie existiert er nicht. Darwin würdigte und zitierte das Spencersche Gesetz jedoch in „The Descent of Man".[458] Den Begriff

455 Möbius 1907 a.a.O., S. 26.

456 Prof. Dr. med. Ottomar Rosenbach (Innere Medizin, Universität Breslau). In Kirchhoff 1897 a.a.O., S. 82f.

457 Im Abschnitt 4.4. gehe ich auf die kritischen Interventionen aus dem Kontext der ersten Frauenbewegung ein.

458 Darwin 1981 [1871] a.a.O. Bd. 1, S. 318.

der Individuation definierte Spencer als Bezeichnung für alle Prozesse, in denen das individuelle Leben vervollkommnet und erweitert wird.[459]

Das folgende Zitat von Herbert Spencer veranschaulicht die interorganische Konkurrenzsituation, die dieses Gesetz festlegt. Spencer veranschaulichte sie mit Hilfe der Analogie zwischen Organismus und Dampfmaschine. Er benannte diejenigen Bereiche des thermodynamischen Systems des Körpers, die in größter Konkurrenz zueinander stehen:

"An illustration will best clear up any perplexity. Let us say that the fuel burnt in the furnace of a locomotive steam-engine, answers to the food which a man consumes; let us say that the produced steam expended in working the engine, corresponds to that portion of absorbed nutriment which carries on the man's functions and activities; and let us say that the steam blowing off at the safety-valve, answers to that portion of the absorbed nutriment which goes to the propagation of the race."[460]

Die Analogie ist wie folgt konstruiert: Die Nahrung sowohl der Dampfmaschine als auch des Menschen wird verbrannt, wodurch Wärme erzeugt wird, die Wasser zu Wasserdampf erhitzt. Der Anteil des Dampfes, der in der Dampfmaschine in mechanische Arbeit umgewandelt wird, entspricht der Tätigkeit des Menschen – bzw. wie Spencer einige Zeilen später spezifizierte – der Individuation. Den Dampf, der, um den Überdruck auszugleichen, durch das Sicherheitsventil entweicht, verglich Spencer mit dem Anteil der Nahrung, den die Fortpflanzung verbraucht. Damit ist benannt, um welche beiden Funktionen es sich handelt, die in der energetischen Ökonomie des Körpers miteinander um Energieressourcen konkurrieren: Produktion und Reproduktion. Neben der Konkurrenz zwischen Produktion und Reproduktion, die in Spencers Analogie als Energieverbraucher angeordnet sind, wird in dieser Textpassage die Sexualisierung des Dampfes als männliche Zeugungs- und Schaffenskraft deutlich. In Allegorien wird die Dampfkraft als weißer, muskulöser, beflügelter Mann versinnbildlicht.

In dem Ölgemälde von Hans Canon (1829-1885) aus dem Jahr 1865, das er im Auftrag der Generaldirektion der Badischen Eisenbahnen als Vorstudie für ein Wandgemälde im Karlsruher Bahnhof anfertigte, zieht die beflügelte männliche Dampfkraft eine Bake hinter sich her – als Metapher für das Dampfschiff. Gleichzeitig stößt er mit einem Knie ein schweres Stahlrad vor sich her – als Metapher für den Antrieb der Eisenbahn. Aus seiner Nase stößt er weißen Dampf aus.

---

459 Vgl. Spencer Die Principien der Biologie. 1877 a.a.O. Bd. 2, S. 450.

460 Spencer, Herbert: A System of Synthetic Philosophy. Bd. 3: The Principles of Biology. Bd. 2. London und Edinburgh 1867, S. 490.

Abb. 7: Männliche Allegorie der Dampfkraft

In Spencers Analogie symbolisiert der Dampf, der durch das Sicherheitsventil stoßartig als weißer Strahl entweicht, gleichzeitig die Potenz der Dampfmaschinentechnik und die Potenz männlicher Sexualität. Der entweichende Dampf, der einen Druckausgleich bezweckt und das Explodieren des Kessels verhindert, versinnbildlicht den Samenerguss. Diese Interpretation verdeutlicht, dass Spencer mit dem mehrdeutigen Begriff ‚man', der allgemein ‚Mensch' bedeuten könnte, durch die Organisation der Analogie jedoch nur ‚Mann' meinen kann. Die Analogie hat zwei Effekte. Zum einen ist die Dampfmaschinentechnologie, die wiederum den technischen Fortschritt symbolisiert, mit männlicher Sexualität verknüpft. Die Potenz der Maschine symbolisiert männliche Potenz. Zum anderen fällt die Verknüpfung zwischen Fortpflanzung und Energieverlust auf. Der entweichende Dampf ist Energie, die dem System unwiederbringlich verloren geht und nicht in mechanische Arbeit umgesetzt werden kann. In diesem Sinne ist die Verknüpfung von durch das Sicherheitsventil entweichendem Dampf und Fortpflanzung in thermodynamischer und ingenieurwissenschaftlicher Sicht negativ konnotiert. Je mehr Dampf ungenutzt aus dem System entweicht, desto weniger effektiv ist die Maschine, desto geringer ihr

Wirkungsgrad. Die symbolische Wertung des Quantums an Energie, das für Fortpflanzung verwendet wird, als ‚verlorene Energie' ist anschlussfähig an sexualwissenschaftliche Diskurse über männliche Onanie der betreffenden Zeit. Männer wurden von Ärzten um ihrer Gesundheit willen vor energieverschwendender Onanie gewarnt.[461] Was bedeutet die thermodynamische Interpretation von Fortpflanzung als ‚verlorener Energie' für die Konstruktion von Weiblichkeit? Im Rahmen der Identifikation von biologischer Reproduktion mit Weiblichkeit wird eine Abwertung weiblicher Produktivität bzw. ein Ausschluss dieser als weiblich definierten Ökonomie aus der fortschrittlichen Ökonomie festgeschrieben. Mit der Reduktion der Frau auf ihre reproduktiven Fähigkeiten wird Weiblichkeit in einer Weise definiert, dass Frauen zur Entwicklung der Gesellschaft, der materiellen wie der symbolischen Produktion von Kultur, keinen Beitrag mehr zu leisten scheinen. Die Energie, die auf die Reproduktion verwendet wird, geht nach dem Spencerschen Gesetz dem Prozess der Individuation, welcher den Fortschritt garantiert, unwiederbringlich verloren:

"We have seen that for the continuance of any race of organisms it is needful that the power of self-preservation and the power of reproduction should vary inversely. (...) But whatever may turn out to be the true nature of the two processes, it is clear that they are mutually destructive; or stating the proposition in its briefest form – *Individuation and Reproduction are antagonistic.*"[462] (Herv., D.H.)

Wie oben erläutert definierte Spencer Individuation im Sinne eines Fortschrittsparadigmas als Vervollkommnung des individuellen Lebens. Spencer variierte den Gebrauch des Begriffs jedoch. Bei seinen Ausführungen über Populationsentwicklungen im Tierreich gebrauchte er ihn mit der Bedeutung der ‚Selbsterhaltung' des Individuums, die er in Beziehung zur ‚Arterhaltung' setzt. Bei seinen Ausführungen über die menschliche Physiologie, die Evolution der Menschheit und die Geschlechterdifferenz meinte ‚Individuation' im Rahmen seines zivilisatorischen Fortschrittsmodells vorrangig ‚intellektuelle Entwicklung'. Der zweideutige Gebrauch des Begriffs Individuation steht im Zusammenhang mit Spencers Definition von zivilisatorischem Fortschritt als Ausbau der intellektuellen Fähigkeiten des Menschen. Mit dieser Bedeutung von Indi-

---

461 Vgl. Barker-Benfield, G. J.: „The Spermatic Economy: A Nineteenth-Century View of Sexuality". In: Michael Gordon (Hrsg.): The American Family in Social-Historical Perspective. 2. Aufl. New York 1978, S. 374-402, hier S. 377.

462 Spencer, Herbert: „A Theory of Population, Deduced from the General Law of Animal Fertility". In: Westminster Review 57 (1852), S. 468-501, hier S. 478f. Dies ist die erste Formulierung des Spencerschen Gesetzes vom Gegensatz zwischen Individuation und Fortpflanzung. Er weist im 2. Band der ‚Principles auf Biology' darauf hin, dass er dieses Gesetz 1852 entwickelt habe.

viduation ist bei Spencer ein innerkörperliches Konkurrenzverhältnis zwischen Nerven- und Fortpflanzungssystem definiert. Der physiologische Sitz der Intellektualität ist das Nervensystem, das bei seiner Entwicklung mit den Fortpflanzungsorganen um Energieressourcen konkurrieren muss:

"Evidence of a more conclusive nature (...) is seen in the marked antagonism of the nervous and generative systems." Und Spencer fährt wenig später fort: "We found it to be the necessary law of maintenance of races, that the ability to maintain individual life and the ability to multiply vary inversely. But the ability to maintain individual life *is in all cases measured by the development of the nervous system.*" (Herv. i. O.)[463]

Die Determinierung von Weiblichkeit auf die Reproduktion gibt dem Spencerschen Gesetz eine geschlechterhierarchische Struktur, in der Männlichkeit mit evolutionärem Fortschritt und Weiblichkeit mit dem evolutionären Gegenstück der Konstanz assoziiert ist. Das evolutionstheoretische Verhältnis von Arterhaltung und Artentwicklung und in Spencers Begriffen das Verhältnis von Reproduktion und Individuation korrespondiert mit einem hierarchischen Verhältnis der Geschlechter. Die Zuordnung von Artentwicklung und Männlichkeit auf der einen und Arterhaltung sowie Weiblichkeit auf der anderen Seite erhebt die männlichen Individuen einer Art zu den Akteuren und Garanten des Fortschritts und wertet die weiblichen Individuen einer Art als Bewahrerinnen des Status Quo ab. Elvira Scheich formulierte für diesen Zusammenhang in der Evolutionsbiologie treffend:

„In der biologischen Theorie stellt sich das Resultat der Verdrängung des weiblichen Geschlechts als Auslöschung von Bedeutung dar. Das biologisch Weibliche ist bestimmt aufgrund seiner spezifischen Funktionen bei der Fortpflanzung und wird nicht mehr durch eine eigene Wesenheit unterschieden. Die Relevanz der sexuellen Differenz reduziert sich auf den Mechanismus der Fortpflanzung. Die Form des evolutionären Stammbaums ist die eines einzigen Geschlechts. In diesem Abstraktionsschritt ist die Struktur eines besonderen gesellschaftlichen Geschlechterverhältnisses repräsentiert; es ist die gesellschaftliche Festlegung des Weiblichen auf Reproduktion, die das evolutionäre Verhältnis von Konstanz und Wandel begründet."[464]

Das Weibliche ist so gleichzeitig eingeschlossen in und ausgeschlossen aus der Bestimmung der Entwicklungsgeschichte der Natur. Eingeschlossen durch die Funktion der Arterhaltung und zugleich ausgeschlossen aus dem bedeutsamen Moment der Weiterentwicklung.

In Kongruenz mit dieser geschlechterhierarchischen Gesellschaftlichkeit seines Gesetzes führt Spencer eine energetische Geschlechterdifferenz ein, welche

---

463 Spencer 1852 a.a.O., S. 492 und 494 f.

464 Scheich 1989 a.a.O., S. 222.

die Festlegung der Funktionen der Geschlechter auf Reproduktion versus Produktion reifiziert:

> "The cost of reproduction to males being so much less than it is to females, the antagonism between Genesis and Individuation is not often shown in men by suppression of generative power consequent on unusual expenditure in bodily action. (...) Special proofs that in men, great cerebral expenditure diminishes or destroys generative power, are difficult to obtain."[465]

Frauen und Männer seien nicht in gleicher Weise von den Kosten der Reproduktion betroffen. Frauen investierten ungleich mehr Energie in Fortpflanzung als Männer. Deshalb sei die Gefahr bei Männern geringer, durch hohe Ausgaben für Gehirntätigkeit ihre Fortpflanzungsfunktion herabzusetzen. Die energetische Geschlechterdifferenz ist über den Nexus der biologischen Reproduktion konstruiert. An anderer Stelle führte Spencer ausführlicher aus, woran sich der bedeutsame Mehrverbrauch an begrenzter Energie von Frauen für die Fortpflanzungsfunktion festmache: Der Menstruationszyklus der Frau verbrauche viel Energie und während der Schwangerschaft ‚investiere' die Frau enorm große Mengen an Energie in die Entwicklung des Fötus. Diese hohe Energieausgabe setze sich während der Stillzeit fort. Der Mann hingegen verliere bei der Fortpflanzung körpereigene Energie allein durch die Abgabe des Samens.[466]

Der postulierte höhere Energieverbrauch von Frauen für die Fortpflanzung hat weitgehende Konsequenzen. Aus evolutionstheoretischer Sicht kann mit dieser ‚energetischen Ökonomie der Geschlechterdifferenz' der Unterschied der Geschlechtscharaktere mit Verweis auf die Energiegesetze begründet werden:

> "The first set of differences is that which results from a somewhat earlier arrest of individual evolution in women than in men; necessitated by the reservation of vital power to meet the cost of reproduction. (...) Otherwise there could be no offspring."[467]

Die individuelle Entwicklung der Frau stoppe früher als die des Mannes. Der Grund sei ein energetischer: Die Frau müsse eine Reserve an Energie einbehalten, weil die Fortpflanzung für sie mit so viel höheren ‚Energiekosten' verbunden sei als für den Mann. Dies sah Spencer bestätigt durch das Phänomen, dass Mädchen generell früher die Geschlechtsreife erreichen als Jungen. Mit dieser abgebrochenen Entwicklung der Frau erklärte Spencer die Geschlechter-

---

465 Spencer 1867 a.a.O., S. 486.

466 Spencer, Die Principien der Biologie 1877 a.a.O. Bd. 2, S. 458.

467 Spencer, Herbert: „Psychology of the Sexes". In: Popuplar Science Monthly 4 (1873), S. 30-38. Das Original war per bundesweiter Fernleihe nicht zugänglich, deshalb hier zitiert aus dem partiellen Nachdruck in: Katharina Rowold (Hrsg.) Gender and Science: 19th-Century Debates on the Female Mind and Body. Bristol 1996, S. 23-31, hier S. 24.

differenz in Bezug auf die Körpergröße. Die spezifische energetische Knappheit bei Frauen bewirke außerdem, dass Frauen im Vergleich zu Männern eine geringere Menge an Kohlendioxid ausatmen würden als Männer. Diese metabolische Geschlechterdifferenz steht für eine geringere Stoffwechseltätigkeit bei Frauen. Dies trifft nach Spencer besonders auf die Zeit von Schwangerschaft, Geburt und Stillzeit zu. All dies seien Beweise dafür, dass Frauen weniger Energie als Männern für ihre Entwicklung zur Verfügung stehe: "(...) the evolution of energy (in women, D.H.) is relatively less as well as absolutely less." [468]

Aus dem postulierten energetischen Antagonismus zwischen Nerven- und Fortpflanzungssystem lässt sich erahnen, wie sich diese unvollkommene Entwicklung auf den weiblichen Geschlechtscharakter und die geistigen Fähigkeiten der Frau auswirkt:

"This rather earlier cessation of individual evolution thus necessitated (by the development of woman's reproductive system), showing itself in a rather smaller growth of the nervo-muscular system, so that both the limbs which act and the brain which makes them act are somewhat less, has two results on the mind. The mental manifestations have somewhat less of general power or massiveness; and beyond this there is a perceptible falling-short in those two faculties, intellectual and emotional, which are the latest products of human evolution – the power of abstract reasoning and the most abstract of the emotions, the sentiment of justice (...)."[469]

Das Resultat der geschlechtsspezifischen energetischen Evolution sei, dass sich das Nervensystem der Frau weniger entwickle als das des Mannes. Für die Entwicklung des weiblichen Intellekts ergäben sich daraus zwei Effekte. Zum einen seien die geistigen Fähigkeiten generell geringer, und zum anderen seien die beiden Fähigkeiten, die am Ende der intellektuellen und emotionalen Entwicklung des menschlichen Geistes stünden, sehr viel geringer ausgeprägt: das abstrakte Denken und der Sinn für Gerechtigkeit. So liest sich Spencers energetische Begründung des weiblichen Geschlechtscharakters als Variante einer unvollkommenen männlichen Entwicklung. Die Vorstellung der angehaltenen Entwicklung der Frau ist nicht spezifisch für Spencer, auch in der Evolutionstheorie Darwins ist dies ein zentraler Punkt zur Ableitung der sogenannten sekundären Geschlechtsmerkmale des Menschen:

"Man is more courageous, pugnacious, and energetic than woman, and has a more inventive genius."[470]

---

468 Spencer 1996 [1873] a.a.O., S. 24f, Zitat S. 25.

469 Ebd. (S. 25)

470 Darwin 1981 [1871] a.a.O., Bd. 2, S. 316.

Auch wenn in dem Zitat Energie als quantitatives Geschlechtsmerkmal angeführt ist, so ist doch Darwins Evolutionstheorie im Gegensatz zu der Spencers weniger explizit auf dem Energieerhaltungssatz aufgebaut.[471]

Das Gesetz des Antagonismus zwischen Individuation und Fortpflanzung, das einen Widerspruch in Bezug auf die Anwendung der Energieerhaltung auf lebende Organismen und die Interpretation als Energieknappheit enthält, wurde auch innerhalb der physikalisch-chemischen Wissenschaftsgemeinde der Zeit positiv rezipiert. Dies ist ein weiterer Beleg, dass die bei der Diskurskoppelung entstandenen Widersprüche produktiv integriert wurden. Henry Armstrong (1848–1937), Londoner Chemieprofessor, bezog sich in seiner ‚presidential lecture' für die Chemische Sektion des 79. Kongresses der British Association for the Advancement of Science im Jahr 1909 auf das Spencersche Gesetz:

"Herbert Spencer forcibly drew attention many years ago to the tendency which the development of individuality must have to depress fertility and to the evil effects of severe mental labour on women especially. (...) woman must fail, and in failing must carry man with her to destruction, for she will inevitably cease to exercise her specific womanly functions with effect, (...)."[472]

Sein Plädoyer gegen Frauen in der Wissenschaft erstreckt sich über mehrere Seiten und mag u.a. den aktuellen Anlass gehabt haben, dass einige Frauen beantragt hatten, als Mitglieder in die ‚Chemical Society' aufgenommen zu werden.

Auch Ostwald bezieht sich in seinem Werk „Der Energetische Imperativ" auf den Antagonismus zwischen Individuation und Fortpflanzung:

„Jede übermäßige Sonderentwicklung nach einer Richtung bedingt mit Notwendigkeit eine entsprechende Rückständigkeit nach anderen Richtungen. Daß gerade geistige und physiologische Zeugung in diesem bemerkenswerten Reziprozitätsverhältnis stehen, ist gleichfalls verständlich; es handelt sich doch um die beiden grundlegenden Funktionen der menschlichen Rasse, die ihren Bestand und ihre Kultur sichern. Jede von ihnen beansprucht die äußerste

---

471 Darwin verwendet den Begriff ‚energy' bzw. ‚energetic' in seiner Evolutionstheorie des Menschen ausschließlich in einer das menschliche Verhalten und den menschlichen Charakter betreffenden Bedeutung. Energie ist bei Darwin ein Merkmal des männlichen Geschlechtscharakters als historisches Resultat der männlichen Aktivitäten wie Jagd, Verteidigung und sexueller Konkurrenz. Bei ihm findet sich kein Verweis auf die physikalische Verwendung des Begriffs und den Energieerhaltungssatz. Vgl. Darwin 1981 [1871] a.a.O., Bd. 2, S. 325-329.

472 Armstrong, Henry Edward: „Presidential Address of the Chemistry Section". In: Report of the 79th Meeting of the British Association for the Advancement of Science. Winnipeg 1909, S. 420-454, hier S. 450f. Ich danke Kostas Gavroglu, Department of History and Philosophy of Science, University of Athens, für den Hinweis auf Armstrong.

Leistungsfähigkeit des Organismus, in dem sie sich betätigt, und das Maximum in dem einen Gebiet ist nur durch entsprechende Beschränkung im anderen erreichbar."[473]

Der energetische Imperativ, den Ostwald in Anlehnung an Kants kategorischen Imperativ zur Grundlage seines energetischen Weltbildes machte, besagt, dass der Mensch keine Energie vergeuden, sondern sie veredeln solle. Für das Geschlechterverhältnis folgt daraus, dass Frauen die eigene begrenzte Energie durch biologische und Männer durch geistige Zeugung veredeln sollten.

Zusammenfassend ist festzuhalten, dass die Geschlechtsspezifik der energetischen Ökonomie des Menschen über den Nexus der biologischen Reproduktion organisiert ist. An dieser Stelle der Konstruktion erhalten die Energiegesetze des menschlichen Körpers ihre Geschlechtlichkeit. Das Energiebudget der Frau sei durch die Ausgaben für die biologische Reproduktion so belastet, dass schon bei der Entwicklung bis zur Geschlechtsreife die Ausbildung intellektueller Fähigkeiten im Vergleich zum Mann nur reduziert stattfinde. Im weiteren Verlauf des Lebens gebiete die energetische Ökonomie der Geschlechterdifferenz der Frau, stets genug Reserven für die körperliche Gesundheit zu bewahren und möglichst wenig in die individuelle geistige Entwicklung zu investieren, da es dabei nicht allein um die Gesundheit der individuellen Frau, sondern um die Gesundheit und das Fortbestehen der Gesellschaft insgesamt gehe.

Mit dieser Rekonstruktion werden die Argumentationsfigur ‚Bildung schadet dem Frauenkörper' und ‚Frauenbildung schadet künftigen Generationen' verständlicher. Das Frauenstudium bedeutet in der Logik der energetischen Ökonomie der Geschlechterdifferenz eine Energieausgabe, die auf Kosten der individuellen Gesundheit der Frauen und der Gesundheit der Bevölkerung eingesetzt wird. Die energetisch-ökonomische Struktur dieses Diskurses lässt das Frauenstudium und die akademische Berufstätigkeit von Frauen als eine die Gesellschaft gefährdende Energieverschwendung erscheinen.

4.3.3 Geschlechtsspezifische physiologische Arbeitsteilung

Die energetische Ökonomie der Geschlechterdifferenz, wie ich sie aus der Verknüpfung thermodynamischer, physiologischer, ökonomischer und evolutionstheoretischer Diskurse und dem Gesetz des energetischen Antagonismus zwi-

473 Ostwald, Wilhelm: „Dekadenz". In: Ders.: Der Energetische Imperativ, Leipzig 1912, S. 147-152, hier S. 149.

schen Individuation und Fortpflanzung rekonstruiert habe, findet in einem weiteren interdiskursiven Prinzip Ausdruck: der Arbeitsteilung.

In der klassischen Formulierung des Prinzips der (ökonomischen) Arbeitsteilung von Adam Smith (1723-1790) sind keine Verknüpfungen mit thermodynamischen Diskursen rekonstruierbar, diese entstehen meines Erachtens durch die Diskursüberschneidung mit evolutionstheoretischen Diskursen. Aus diesem Grund analysiere ich zunächst die Verknüpfung zwischen ökonomischen und evolutionstheoretischen Diskursen in Bezug auf das Prinzip der Arbeitsteilung, um dann den Zusammenhang zwischen energetischen Modellen und dem Prinzip der geschlechtsspezifischen Arbeitsteilung rekonstruieren zu können.

Das Gesetz der (ökonomischen) Arbeitsteilung, wie es sich in seiner klassischen Formulierung bei dem schottischen Nationalökonom Adam Smith findet, besagt, dass die Zerlegung eines Arbeitsvorganges in mehrere Teilverrichtungen die Produktivität steigert. In seinem zweiten Hauptwerk "The Wealth of Nations" (1776) führte er dies am Beispiel einer Fabrik, die Stecknadeln produziert, aus. Er beschrieb, um wie viel die Produktionsrate der Stecknadeln erhöht wird, wenn der Produktionsvorgang in mehrere kleine Teiloperationen zerlegt wird und eine Spezialisierung einzelner Arbeiter auf eine Teiloperation stattfindet. Er begründete seine Doktrin mit dem Hinweis, dass die Verteilung von Teilaufgaben auf einzelne Arbeiter und Gruppen von Arbeitern deren Geschicklichkeit fördere. Als zweiten Faktor, der zu mehr Produktivität führe, nannte er die Zeitersparnis, die daraus resultiere, dass ein spezialisierter Arbeiter nicht zwischen mehreren Tätigkeiten wechseln und sich somit nicht immer wieder zeitraubend auf neue Bewegungsabläufe und Werkzeuge einstellen muss. Als dritten Vorteil führte er den Einsatz von Maschinen an, der durch die in kleine Verrichtungen eingeteilte Arbeitsvorgänge begünstigt wird. Das Prinzip der Arbeitsteilung stellte Smith darüber hinaus in einen historischen Entwicklungsrahmen und bezeichnete die fortschreitende Arbeitsteilung als Maß für den Entwicklungsgrad einer Gesellschaft.[474]

Die Vorstellung, dass eine fortschreitende Differenzierung von Lebensformen und Lebensfunktionen die Evolution der Natur- und Menschheitsgeschichte kennzeichnet, verbindet den ökonomischen und evolutionsbiologischen Diskurs.

Wie bei der Genese des evolutionstheoretischen Prinzips der natürlichen Selektion lassen sich in Bezug auf das Prinzip der Arbeitsteilung Überschneidungen zwischen ökonomischen und evolutionstheoretischen Diskursen rekonstruieren.

---

474 Smith, Adam: An Inquiry into the Nature and Cause of the Wealth of Nations. 2 Bde. Oxford 1976 [engl. Ersterscheinung 1776; deutsche Ersterscheinung 1794], hier S. 13-24.

Die ‚politische Ökonomie' und die ‚natürliche Ökonomie' werden in enger Relation zueinander konstruiert. Wie schon in Bezug auf das geschlechtsspezifische Verhältnis von Artentwicklung und Arterhaltung, das ich im Zusammenhang des Gesetzes vom Antagonismus zwischen Individuation und Fortpflanzung darstellte, lässt sich auch in Bezug auf die Geschlechtsspezifik des Prinzips der (physiologischen) Arbeitsteilung die Verbindung zum energetischen Modell zeigen.

Sowohl Charles Darwin als auch Herbert Spencer nahmen das Prinzip der Arbeitsteilung in ihren Evolutionstheorien auf. In ihren Evolutionstheorien wird bemerkenswerterweise nicht, wie bei Smith, allgemein der Grad der gesellschaftlichen Arbeitsteilung als Maß für den Entwicklungsstand einer Gesellschaft betrachtet. Es ist der Grad der *geschlechtsspezifischen* Arbeitsteilung, der als Maß definiert wird. Der ‚Status der Frau' in einer Gesellschaft gilt als zentraler Indikator für die Entwicklungsstufe einer Gesellschaft. Spencer formulierte:

"Perhaps in no way is the moral progress of mankind more clearly shown, than by contrasting the position of women among savages with the position of women among the most advanced of the civilised."

Und er führt wenig später weiter aus:

"On ascending to societies partially or wholly settled, and a little more complex, we begin to find considerable diversities in the divisions of labour between the sexes."[475]

Der Status der Frau ist nach dieser evolutionstheoretischen Argumentation umso höher, je konsequenter die geschlechtspezifische Arbeitsteilung, die sich im 19. Jahrhundert entlang der Grenzen von öffentlicher versus privater Sphäre und von Produktion (geistiger und körperlicher) versus Reproduktion (biologischer, konsumptiver und psychologischer) strukturierte, verwirklicht ist. Je weniger die Frau in einer Gesellschaft produktive Arbeit leistet, und je mehr sie allein reproduktive Arbeit in der Sphäre der Familie ausübt, desto höher ist nach dieser Wertung ihr Status in dieser Gesellschaft, und desto höher ist der gesamte Entwicklungsgrad dieser Gesellschaft zu beurteilen. An anderer Stelle wurde diese Argumentation als ‚Gesetz der Nicht-Arbeit' benannt.[476] Eine Gesellschaft wird als umso entwickelter beurteilt, je weiter die Frauen derselben von der Last der (Lohn-)Arbeit befreit sind. Als Norm fungiert hier das bürgerliche Frauenideal,

475 Spencer, Herbert: The Principles of Sociology. 3 Bde. New York 1901, Bd. 1, S. 725 und S. 730f.

476 Russett 1989 a.a.O., S. 144.

das als Messlatte für die Bewertung des Entwicklungsgrades einer Gesellschaft fungiert.

Auch Darwins Evolutionstheorie enthält die These, dass die Differenz zwischen den Geschlechtern größer wird, je höher die Entwicklungsstufe der betreffenden Art ist. Diese These Darwins bezieht sich zum einen auf die Fortpflanzungsart, die sich nach seiner Wertung von ein- und ungeschlechtlicher Fortpflanzung zu der ‚höheren' Fortpflanzungsart der zweigeschlechtlichen Fortpflanzung entwickelt hat. Zum anderen resultiere eine immer weiter fortschreitende Differenzierung in zwei Geschlechter, die sich in immer größerem Maße von einander unterschieden.[477] Darwin formulierte zusammenfassend in seinem Kapitel über die Entwicklung der sekundären Geschlechtsmerkmale beim Menschen, dass

> "(...) the greater size, strength, courage, pugnacity, and even energy of man, in comparison with the same qualities of woman, were acquired during primeval times, and have subsequently been augmented (...)."[478]

Die Differenzierung der Geschlechtsmerkmale schreitet nach Darwin in der Entwicklung der Natur- und Menschheitsgeschichte fort. Höhere Entwicklungsformen würden sich durch größere Differenzierung der Geschlechter auszeichnen.

Das Prinzip der Arbeitsteilung bezieht sich in evolutionstheoretischen Diskursen über die Ebene der sekundären Geschlechtsmerkmale und Geschlechterrollen und der darin festgelegten geschlechtsspezifischen gesellschaftlichen Arbeitsteilung hinaus auch auf die Formen und Funktionen von Zellen und Organen eines Organismus. Für diese Bedeutung wird der Begriff ‚physiologische Arbeitsteilung' verwendet.

Darwin verwies bei der Einführung des Begriffs ‚physiologische Arbeitsteilung' in „The Origin of the Species" (1859) auf den französischen Zoologen Henri Milne-Edwards (1800-1885).[479] Der Terminus der physiologischen Arbeitsteilung wurde von Milne-Edwards 1827 eingeführt.[480] Er übernahm den Begriff

---

477 Tuana 1993 a.a.O., S. 37.

478 Darwin 1981 [1871] a.a.O., S. 382.

479 Darwin 1964 [1859] a.a.O., S. 115f.

480 Die erste Formulierung des Prinzips der physiologischen Arbeitsteilung findet sich in den von Milne-Edwards verfassten Einträgen zu ‚Organisation' und ‚Nerfs' des Dictionnaire classique d'histoire naturelle in Bd. 12 (1827), S. 332-344 und Bd. 11 (1827), S. 529-534. Weitere einflussreiche Werke, in denen er das Prinzip weiterentwickelte, waren: Milne-Edwards, Henri: Eléments de zoologie ou leçons sur l'anatomie, la physiologie, la classification de moeurs des animaux. Paris 1834 und ders.: Introduction à la zoologie générale ou considérations sur les

der Arbeitsteilung von dem französischen politischen Ökonomen Jean-Baptiste Say (1767-1832)[481] und wandte ihn auf die Physiologie an. Aus evolutionstheoretischer Perspektive wird unter ‚physiologischer Arbeitsteilung' die Differenzierung ursprünglich gleichartiger und gleichfunktionierender Zellen bzw. Organe in verschiedenartige Zellen bzw. Organe mit unterschiedlichen Funktionen verstanden. Die physiologische Arbeitsteilung eines Organismus ist umso ausgeprägter, je größer die Anzahl seiner verschiedenen Teile und der durch diese ausgeführten Funktionen ist. Das Prinzip der physiologischen Arbeitsteilung dient in der Evolutionstheorie der Klassifikation und hierarchischen Anordnung unterschiedlicher Organismen. Der Einzeller, in dem verschiedene Funktionen von einer Zelle ausgeführt werden, ist komplexeren Organismen untergeordnet, die verschiedenartige Zellen mit unterschiedlichen Funktionen besitzen.

Mit Hilfe des Prinzips der physiologischen Arbeitsteilung entwickelte Darwin das Prinzip der Divergenz der Artcharaktere (‚divergence of character'), das einen zentralen Platz in seiner Erklärung der Entstehung der Arten einnimmt. Nicht mit dem Prinzip der natürlichen Selektion allein, das sich auf die Konkurrenz der Individuen einer Art untereinander bezieht, konnte Darwin die Entstehung der Arten erklären, sondern er musste einen Mechanismus finden, mit dem die Ausbildung von Differenzen zwischen Arten beschrieben werden konnte. Mit der durch Arbeitsteilung fortschreitenden Differenzierung konnte er in seiner Evolutionstheorie das Verbindungsstück zwischen individuellem Vorteil im Kampf ums Dasein und der Ausbildung von verschiedenen Arten einfügen.[482]

Silvan Schweber hat in seiner detaillierten Analyse der Faktoren der Entwicklung des Darwinschen Konzepts ‚divergence of character' auf den Einfluss politischer Ökonomen wie Adam Smith hingewiesen. Schweber ging der Frage nach, warum Darwin sich nicht direkt auf Vertreter der politischen Ökonomie bezog, deren Konzept der ökonomischen Arbeitsteilung die Genese seiner Evolutionstheorie nachweislich prägte, sondern als Referenz einen prominenten Vertreter der Biologie, Henri Milne-Edwards, wählte. Darwin machte im Fall der Entwicklung seines Konzepts ‚divergence of character' den Bezug auf die politische Ökonomie in seinen Veröffentlichungen nicht transparent, wie noch am

---

tendances de la nature dans la constitution du règne animal. Paris 1851. Vgl. Schweber, Silvan S.: "Darwin and the Political Economists: Divergence of Character". In: Journal of the History of Biology. Jg. 13. Nr. 2 (1980), S. 195-289, hier S. 250.

481 Say, Jean-Baptiste: Traité d'économie politique ou simple exposition de la manière dont se forment, se distribuent et se consomment les richesses. 2. Aufl. Paris 1814. Vgl. Schweber 1980 a.a.O., S. 286.

482 Schweber 1980 a.a.O., S. 288.

Beispiel seines Bezugs auf die Theorie Malthus' für das zentrale Prinzip seiner Evolutionstheorie, der ‚natural selection'. In der Wissenschaftsgeschichte gilt das letztere als paradigmatisches Beispiel für den Einfluss eines ‚externen Faktors' auf die Entwicklung einer naturwissenschaftlichen Theorie. Schweber argumentierte, dass Darwin in der Entwicklung seiner Lehre von der Entwicklung der Arten durch politische Ökonomen wie Smith und das Gesetz der ökonomischen Arbeitsteilung geleitet war, sich jedoch in der Publikation für Milne-Edwards als wissenschaftliche Referenz entschied, weil der Bezug auf die Naturwissenschaft Biologie sicherer war als das kontrovers diskutierte Prinzip der ‚Arbeitsteilung'. Diese Diskussion wurde politisch geführt, und ein Bezug auf das Konzept barg den Vorwurf der Ideologie des Utilitarismus. Schweber interpretierte den Bezug auf den Biologen Milne-Edwards als Strategie Darwins, den Einfluss ökonomischer Konzepte nicht transparent zu machen. Wegen der kontroversen Diskussion um die gesellschaftliche Arbeitsteilung war dies eine Objektivierungsstrategie, um den Vorwurf der Ideologie oder auch generell den Vorwurf, eine hypothetische Wissenschaft zu betreiben, zu vermeiden.

Herbert Spencer stieß 1851 auf Milne-Edwards Werk „Introduction à la Zoologie Générale" (1851) und übernahm den Terminus der physiologischen Arbeitsteilung mit Begeisterung für seine schon ausgeführte Idee, dass die Entwicklung in der Natur wie der Gesellschaft von Einfachheit zu Komplexität, von Homogenität zu Heterogenität fortschreite.[483] Im Gegensatz zu Darwin machte Spencer die Verknüpfung ökonomischer und biologischer Diskurse transparent, wie das folgende Zitat belegt:

"This division of labour, first dwelt on by political economists as social phenomenon, and thereupon recognised by biologists as a phenomenon of living bodies, which they called the ‚physiological division of labour', is that which in the society, as in the animal makes it a living whole. Scarcely can I emphasise enough the truth that in respect of this fundamental trait, a social organism and an individual organism are entirely alike."[484]

Der Organismus wird in dieser Analogie mit der Gesellschaft verglichen und die gesellschaftliche Arbeitsteilung findet ihre Entsprechung in der Organisation unterschiedlicher physiologischer Funktionen eines Organismus:

"Higher organisms are distinguished from lower ones (...) by complexity. (...) Instead of being made up of many like parts performing like functions (...) a vertebrate animal is made up of

483 Russett 1989 a.a.O., S. 132.

484 Spencer, Herbert: The Principles of Sociology. 3 Bde. New York 1901, Bd. 1 a.a.O., S. 452.

many unlike parts, performing unlike functions. (...) And this 'physiological division of labour', as it has been termed, has the same effect as the division of labour amongst men."[485]

Ein verbindendes Element in dieser Analogie ist der Entwicklungsgedanke und seine Wertung unterschiedlicher Entwicklungsstufen. Wie in Gesellschaften eine fortschreitende Arbeitsteilung generell positiv gewertet wird und für Höherentwicklung steht, so werden Organismen, die aus Zellen und Organen mit unterschiedlichen Formen und Funktionen bestehen, als höhere Lebewesen bezeichnet. ‚Gleichheit' ist in diesem ökonomisch-biologischen Interdiskurs mit einer niedrigen Entwicklungsstufe assoziiert und ‚Differenz' bzw. ‚Differenzierung' mit Höherentwicklung und Fortschritt.

Das Konzept der physiologischen Arbeitsteilung nahm in den Evolutionstheorien Darwins und Spencers einen zentralen Platz ein. Anders als bei den Vorstellungen eines ‚begrenzten Energievorrats' und eines ‚Antagonismus zwischen Individuation und Fortpflanzung', lässt sich bei Darwin und Spencer kein direkter Bezug auf den Energieerhaltungssatz rekonstruieren. Im Mittelpunkt standen bei ihrem Bezug auf das Prinzip der Arbeitsteilung der Gedanke der Steigerung der Überlebenschancen durch Differenzierung in Form und Funktion und die Wertung der geschlechtsspezifischen Arbeitsteilung als Indikator für die Entwicklungsstufe einer Gesellschaft.

Eine geschlechtsspezifische Auslegung explizit energetischer Art erhielt das Konzept der physiologischen Arbeitsteilung in der Arbeit von Sir Patrick Geddes und John Arthur Thomson. Der schottische Biologe und spätere Stadtplaner und Soziologe Sir Patrick Geddes (1854-1932) veröffentlichte 1889 mit seinem ehemaligen Schüler John Arthur Thomson (1861-1933) das viel verkaufte und einflussreiche Werk „The Evolution of Sex".[486] Geddes und Thomson entwarfen darin eine Evolutionstheorie, in der die Geschlechterdifferenz in den Mittelpunkt der Natur- und Menschheitsgeschichte gestellt ist, wobei ein energetisches Stoffwechselmodell als naturwissenschaftliches Fundament dient. Dabei gingen sie weiter als Darwin und Spencer. Sie identifizierten im Aufbau der Grundbausteine eines jeden Organismus eine geschlechtsspezifische energetisch-physiologische Arbeitsteilung. In Abgrenzung zu Darwin und seiner Auffassung, dass die Differenz der sekundären Geschlechtsmerkmale auf den Mechanismus der sexuellen

485 Spencer 1852 a.a.O., S. 486.

486 Geddes, Patrick und Thomson, Arthur John: The Evolution of Sex. London 1889. In Großbritannien erfuhr das Buch drei Nachdrucke und zwei Auflagen, in den USA wurde es 1890 als ein Band der ‚Humboldt Library of Science' verlegt. Die französische Übersetzung erschien 1892. Zur Rezeption des Buches und zur Biographie Geddes' vgl. Boardman, Philip: Patrick Geddes: Maker of the Future. Chapel Hill 1944.

Selektion zurückzuführen sei, formulierten Geddes und Thomson eine Evolutionstheorie der Geschlechterdifferenz, in der die gesellschaftliche Geschlechterdifferenz auf die energetisch-physiologische Differenz der Keimzellen zurückgeführt wird:

"A sluggish conservative habit of body tends to increase of size; Lavish expenditure of energy keeps down the accumulation of storage. Corroborative evidence will be afterwards forthcoming, as we contrast (...) the relatively large female cell or egg with the microscopic male cell or spermatozoon."[487]

In der Eizelle und im Spermatozoon identifizierten Geddes und Thomson zwei konträre energetisch-physiologische Typen, aus denen sie alle weiteren Aussagen über das Verhältnis der Geschlechter ableiteten. Die Eizelle und das Spermatozoon werden so zur Basiseinheit der energetisch-physiologischen Theorie der Geschlechterdifferenz und symbolisieren gleichzeitig Männlichkeit und Weiblichkeit per se. ‚Anabolisch' versus ‚katabolisch' sind die konträren energetisch-physiologischen Eigenschaften, aus denen alle weiteren Geschlechterdifferenzen abgeleitet werden. Dies sind Termini der Stoffwechselphysiologie, mit denen Aufbauvorgänge (Anabolismus) und Abbauvorgängen (Katabolismus) im Energie- und Stoffwechsel eines Organismus gegenübergestellt werden. Geddes und Thomson definierten:

"(...) upbuilding, constructive, synthetic processes are summed in the phase anabolism. There is a disruptive, descending series of chemical changes known as katabolism."[488]

Wie ich in Kapitel 4.2 gezeigt habe, steht das Konzept des Stoffwechsels in der Physiologie des 19. Jahrhunderts für eine energetisch-mechanistische Sichtweise auf den Organismus und für die Vorstellung des Körpers als energieumwandelnde Maschine. Geddes und Thomson interpretierten die Energieprozesse, die in allen Organismen – vom Einzeller bis zum Menschen – stattfinden, als fundamental geschlechtsspezifisch. Anabolismus wird mit essenzieller Weiblichkeit und Katabolismus mit essenzieller Männlichkeit identifiziert. Geschlechterdifferenz und das gesellschaftliche Verhältnis der Geschlechter ist hier ein grundlegender und unveränderlicher Fakt des Stoffwechsels:

"Femaleness is anabolic preponderance in reproduction, hence the ovum has necessarily the general character which this 'diathesis' produces in non-reproductive cells; and similarly, katabolic preponderance stamps its character of active energy upon spermatozoon (...)."[489]

---

487 Geddes/Thomson 1889 a.a.O., S. 21.

488 Geddes/Thomson 1889 a.a.O., S. 122.

489 Geddes/Thomson 1889 a.a.O., S. 125.

Geddes und Thomson entwickelten ihre metabolische Geschlechtertheorie in „The Evolution of Sex“ ausgehend von der Frage der Festlegung des Geschlechts bei der Zeugung. Die Vorstellungen zur Determinierung des Geschlechts beim Zeugungsvorgang waren zu dieser Zeit vielfältig, und Geddes und Thomson vertraten die Auffassung, dass unter anabolischen Bedingungen Weibchen bzw. Mädchen und unter katabolischen Bedingungen Männchen bzw. Jungen gezeugt würden:

"Such conditions as deficient or abnormal food, high temperature, deficient light, moisture, and the like, are obviously such as would tend to induce a preponderance of waste over repair, – a *katabolic* habit of body, – and these conditions tend to result in the production of *males*. Similarly, the opposed set of factors, such as abundant and rich nutrition, abundant light and moisture, favour constructive processes, i.e., make for an *anabolic* process, and these conditions result in the production of *females*." (Herv. i. O.)[490]

Einer ihrer empirischen Belege für diese physiologisch-energetische Theorie der Festlegung des Geschlechts war, dass in reichen Familien mehr Mädchen und in armen Familien mehr Jungen und generell von Frauen mit einer kleinen Plazenta und geringen Monatsblutung mehr Jungen geboren würden.[491] Geddes und Thomson schritten nach ihrer Theorie zum ‚Ursprung der Geschlechterdifferenz‘ fort zu einer generellen physiologisch-energetischen Geschlechtertheorie, in der sie die Natur- und Sozialwissenschaften unter dem Paradigma des geschlechtsspezifischen Metabolismus vereinten.

Von der physiologisch-energetischen Geschlechterdifferenz leiteten sie den männlichen und weiblichen Geschlechtscharakter und entsprechende geschlechtsspezifische intellektuelle und emotionale Fähigkeiten ab:

"It is generally true that the males are more active, energetic, eager, passionate, and variable: the females more passive, conservative, sluggish, and stable. (...) The spasmodic burst of activity characteristic of males contrast with the continuous patience of the females (...) the stronger lust and passion of males is likewise the obverse of predominant katabolism. That men should have greater cerebral variability and therefore more originality, while women have greater stability and there fore more 'common sense', are facts both consistent with the general theory of sex and verifiable in common experience. (...) Man thinks more, woman feels more. He discovers more, but remembers less; she is more receptive, and less forgetful."[492]

490 Geddes/Thomson 1889 a.a.O., S. 50.

491 Geddes/Thomson 1889 a.a.O., S. 47. In diesem Zusammenhang sei angemerkt, dass die heute etablierte Chromosomentheorie der Vererbung erst 1902-1904 formuliert wurde und das XX-XY-Chromosomen-Modell zur Festlegung des Geschlechts erst in diesem Kontext entwickelt wurde.

492 Geddes/Thomson 1889 a.a.O., S. 270f.

Hier wird aus einer postulierten energetischen Differenz zwischen der weiblichen und männlichen Keimzelle direkt ein energetisch-männlicher und ein energetisch-weiblicher Geschlechtscharakter abgeleitet. Die energetischen Prozesse des Aufbaus von Materie und der Energiespeicherung werden der Weiblichkeit zugeordnet. Damit werden Eigenschaften und Fähigkeiten assoziiert, die kompatibel mit dem Bild des Energiespeicherns sind, wie: passiv, konservativ und träge. Männlichkeit ist in energetischen Prozessen des Abbaus und der Ausgabe von Energie verkörpert und wird mit Eigenschaften wie Aktivität, Tatkraft und Leidenschaftlichkeit verbunden. Hinter dieser Zuordnung der Eigenschaften von Männern und Frauen scheint deutlich das Bild der geduldig und passiv wartenden Eizelle und des aktiven, beweglichen Spermatozoon durch. Die Ableitung der intellektuellen Fähigkeiten ist nur vor dem Hintergrund der für die Evolutionstheorie zentralen Begriffe der Variabilität und der Stabilität zu verstehen. Variabilität steht in der Evolutionsbiologie für die Produktion von Abweichungen, die im Kampf ums Dasein zu einem Vorteil und so zur Weiterentwicklung der Art führen können. Auch in Darwins Evolutionstheorie wird den Männchen einer Art eine höhere Variabilität als den Weibchen bescheinigt.[493] Daraus wird abgeleitet, dass die Männchen für die Weiterentwicklung der Art und die Weibchen entsprechend für die Arterhaltung sorgen. In diesem Sinne ist die Assoziationskette zu den männlichen und weiblichen Geschlechtscharakteren in der metabolischen Geschlechtertheorie von Geddes und Thomson zu verstehen. Das Gegensatzpaar von ‚variabel‘ versus ‚stabil‘ wendeten sie über den Bezug auf die Artentwicklung hinaus auch auf geschlechtsspezifische intellektuelle Fähigkeiten an. Variabilität entspricht in diesem Zusammenhang männlicher Originalität und männlichem Entdeckergeist. Stabilität ist auf der weiblichen Seite mit Erinnerungsvermögen und ‚gesundem Menschenverstand‘ assoziiert.

Die Assoziation von Weiblichkeit mit ‚konservativ‘, die sich bei Geddes und Thomson aus der metabolischen Funktion des Energiespeicherns und der Zuständigkeit für die Arterhaltung ableitet, wurde in geschlechterpolitischen Diskursen auch als ‚politisch-konservativer‘ Geschlechtscharakter der Frau ausgelegt, wie das folgende Zitat von Wilhelm Ostwald belegt:

„Die weibliche Seele ist ausschließlich konservativ. (...) Die Einführung des weiblichen Stimmrechts bei den norwegischen Kommunalwahlen hat ein erhebliches Wachstum der politisch-konservativen Stimmen zur Folge gehabt. Biologisch beruht dies auf dem Umstande, daß die Betätigung der Arterhaltung einen so ausgedehnten und wichtigen Raum im Leben des

493 Darwin 1981 [1871] a.a.O., Bd. 1, S. 275.

Weibes einnimmt, daß für die Sorge um Vervollkommnung kein erheblicher Raum mehr übrig bleibt."[494]

Geddes und Thomson grenzten sich von der Evolutionstheorie Darwins und dem darin formulierten Prinzip der sexuellen Selektion ab. Danach sind geschlechtsspezifische Merkmale das Resultat einer historischen Entwicklung und somit veränderlich. Die Geschlechterdifferenz ist nach Geddes und Thomson jedoch – und damit grenzten sie sich gegenüber Darwins Terminus des sekundären Geschlechtscharakters, der aus der sexuellen Selektion resultiert, ab – primärer Natur, d.h. direkt aus der Physiologie abgeleitet:

"(...) in origin and continued development (secondary sexual characters, D.H.) are outcrops of a male opposed to a female constitution. To sum up the position in a paradox, all secondary sexual characters are at bottom primary, and are expressions of the same general habit of body (...)."[495]

Darin besteht die fundamentale Differenz zu der Evolutionstheorie Charles Darwins, die auf dem dynamischen Wechselspiel zwischen Organismus und Umwelt basiert. Geddes und Thomson grenzten sich in diesem Punkt explizit von Darwin und seinem individualistischen Mechanismus der sexuellen Selektion ab:

"In other words, we can think of the organism not merely under the moulding influence of this functions, nor solely as the product of environmental hammering, least of all as the survivor from a crowd of unsuccessful competitors, but as the expression of an internal fate, no longer mystical, but expressible in terms of the dominant chemical constitution."[496]

Das gesellschaftliche Geschlechterverhältnis basiert bei Geddes und Thomson auf einer ‚chemical constitution', es ist chemischer Natur. Im energetischen Modell anabolischer Weiblichkeit und katabolischer Männlichkeit ist das Geschlecht nicht Ergebnis eines Entwicklungsprozesses, sondern unveränderlich und der menschlichen Natur inhärent. Die Konsequenz dieser deterministischen energetischen Ökonomie der Geschlechterdifferenz für die zeitgenössischen Emanzipationsforderungen von Frauenrechtlerinnen formulierten Geddes und Thomson wie folgt:

"We have seen that a deep difference in constitution expresses itself in the distinctions between male and female, whether these be physical or mental. The differences may be exaggerated or lessened, but to obliterate them it would be necessary to have all the evolution over again on a

---

494 Ostwald, Wilhelm: Die Forderung des Tages. 2. Aufl. Leipzig 1911, S. 280f.

495 Geddes/Thomson 1889 a.a.O., S. 22.

496 Geddes/Thomson 1889 a.a.O., S. 13.

new basis. What was decided among the prehistoric Protozoa cannot be annulled by Act of Parliament."[497]

Der Grundstein für das Verhältnis der Geschlechter sei vor Abertausenden von Jahren, zu Beginn der Evolution, gelegt worden, denn schon die prähistorischen Einzeller seien nach dieser geschlechtsspezifischen energetischen Weise organisiert gewesen. In diesem Sinn kann das energetische Geschlechterverhältnis nicht durch einen politischen Erlass wie der Zugangsberechtigung für Frauen zu Universitäten oder dem Frauenwahlrecht aufgehoben werden. Für eine Veränderung des Geschlechterverhältnisses müssten nach Geddes und Thomson die männlichen und weiblichen Keimzellen neu konstruiert werden.

Innerhalb des Diskurses der energetischen Ökonomie der Geschlechterdifferenz lieferten Geddes und Thomson eine deterministische Variante einer energetischen Geschlechtertheorie. Frauen wird nach ihrer metabolischen Geschlechtertheorie die Fähigkeit zu schöpfender geistiger Arbeit abgesprochen. Dieser energetische Determinismus hob sich aber von der dominanten Tendenz im Diskurs der energetischen Ökonomie der Geschlechterdifferenz ab, mit der das Geschlechterverhältnis als Resultat einer (natur-) historischen Entwicklung und als Verhältnis einer dynamischen energetischen Ökonomie gefasst wurde. In den deterministischen Varianten *können* Frauen nicht studieren, weil der Metabolismus jeder ihrer Körperzellen keine kreative geistige Tätigkeit zulässt. In der dominanten dynamischeren Variante *sollen* Frauen nicht studieren, weil eine zu hohe Energieausgabe für die geistige Entwicklung auf Kosten ihrer Reproduktionsfähigkeit geschehe und dies die eigentliche gesellschaftliche Aufgabe der Frau sei.

Wilhelm Ostwald argumentierte im folgenden Zitat in dieser Weise. Für ihn ist eine Gesellschaft umso entwickelter, je besser ihr die Lösung der Aufgabe gelingt, möglichst große Leistungen durch einen möglichst geringen Energieaufwand zu bewerkstelligen.[498] In Bezug auf das gesellschaftliche Verhältnis der Geschlechter sieht für Ostwald die optimale Lösung folgendermaßen aus,

„(...) daß bei praktischer Anerkennung der erwähnten Teilung der Funktionen beide Geschlechter ihr Leben mit dem größten Erfolg und den geringsten Energievergeudungen, also am glücklichsten zurücklegen können."[499]

Ostwald blickte auf das Geschlechterverhältnis wie ein Ingenieur, der den Wirkungsgrad einer Dampfmaschine zu erhöhen bestrebt ist. Für den Sozialingenieur

---

497 Geddes/Thomson 1889 a.a.O., S. 267.

498 Vgl. OstwaldDie Philosophie der Werte 1913 a.a.O., S. 277.

499 Ostwald 1909a„Die Frauen in der Wissenschaft", S. 23.

Ostwald war die geschlechtsspezifische Arbeitsteilung das soziale Organisationsprinzip mit dem größten Wirkungsgrad und den geringsten Energieverlusten. Ostwald vertrat einen optimistischen Glauben an die Rationalisierbarkeit und die Möglichkeit, das Leben mittels der Wissenschaft der Energetik für alle Menschen ‚glücklicher' zu gestalten.

Die in der energetischen Ökonomie der Geschlechterdifferenz angelegten Möglichkeit, dass Frauen ihre Energie auf geistige Entwicklung und akademische Berufstätigkeit verwenden könnten, wurde jedoch auch als eine große Bedrohung beschrieben. Eine Aufweichung der geschlechtsspezifischen Arbeitsteilung und die Integration bürgerlicher Frauen in den akademischen Arbeitsmarkt sei ‚antievolutionär' und bedrohe den Fortschritt der Gesellschaft. Dieses Bedrohungsszenario tauchte auch in der Kirchhoff-Studie in der Argumentationsfigur ‚Kampf der Geschlechter' auf. Als anti-evolutionär wurde ein befürchteter ‚Kampf der Geschlechter' angesehen. Das Darwinsche Prinzip des Kampfes ums Dasein gilt in Verknüpfung mit dem Prinzip der Arbeitsteilung auf die beiden Geschlechter bezogen in unterschiedlicher Weise. Das zentrale ökonomistische Prinzip der Konkurrenz ist postuliert für das Verhältnis der männlichen Individuen einer Art untereinander, sowohl für das Prinzip der natürlichen als auch der sexuellen Selektion. Ist Konkurrenz in Bezug auf das Verhältnis männlicher Individuen untereinander der Motor für Weiterentwicklung, gilt für die Konkurrenz zwischen den Geschlechtern das Gegenteil. Eine Konkurrenz zwischen den Geschlechtern gefährdet den Fortschritt und steht für Rückschritt. Dies gilt auch in dem Sinn, dass das Fortschrittsmerkmal der Differenzierung betroffen ist. Der Einzug von Frauen in den akademischen Arbeitsmarkt wird als ‚Gleichmacherei' aufgefasst und im Rahmen evolutionstheoretischer Wertungen als Aufhebung fortschrittsgarantierender Differenzierung gesehen.

4.4 Feministische Kritiken der energetischen Ökonomie der Geschlechterdifferenz

Gab es kritische Interventionen aus der ersten Frauenbewegung im Diskurs der energetischen Ökonomie der Geschlechterdifferenz? Mit der Untersuchung dieser Frage trage ich gleichzeitig dazu bei, die Geschichte des Forschungsfeldes ‚feministische Naturwissenschaftsforschung', die ich im zweiten Kapitel entwickelt habe, zu erweitern und nach kritischer feministischer Partizipation in einer Zeit zu forschen, in der Frauen noch nicht das Recht besaßen, akademische naturwissenschaftliche Berufe zu erlernen und auszuüben.

Meine Sichtung kritischer Interventionen von Frauenrechtlerinnen im Frauenstudiumsdiskurs ergab drei feministische Kritiken der energetischen Ökonomie der Geschlechterdifferenz. Auswahlkriterium war eine ausführliche kritische Auseinandersetzung mit einem oder mehreren der Diskurselemente ‚begrenzter Energievorrat', ‚Antagonismus zwischen Individuation und Fortpflanzung' und ‚geschlechtsspezifische physiologische Arbeitsteilung', die in den Kapiteln 4.1 bis 4.3. rekonstruiert wurden.

Die ausführlichste Kritik der energetischen Ökonomie der Geschlechterdifferenz formulierte die sozialistische österreichische Journalistin Oda Olberg (1872-1955) in ihrem 1902 veröffentlichten Buch „Das Weib und der Intellectualismus". Olberg publizierte in der österreichischen „Arbeiterzeitung", war als Korrespondentin in Italien tätig und emigrierte 1934 nach Brasilien, wo sie weiter journalistisch arbeitete. Sie veröffentlichte feministische Beiträge in den Zeitschriften „Dokumente der Frauen", „Die Frau" und „Die Unzufriedene".[500]

Als grundlegende Kritik der energetischen Ökonomie der Geschlechterdifferenz brachte Olberg vor, dass zur Behandlung der Themen ‚Fortpflanzung', ‚geistige Entwicklung' und ‚Mutterschaft' neben biologischen auch soziale Faktoren berücksichtigt werden müssten. Zum Antagonismus zwischen Individuation und Fruchtbarkeit merkte sie an, dass das Phänomen des Geburtenrückgangs bei steigender Zivilisation auch eine außerhalb der Physiologie liegende Komponente habe und führte die Unterscheidung zwischen „willkürlicher und physiologischer Reduktion der Fruchtbarkeit"[501] ein. Mit dem Begriff der „willkürlichen" Reduktion verwies Olberg auf die Rolle des menschlichen Willens und benannte damit eine Dimension, die nicht allein durch eine physiologische Betrachtung zu erfassen sei. Bei der Frage der Mutterschaft unterschied sie die „animalische und menschliche Funktion der Mutterschaft". Mit dieser Unterscheidung argumentierte sie für eine Erweiterung der Sicht auf die Fortpflanzung um die Frage der Erziehung. Olberg distanzierte sich damit, ohne dies explizit zu benennen, von einem mechanistisch-materialistischen Reduktionismus der naturwissenschaftlichen Behandlung der Frage der Fortpflanzung und der Mutterschaft. Mittels der Differenzierung der Fortpflanzung in biologische und

500 Für weitere biographische Informationen zu Oda Olberg siehe Korotin, Ilse: „Oda Olberg-Lerda (1872-1955)". In: Mitteilungen des Instituts für Wissenschaft und Kunst. Jg. 50, Nr. 3 (1995), S. 37-44 und Friedrich, Birgit: „Publizistinnen und Publizisten aus Österreich im argentinischen Exil". In: Mitteilungen des Instituts für Wissenschaft und Kunst. Jg. 44, Nr. 3 (1989), S. 7-17.

501 Olberg, Oda: Das Weib und der Intellectualismus. Berlin und Bern 1902, S. 48.

soziale Aspekte trug sie ihr Argument vor, dass die geistige Entwicklung der Frau nicht zwangsläufig der Fruchtbarkeit schade. Im Gegenteil könne eine verbesserte Erziehung der nachfolgenden Generationen deren Überlebensfähigkeit steigern.

Auch in Bezug auf die Vorstellung, dass Bildung dem menschlichen Körper Energie entziehe, führte sie ein Begriffspaar ein, mit dem sie eine physische und eine soziale Dimension unterschied. Sie wehrte die Vorstellung eines begrenzten Energievorrats des Körpers ab, indem sie die Idee einer ‚kulturellen Energie' einführte:

„Er (der Mensch, D.H.) accumuliert ausserhalb seines Organismus Kraft, als Werkzeug, Kenntnisse, Methoden, mit denen er sein Leben nährt und schützt, ohne sie aus dem Fonds seines Körpers zu bezahlen. Als soziales Wesen hat der Mensch ein ungeheures Reservoir an Errungenschaften, die alle lebenerhaltend sind, um geringeren Kraftaufwand zur Verfügung. (...) Jeder Mensch tritt durch die blosse Thatsache seiner Geburt ein unermesslich grosses Erbe an materiellen und ideellen Mitteln zur Erhaltung des Lebens an, deren Nutzbarmachung seinen Organismus wenig kostet."[502]

Sie sprengte mit dieser Begriffsdifferenzierung das Modell des begrenzten Energievorrats und postulierte, dass jedem Individuum eine große Menge an kultureller Energie zur Verfügung steht, die durch Bildung immer weiter vermehrt wird. Der Voraussetzung der Energieknappheit setzte sie die Vorstellung eines großen, mit fortschreitender Zivilisation wachsenden Reservoirs an kultureller Energie entgegen. Olbergs Kritik verblieb jedoch im Rahmen einer energetischen Ökonomie, deren Ziel die Steigerung der Wirkungsgrade und Leistungen ist. Denn die von Olberg eingeführte ‚Kulturenergie' operierte insofern im Sinne einer energetischen Ökonomie, als der Wert der Kulturenergie durch die Effektivität des Systems bzw. durch den Wirkungsgrad der Energieumwandlungen definiert ist. Durch die fortschreitende Kulturentwicklung würden immer geringere Energieressourcen notwendig, um als Individuum zu überleben. Olberg verließ die Logik der energetischen Ökonomie demnach nicht vollständig, kritisierte aber das Postulat der Energieknappheit.

In diesem Sinne verlief auch ihre Kritik am Gesetz des ‚Antagonismus zwischen Individuation und Fortpflanzung'. Sie erkannte das Gesetz an und verwies auf Herbert Spencers Ausführungen dazu im zweiten Band seiner „Principles of Biology".[503] Entgegen der Logik des Diskurses der energetischen Ökonomie der Geschlechterdifferenz leitete sie aus dem Spencerschen Gesetz jedoch nicht ab,

---

502 Olberg 1902 a.a.O., S. 45.

503 Olberg 1902 a.a.O., S. 43.

dass Bildung dem Frauenkörper und der Reproduktionsfähigkeit der Frau schade. Sie behauptete das Gegenteil:

„Im Gegensatz zu denen, die von der Notwendigkeit einer hohen Fruchtbarkeit ausgehen, um für das Weib Ausschluss aus der Sphäre der intellectuellen Cultur zu fordern, könnte man von der Reduction der Fruchtbarkeit als Postulat ausgehen, um zur Forderung intellectueller Thätigkeit des Weibes zu kommen."[504]

Nach Olberg ist das Phänomen des Geburtenrückgangs ein positives Merkmal der Kulturentwicklung. Mit der Höherentwicklung einer Kultur gehe generell eine Minderung der Reproduktionsrate einher, weil die Effektivität der Reproduktion gesteigert werde. Konkret bezog Olberg sich auf das Sinken der Sterblichkeit und die Steigerung der Überlebensfähigkeit der nachfolgenden Generationen. Eine Reduktion der Fortpflanzungsrate sei nicht problematisch, da sie mit einer höheren Effektivität der Fortpflanzung einhergehe:

„Es ist eine Funktion der Cultur – man könnte auch sagen: *die* Funktion – einen immer größeren Bruchteil vom Leben zu erhalten." (Herv. i. O.)[505]

Hier wird deutlich, dass Olberg sich in ihren Argumentationen gleichzeitig gegen und mit den naturwissenschaftlichen Diskurselementen bewegte. Sie stimmte mit den naturwissenschaftlichen Gesetzen, die im Diskurs der energetischen Ökonomie der Geschlechterdifferenz konstitutiv waren, überein, leitete aber alternative Konsequenzen ab.

Auch dem Gesetz der geschlechtsspezifischen physiologischen Arbeitsteilung stimmte Olberg zu:

„Wenn Mann und Weib die Zelle des Gesellschaftskörpers bilden, so differencieren sich innerhalb dieser Einheit die Funktionen immer mehr."[506]

Sie extrapolierte dieses Entwicklungsgesetz der geschlechtsspezifischen physiologischen Arbeitsteilung jedoch in einer dem Effekt nach für Frauenbildung emanzipatorischen Weise. Sie argumentierte, dass durch die Industrialisierung weibliche Arbeitskraft in der Hausökonomie abgezogen werde, für bürgerliche Frauen eine fortschreitende Arbeitsentlastung stattfinde und zu einem „Überschuss an Kraft, der sich anderweitig bethätigen will"[507] führe. Diese überschüssige Energie müsse in die geistige Entwicklung der Frau fließen. Olberg weitete ihre Argumentation nicht auf eine von der Fortpflanzung bzw. Kindererziehung

---

504 Olberg 1902 a.a.O., S. 62.
505 Olberg 1902 a.a.O., S. 38.
506 Olberg 1902 a.a.O., S. 77.
507 Olberg 1902 a.a.O., S. 66f.

unabhängige intellektuelle Entwicklung der Frau aus. Das emanzipatorische Ziel der Frauenbildung wurde bei Olberg maßgeblich in Hinblick auf eine verbesserte Erfüllung der weiblichen Aufgabe der Kindererziehung formuliert:

„Sollte nun etwa die intellectuell geschulte Frau (...) kraft dieser Eigenschaften an Leib und Seele gesunde Kinder grossziehen, so fiele das zu ihren Gunsten in die Waagschale."[508]

Den in der energetischen Ökonomie der Geschlechterdifferenz konstruierten Nexus zwischen Frauenbildung und Fortpflanzung verließ Olberg folglich nicht. Olberg reproduzierte die Gleichsetzung von ‚Frau' und ‚Mutter', reformulierte in ihrer Kritik Mutterschaft jedoch neu als Natur- und Kulturaufgabe und forderte eine „Teilhabe der Mutter am Geistesleben"[509].

Ihre kritische Intervention zeichnet sich dadurch aus, dass sie einer Reduktion der Fragen um Fortpflanzung und Frauenbildung auf allein energetisch-physiologische Konzepte entgegen wirkte und auf diesem Weg sowohl gegen das Postulat der Energieknappheit als auch gegen die Vorstellung, dass Bildung dem Frauenkörper und der Fortpflanzungsfähigkeit schade, argumentierte und alternative Interpretationen lieferte. Olbergs Gegenentwürfe wie das Konzept einer ‚kulturellen Energie' und die Umbewertung des Phänomens des Geburtenrückgangs zeigen, dass sie insgesamt mittels eines Fortschrittsoptimismus für die Frauenemanzipation eintrat. Dies war eine entschiedene Gegenposition zu Möbius' kulturpessimistischer Haltung. Wo Möbius eine Rückkehr in ‚natürlichere und gesündere' Geschlechterverhältnisse herbeisehnte, pries Olberg den kulturellen und naturwissenschaftlich-technischen Fortschritt als Garant der geistigen Weiterentwicklung der Frau und damit ihrer Emanzipation. Diese Fortentwicklung blieb bei Olberg eng an die weibliche Natur- und Kulturaufgabe der Fortpflanzung und Kindererziehung gekoppelt.

Johanna Elberskirchens (1864-o.A.) 22-seitige Broschüre „Feminismus und Wissenschaft" aus dem Jahr 1903 lieferte ebenfalls eine feministische Kritik des Diskurses der energetischen Ökonomie der Geschlechterdifferenz. Sie wird in Standardwerken zur Geschichte der ersten Frauenbewegung nicht erwähnt. Erst jüngst sind lückenhafte Ergebnisse biographischer Forschung über sie veröffentlicht worden.[510] Johanna Elberskirchen bezeichnete sich selbst als Medizine-

508 Olberg 1902 a.a.O., S. 21.

509 Olberg 1902 a.a.O., S. 95.

510 Oellers, Norbert: „Die Bonner Schriftstellerin Johanna Elberskirchen – von der Zeit verschluckt?". In: Manfred Rey und Norbert Schloßmacher (Hrsg.): Bonn und das Rheinland. Beiträge zur Geschichte und Kultur einer Region. Bonn 1992, S. 527-544.

rin[511] und nach Oellers studierte sie von 1891-1895 an der medizinischen Fakultät der Universität Bern. Ihre Publikationsliste ist lang, jedoch ist die Mehrzahl ihrer Veröffentlichungen im Selbstverlag erschienen, so dass für viele ihrer Schriften in bibliographischen Datenbanken kein Bestandsnachweis geführt wird.[512]

Elberskirchen began ihre Ausführungen zu „Feminismus und Wissenschaft" mit einer grundsätzlichen Objektivitätskritik der Naturwissenschaften und Medizin. Sie bezeichnete die materialistische Sichtweise der Naturwissenschaftler und Mediziner als „beschränkte Perspektive"[513]. Neben der materialistischen Naturauffassung mache eine zu hohe Subjektivität und eine zu geringe Vorurteilsfreiheit gegenüber dem Forschungsgegenstand ‚Frau' diese beschränkte Perspektive aus:

„(...) sie (die Naturwissenschaftler und Mediziner, D.H.) [haben sich] trotz aller Gelehrsamkeit und Bildung ebensowenig von tausendjährigen Suggestionen freimachen können, wie der geringste Arbeiter, der es für sein selbstverständliches Mannesrecht hält, sein ‚dummes' Weib prügeln zu dürfen – Tatsache ist, daß die Gelehrten gegenüber dem Weibe in ihrem Urteile zu sehr Mann und zu wenig oder gar nicht wissenschaftlich urteilender Mensch sind. Sie vergessen alle Wissenschaft, alle Empirie, alle wissenschaftlichen Erkenntnisse und alle gefundenen oder – erfundenen Naturgesetze (...) in dem Augenblick, wo sie über das Weib ein Urteil abgeben."[514]

Diese von Vorurteilen gefärbte männliche Perspektive führe zu den „unwissenschaftlichen" Aussagen über die Frau. Möbius und viele andere Naturwissenschaftler und Mediziner sähen „(...) vor lauter Subjektivität nicht, wie die Dinge wirklich liegen."[515]

Den Diskurs der energetischen Ökonomie der Geschlechterdifferenz kritisierte Elberskirchen grundlegender als Olberg. Elberskirchen stellte eines seiner Fundament, die biologische Zweigeschlechtlichkeit, in Frage:

511 Elberskirchen, Johanna: Feminismus und Wissenschaft. Leipzig-Reudnitz 1903, S. 21.

512 1896: Die Prostitution des Mannes. Auch eine Bergpredigt – Auch eine Frauenlektüre; 1897: Socialdemokratie und sexuelle Anarchie: beginnende Selbstzersetzung der Socialdemokratie?; 1898: Das Weib, die Klerikalen und die Christlichsocialen; 1903: Feminismus und Wissenschaft. Eine Entgegnung gegen Möbius ‚Schwachsinn des Weibes'; 1903: Die Sexualempfindung bei Weib und Mann. Betrachtet vom physiologisch-soziologischen Standpunkte; 1904: Die Liebe des Dritten Geschlechts. Homosexualität, eine bisexuelle Varietät, keine Entartung – keine Schuld; 1905: Die Mutterschaft in ihrer Bedeutung für die nationalsoziale Wohlfahrt; 1905: Geschlechtsleben und Geschlechtsenthaltsamkeit des Weibes.

513 Elberskirchen 1903 a.a.O., S. 3.

514 Elberskirchen 1903 a.a.O., S. 4.

515 Elberskirchen 1903 a.a.O., S. 18.

„Es gibt keinen wesentlichen Unterschied, es gibt in der Anlage kein männliches und prinzipiell weibliches Geschlecht."[516]

Sie stützte ihre Kritik auf zeitgenössische Erkenntnisse der Entwicklungsbiologie und verwies auf das Lehrbuch des führenden deutschen Physiologen Oscar Hertwig (1849-1922).[517]

A und *B* zeigen zwei Stadien, in denen noch kein Geschlechtsunterschied zu erkennen ist. *B* zeigt einen 8 Wochen alten Embryo. Die Stadien *M* und *M** zeigen Wachsmodelle eines 2½ und einen 3 Monate alten Embryonen und die Entwicklung der männlichen Geschlechtsorgane. Die Stadien *W* und *W** zeigen Wachsmodelle eines 2½ und 4½ Monate alten Embryonen und die Entwicklung der weiblichen Geschlechtsorgane.[518]

Elberskirchen betonte, dass die entwicklungsbiologische Forschung gezeigt habe, dass Männer und Frauen in der embryonalen Anlage dieselben Geschlechtsorgane haben und eine spätere Differenzierung aus dieser gemeinsamen Anlage hervorgeht. Sie führte weiter aus, dass dies sowohl auf das morphologische Geschlecht als auch auf das Keimdrüsengeschlecht zutrifft. Der Mann besitze eine zurückgebildete Gebärmutter und auch das Keimdrüsengeschlecht, Eierstöcke und Hoden, sei in der Anlage ein- und nicht zweigeschlechtlich. In diesem Sinne gebe es allein eine Formdifferenz, aber keine prinzipielle biologische Differenz der Geschlechter.

Elberskirchen formulierte eine radikale Kritik der Zweigeschlechtlichkeit. Bezeichnend ist, dass sie sich auf naturwissenschaftliches Wissen berief, um ihre feministische Kritik zu stützen. Sie entlarvte die im Diskurs der energetischen Ökonomie der Geschlechterdifferenz transportierten hierarchischen Geschlechtertheorien als wenig objektiv und unwissenschaftlich. Ihre egalitäre Geschlechtertheorie beruhte auf naturwissenschaftlichen Erkenntnissen und folgte dem Paradigma einer ‚physiologischen Mathematik'[519]. Diese Wortschöpfung Elberskirchens repräsentiert ihre Geschlechtertheorie und Objektivitätskritik der Na-

516 Elberskirchen 1903 a.a.O., S. 8.

517 Elberskirchen 1903 a.a.O., S. 9. Vgl. Hertwig, Oscar: Lehrbuch der Entwicklungsgeschichte des Menschen und der Wirbeltiere. 7. Aufl. Jena 1902, S. 438-445.

518 Die Abkürzungen stehen für folgende Bezeichnungen: he (hintere Gliedmaße), clo (Cloake), gh (Geschlechtshöcker), gf (Geschlechtsfalte), gr (Geschlechtsrinne), gw (Geschlechtswülste), (Glans Penis bzw. Eichel), cl (Clitoris), d (Damm), vaginae (Scheidenvorhof), vh (Vorhaut), hs (Hodensack) d und r (Raphe perinei und scroti), gsch (Labia mojora bzw. große Schamlippen) und ksch (Labia minora bzw. kleine Schamlippen).Vgl. Hertwig 1902 a.a.O., S. 442f.

519 Elberskirchen 1903 a.a.O., S. 7.

turwissenschaften. Der Vorstellung einer hierarchischen Geschlechterdifferenz begegnete sie mit dem mathematischen Prinzip der Gleichheit.

Fig. 430.

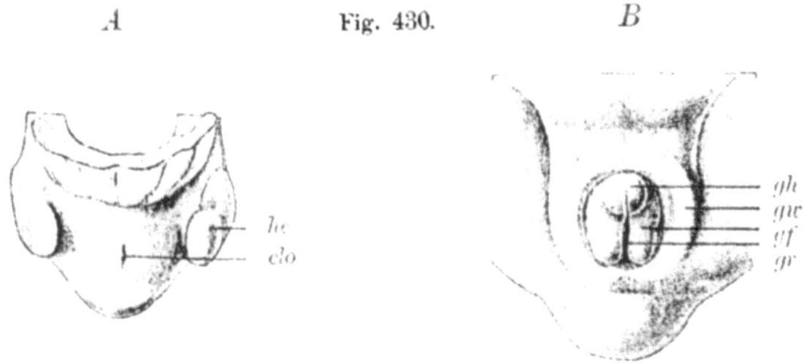

Fig. 431.

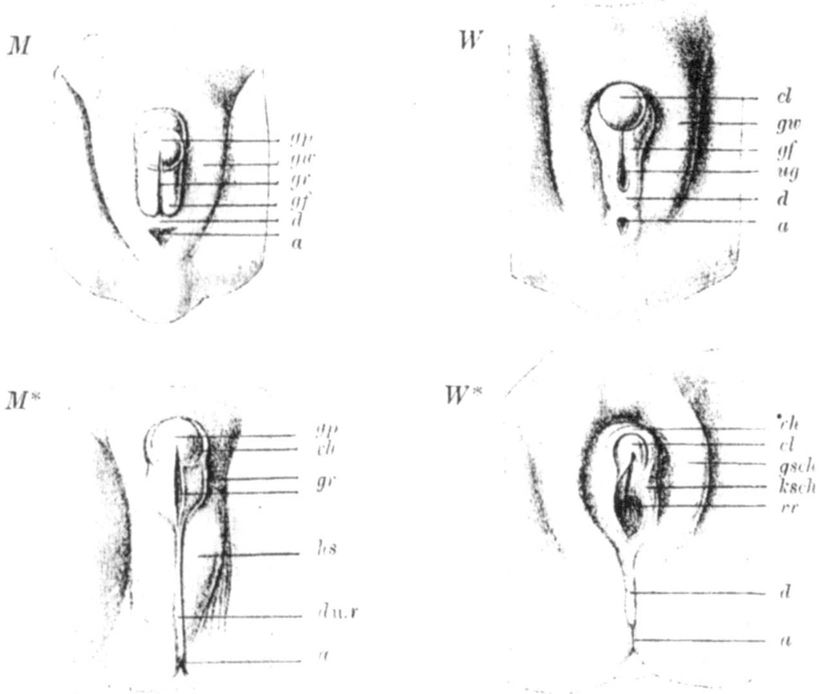

Abb. 8: „Sechs Stadien zur Entwicklung der äusseren Geschlechtsorgane im männlichen und weiblichen Geschlecht“

„Von diesem Standpunkte (...) einer physiologischen Mathematik muß das Weib dem Manne an geistigen und körperlichen Kräften qualitativ und quantitativ gleich stehen.“[520]

In Elberskirchens Begriffsschöpfung der ‚physiologischen Mathematik‘ werden zwei ihrer naturwissenschaftskritischen Grundhaltungen transportiert: zum einen die Berufung auf eine wissenschaftliche Objektivität, für die die Mathematik in ihrer Abstraktheit hier stellvertretend steht, zum anderen die Gleichheit der Forschungsgegenstände ‚Mann‘ und ‚Frau‘, die in mathematischen Operationen durch die Form der ‚Gleichung‘ verkörpert ist. Elberskirchen wehrte sich mit der ‚physiologischen Mathematik‘ gegen Sondergesetze für die Frau. Sie fragte rhetorisch:

„Wollen wir etwa auch hier, wie im sozialen Leben, bezüglich des Weibes physikalische, chemische, anatomische, physiologische – überhaupt biologische Ausnahmegesetze aufstellen?“[521]

Ein solches Ausnahmegesetz für die Frau sah sie in der im Diskurs der energetischen Ökonomie der Geschlechterdifferenz transportierten Auffassung, dass Frauen für die biologische Reproduktion größere Mengen an Energie verbrauchten als Männer und daraus eine mangelnde Voraussetzung für geistige Arbeit folge:

„Physiologisch ganz ausgeschlossen ist, daß die weibliche Geschlechtsfunktion als solche Kräfte entzieht und dadurch das Weib körperlich und geistig entwertet.“[522]

Wie Olberg kritisierte auch Elberskirchen die Vorstellung, dass dem einzelnen Menschen nur ein begrenzter Betrag an Energie zur Verfügung stehe. Der gesunde Körper konsumiere generell keine Energie, sondern wandele sie lediglich um: „Denn das Physiologische ist das Gesunde an sich, das Kräfte umwertet, aber nicht Kräfte entzieht, nicht entkräftend wirkt.“[523]

Die von Möbius als Energie verbrauchend beschriebenen physiologischen Prozesse der Menstruation, Schwangerschaft und des Stillens seien im Gegenteil eine „Kraft-, eine Regenerationsquelle“ und erzeugten eine „wunderbare Kraftentwicklung und Kraftvermehrung“[524]. Elberskirchen lehnte wie Olberg die Vorstellung des menschlichen Körpers als physikalisches System ab. Sie ging von physiologischen Prozessen als regenerativen Prozessen aus. Anders als Olberg,

---

520 Elberskirchen 1903 a.a.O., S. 13.

521 Ebd.

522 Elberskirchen 1903 a.a.O., S. 15.

523 Ebd.

524 Elberskirchen 1903 a.a.O., S. 16.

die als zusätzliche Energieressource eine ‚kulturelle Energie' einführte, verließ Elberskirchen den physiologischen Rahmen nicht, betrachtete die Energieumwandlungen im menschlichen Körper jedoch als reversible und regenerative Prozesse.

Auf einer methodologischen Kritikebene bezeichnete sie das Möbiussche Postulat eines ‚physiologischen Schwachsinns des Weibes' als Widerspruch in sich und bemängelte einen grundsätzlichen methodischen Fehler in dieser Physiologie der Frau. Der Widerspruch bzw. Fehler sei, aus der weiblichen Physiologie einen krankhaften Zustand, den Schwachsinn, abzuleiten, denn „(...) das Physiologische, ist das Gesunde an sich, während Inferiorität, Schwäche, Schwachsinn nicht gesunde, also krankhafte, pathologische Zustände sind (...).“[525] Aus empirischen Untersuchungen kranker Frauen würde illegitimerweise eine physiologische weibliche Norm abgeleitet. Die gesunde Frau sei für viele Naturwissenschaftler und Mediziner „eine terra incognita“ und empirische Untersuchungen der gesunden Frau würden fehlen.[526] In ihrem Schlussplädoyer für eine objektivere Naturwissenschaft forderte sie, Männer und Frauen unter gleichen experimentellen Voraussetzungen zu erforschen. Die bisherigen naturwissenschaftlichen Ergebnisse seien in hohem Maße subjektiv und würden zu Unrecht als Ergebnisse objektiver Forschung ausgegeben werden.[527]

Rosa Mayreder (1858-1938) setzte sich zwar nur marginal mit dem Diskurs der energetischen Ökonomie der Geschlechterdifferenz auseinander, erwähnenswert ist ihre Kritik trotzdem, weil sie eine bemerkenswerte Interpretation des Gegensatzes zwischen Individuation und Fortpflanzung lieferte. Mayreder war seit 1899 Mitherausgeberin der österreichischen feministischen Zeitschrift ‚Dokumente der Frauen' und veröffentlichte 1905 ihre einflussreiche Aufsatzsammlung „Zur Kritik der Weiblichkeit“. Das Buch erfuhr fünf Auflagen und wurde ins Englische, Schwedische und Tschechische übersetzt. Anders als Olberg, deren Buch von Mayreder lobend erwähnt wird[528], negierte sie darin das Gesetz vom Gegensatz zwischen Gehirnentwicklung und Fortpflanzungsfähigkeit vollständig. Gehirn und Fortpflanzungsorgane waren für sie nicht in ein und demselben physiologischen System verortet. Sie postulierte mit Bezug auf die Descartessche Tradition des Dualismus zwischen Körper und Geist eine physiologische Unabhängigkeit des Gehirns:

---

525 Elberskirchen 1903 a.a.O., S. 17.

526 Elberskirchen 1903 a.a.O., S. 19f.

527 Elberskirchen 1903 a.a.O., S. 22.

528 Mayreder, Rosa: Zur Kritik der Weiblichkeit. Jena und Leipzig. 3. Aufl. 1910 [1905], S. 58.

„Jene für die dualistische Weltanschauung bezeichnende Auffassung, dass das Geschlecht dem Körper angehöre, (...) während sein höherer und unsterblicher Teil geschlechtslos ist (...) deutet auf einen besonderen physiologischen Entwicklungsprozess der menschlichen Organisation. Vielleicht äußert sich in der dualistischen Auffassung an sich nur der Dualismus der physiologischen Konstitution, durch welche das Gehirn wie ein zweiter, relativ selbständiger Organismus in den äußeren Leib eingesetzt ist."[529]

Mayreder nahm den Körper-Geist-Dualismus der philosophischen Tradition auf, löste den Gegensatz zwischen einer nicht-materiellen Sphäre des Geistigen und einer materiell-körperlichen Sphäre jedoch auf und vereinheitlichte beide Sphären unter dem Vorzeichen einer materialistischen Grundauffassung. Das Gehirn, die materielle Repräsentation des Geistigen, operiere in einem zweiten, getrennten physiologischen System. Von diesen zwei Systemen sei allein das körperliche geschlechtlich konstituiert. Das Gehirn, das höherwertige physiologische System, sei geschlechtslos. Entsprechend würden sich Fortpflanzung und geistige Entwicklung für die Frau nicht ausschließen: Es handele sich um zwei getrennte Systeme, von denen das eine nicht auf Kosten des anderen funktioniere. In der Entwicklungsfähigkeit des Gehirns erkannte Mayreder die physiologische Basis für die Möglichkeit einer Gleichheit zwischen Frau und Mann. Der Möglichkeit der Gleichheit und der Angleichung der geistigen Fähigkeiten von Mann und Frau in diesem zweiten geschlechtslosen physiologischen System stellte sie eine körperliche Zweigeschlechtlichkeit gegenüber. Anders als Elberskirchen hielt Mayreder vehement an der biologischen Zweigeschlechtlichkeit fest und definierte sie als ästhetische und physiologische Norm:

„Was hier angeführt ist, bezieht sich ausschließlich auf die geistigen Zustände (...) die körperliche Zwitterhaftigkeit ist widerwärtig (...). Dem Körper nach ein ganzer Mann oder ein ganzes Weib zu sein, gehört ebenso zu den Eigenschaften des schönen und gesunden Menschen wie eine intakte Korporisation nach jeder anderen Richtung"[530]

Dieses Beharren auf der Norm der biologischen Zweigeschlechtlichkeit bei Mayreder ging, anders als bei Olberg, jedoch nicht mit der Gleichsetzung von Weiblichkeit und Mutterschaft einher. Mayreder kritisierte diese Normierung von Weiblichkeit:

„Die Mutterschaft mag als Hindernis der äußeren Gleichstellung mit dem Manne schwer ins Gewicht fallen; als innerlicher Zustand ist sie so wenig ein allgemeingültiges Kriterium der Weiblichkeit, wie irgend eine andere generelle Bestimmung."[531]

529 Mayreder 1910 [1905] a.a.O., S. 93f.

530 Mayreder 1910 [1905] a.a.O., S. 278.

531 Mayreder 1910 [1905] a.a.O., S. 15.

Wo Olberg den kulturellen Fortschritt als Garant der Frauenemanzipation sah, stand für Mayreder die physiologische Entwicklungsfähigkeit des Gehirns für die Möglichkeit einer Gleichheit zwischen Männern und Frauen.

4.5 Fazit

Mein wissenschaftshistorischer Zugang, mit dem ich das, was sich in den 1840er Jahren in der Thermodynamik vollzog, nicht als ‚Entdeckung' der Energieerhaltung sondern als Konstruktionsprozess fasste, öffnete den Blick auf multiple Diskursüberschneidungen. Diese wurden vor allem vermittelt durch die Konzepte ‚Energie' und ‚Arbeit' organisiert. Sie koppelten Thermodynamik, Physiologie, Ingenieurwissenschaft, Ökonomie und Evolutionsbiologie miteinander. Die heuristische Funktion dieser Verknüpfung wurde am Beispiel der Analogie zwischen Organismus und Dampfmaschine in der energetisch-mechanischen Schule der Physiologie besonders deutlich. Mit der thermodynamischen Sicht auf den menschlichen Körper wurde gleichzeitig eine ökonomische Sichtweise transportiert. Die Kalkulation des energetischen In- und Outputs wies konzeptionelle Korrespondenzen mit der Methode der doppelten Buchführung auf. Die jeweiligen Diskursverknüpfungen innerhalb des energetischen Paradigmas naturalisierten ökonomische und technische Entwicklungen und etablierten eine technische und ökonomische Sicht auf die Natur und den Menschen. Insgesamt wurden alle Diskurse dadurch einem wissenschaftlich-rationalisierendem Zugriff zugänglich. Die energetische Ökonomie verband die Natur, den Menschen und die Fabrik.

Die Geschlechtsspezifik der energetischen Ökonomie des Menschen habe ich in drei Konzepten identifiziert, die Bestandteil dieser Diskursverknüpfungen waren: dem Modell eines begrenzten Energievorrats, dem Antagonismus zwischen Individuation und Fortpflanzung und dem Prinzip der Arbeitsteilung. Die Identifikation von Weiblichkeit und Reproduktion bildete den Nexus für die Konstruktion einer Geschlechtsspezifik in diesen Konzepten. Die Reduktion von Weiblichkeit auf Reproduktion konstruierte eine innerkörperliche Konkurrenz um Energieressourcen, bei der das Gehirn und die Fortpflanzungsorgane als Hauptenergieverbraucher aufgefasst wurden. Energetisch erschien akademische Bildung in dieser Diskursformation als Gefährdung der Gesundheit der individuellen Frau und durch die Festlegung von Weiblichkeit auf Reproduktion als Gefährdung der Gesundheit des ‚Gesellschaftskörpers'.

Die Kritiken von Olberg, Elberskirchen und Mayreder belegten das breite Spektrum feministischer Positionierungen im Diskurs der energetischen Ökonomie der Geschlechterdifferenz. Einmal wurde die Koppelung von Frauenbildung und Mutterschaft explizit reproduziert, ein anderes Mal kritisch hinterfragt. In der einen Position wurde biologische Zweigeschlechtlichkeit mittels naturwissenschaftlicher Methoden dekonstruiert, in der anderen vehement verteidigt. Mit Hinblick auf eine erweiterte Geschichte des Forschungsfeldes der feministischen Naturwissenschaftsforschung ist die Intervention von Elberskirchen bedeutsam, denn zentrale Merkmale der kritischen Perspektive auf Naturwissenschaften waren bei ihr deutlich formuliert. Sie entwickelte eine Objektivitätskritik der Naturwissenschaften und hinterfragte die biologische Konstruktion von Zweigeschlechtlichkeit. Beide kritischen Perspektiven spielen bis heute eine zentrale Rolle, wie ich im zweiten Kapitel zum Forschungsstand gezeigt habe.

5. Ergebnisse und Ausblick

Physikalisch-chemisches Wissen hatte Anteil an Geschlechterkonstruktionen im Diskurs über das Frauenstudium in Deutschland um 1900. In den Argumentationsfiguren, dass Bildung dem Frauenkörper und Frauenbildung künftigen Generationen schade, wurde auf thermodynamisches Wissen verwiesen. Dieses Ergebnis erweitert den Forschungshorizont der feministischen Naturwissenschaftsforschung, der Geschlechtergeschichte und der historischen Bildungsforschung. Es ermutigt, die bisherige epistemologische Selbstbeschränkung aufzugeben und die physikalischen Wissenschaften in die Forschung über Geschlechterkonstruktionen einzubeziehen. Die Ergebnisse der vorliegenden interdisziplinären Fallstudie dekonstruieren den epistemologischen Sonderstatus der physikalischen Wissenschaften und belegen, dass auch physikalisch-chemisches Wissen als Geschlechterwissen fungieren kann. Für die historische Bildungsforschung ist dieses Ergebnis ein Gewinn, weil es zeigt, dass die Geschlechtsspezifik von Bildungskonzepten um 1900 sich auch über einen physikalisch-chemisch geprägten Körperdiskurs konstituierte.

An den empirischen Befund, dass es einen Zusammenhang zwischen Thermodynamik und Geschlecht im Diskurs über das Frauenstudium gab, schloss sich die weiterführende Frage an, *wie* die Einschreibung thermodynamischen Wissens in Geschlechterkonstruktionen stattfand. Thermodynamische Wissenselemente gingen nicht isoliert und ohne Modifikationen in den Diskurs über das Frauenstudium ein. In den oben genannten Argumentationsfiguren wurde nicht die mathematisch-physikalische Formulierung des Energieerhaltungssatzes zitiert. Ich konnte zeigen, wie sich das thermodynamische Wissen in Diskursüberschneidungen transformierte.

Für die netzartigen Überschneidungen thermodynamischer, ingenieurswissenschaftlicher, physiologischer, ökonomischer und evolutionsbiologischer Diskurse, die in den Geschlechterdiskurs um 1900 eingingen, habe ich den Begriff der ‚energetischen Ökonomie der Geschlechterdifferenz' eingeführt. Dieser Begriff fasst das Ergebnis der vorliegenden Rekonstruktion zum Zusammenhang zwischen physikalisch-chemischem Wissen und Geschlechterkonstruktionen im Diskurs über das Frauenstudium um 1900 pointiert zusammen. In der Sekundärliteratur zu Geschlechterkonstruktionen dieser Zeit wurde das energetische Geschlechtermodell bisher nicht behandelt. Dies führte zu der Auffassung, dass der naturwissenschaftliche Anteil an Prozessen der Konstruktion von Geschlechterdifferenz sich auf die Medizin und Biologie beschränke. Auch wenn die Analyse der Einbettung physikalisch-chemischen Wissens in die Argumentationsfiguren, dass Bildung dem Frauenkörper und Frauenbildung zukünftigen Generationen schade, einer umfassenden wissenschaftshistorischen Rekonstruktion bedurfte, ist dennoch erstaunlich, dass in der Rezeptionsforschung zum antifeministischen Werk von Möbius „Über den physiologischen Schwachsinn des Weibes“ das zu Grunde liegende energetische Modell nicht wahrgenommen wurde. In der Sekundärliteratur wurden allein anatomische Konstruktionsweisen von Geschlechterdifferenz besprochen, obwohl in den Quellen von einem *physiologischen* Schwachsinn, der auf den energetischen Diskurs verwies, gesprochen wurde. Durch diesen Fokus auf die Wissenschaften vom Menschen wurde in der Sekundärliteratur ein diskursives Ereignis, das ich als Wandel von deterministischen zu dynamischen naturwissenschaftlichen Geschlechterkonstruktionen beschrieben habe, nicht wahrgenommen und es wurden allein deterministische humanbiologische Legitimationen hierarchischer Geschlechterdifferenz diskutiert.

Ich konnte zeigen, dass Frauenrechtlerinnen um 1900 auf die energetische Struktur der antifeministischen Argumentationen Bezug nahmen. Die Kreativität und Unterschiedlichkeit ihrer Kritiken der energetischen Ökonomie der Geschlechterdifferenz zeigte ein ganzes Spektrum an diskursiven, feministischen Interventionen auf. Dieses Ergebnis ist ein erster Beitrag, die erste Frauenbewegung in die Historiographie des Forschungsfeldes der feministischen Naturwissenschaftsforschung einzubeziehen und diese Erzählung nicht erst in den 70er Jahren des 20. Jahrhunderts beginnen zu lassen.

Die Metapher des Körpers als thermodynamische Maschine nahm in der Diskursstruktur der energetischen Ökonomie der Geschlechterdifferenz eine wichtige Funktion wahr. Sie organisierte die Koppelung zwischen der anorganisch-technischen und der organisch-lebendigen Welt. Als Effekt dieser Interaktion habe ich die Naturalisierung von Maschinen und die Mechanisierung von menschlichen Körpern beschrieben. Dem ersten Hauptsatz der Thermodynamik wurde als physikalisches Gesetz auch Gültigkeit für die organische Welt zugesprochen. Vor allem in der Stoffwechselphysiologie erforschten organische Physiker den Organismus mit thermodynamischen Methoden. Der Energieerhaltungssatz trug in dieser Diskurskoppelung zwischen Physik und Physiologie wesentlich zur Konzipierung des Körpers als energieumwandelnde Maschine bei.

Der Energiebegriff stellte sich in meiner Rekonstruktion dieser Diskursüberschneidungen als zentral heraus. Er vermochte nicht nur verschiedene in den physikalischen Wissenschaften untersuchte Phänomene wie Wärme, Elektrizität, chemische Bindung und Bewegung unter einem energetischen Erkenntnismodell zu vereinen. Auch in Körperdiskursen vereinten sich unterschiedliche Phänomene wie Motorik, Denken und Fühlen unter dem Paradigma der Energie und wurden als Formen der Energie aufgefasst. Da nach dem ersten Hauptsatz der Thermodynamik verschiedene Energieformen ineinander umwandelbar sind, vollzog sich mit der energetischen Sicht auf den menschlichen Körper eine Vereinheitlichung körperlicher Funktionen. Dabei wurde der traditionsreiche Dualismus zwischen Körper und Geist überwunden: Auch geistige Prozesse waren in die energetische Ökonomie des Menschen integriert. Es wurde davon ausgegangen, dass der Geist körperliche Funktionen direkt beeinflusst und körperliche Zustände sich auf geistige Prozesse auswirken. Körper und Geist wurden unter der Hegemonie eines physikalisch-chemischen Paradigmas eng aufeinander bezogen. In der Logik dieser energetisch-mechanistischen Gleichsetzung konnte im Diskurs über das Frauenstudium davon gesprochen werden, dass es Frauen aufgrund ihrer ‚weiblichen Funktionen' an ‚Nervenenergie' für akademische Bildung fehle, bzw. dass es den Kindern sogenannter Gehirndamen an ‚Kraft' und Muttermilch mangele. Mittels des energetisch-mechanistischen Körpermodells wurde dieser enge Zusammenhang zwischen Bildung und Fortpflanzung hergestellt. Mit dieser Rekonstruktion wurde verständlich, wie Bildung als Gefahr für den Frauenkörper und für die ‚Volksgesundheit' diskursiviert werden konnte.

Neben ‚Energie' konnte ich ‚Arbeit' als einen Begriff identifizieren, der die Koppelung der verschiedenen Diskurse in der energetischen Ökonomie der Geschlechterdifferenz herstellte. Er organisierte die Koppelung zwischen thermodynamischen, ingenieurwissenschaftlichen, physiologischen, ökonomischen und evolutionsbiologischen Diskursen. Die physikalische Definition von Energie als Fähigkeit, Arbeit zu leisten, stellte eine energetische Verknüpfung zwischen Menschen und Maschinen her. Die Arbeit von Maschinen wurde mit der Arbeit von Menschen und Tieren verglichen, und mit dem Arbeitsbegriff wurden Menschen, Tiere, Maschinen und die Natur als universelle Arbeitsspeicher und -verrichter konzipiert.

Eine Facette der ökonomischen Struktur des thermodynamischen Blicks auf den menschlichen Körper und auf den ‚Gesellschaftskörper' war die Zieldimension der Effizienzsteigerung bzw. – ingenieurwissenschaftlich ausgedrückt – die Steigerung des Wirkungsgrades der thermodynamischen Mensch-Maschine. Die Geschlechtsspezifik dieser energetischen Ökonomie des Menschen habe ich an mehreren Punkten herausgearbeitet. Als zentrale Voraussetzung der Vergeschlechtlichung des Energieerhaltungssatzes erwies sich, dass das thermodynamische Konzept der Energie*konstanz* in den Diskurskoppelungen der energetischen Ökonomie der Geschlechterdifferenz in ein Konzept der Energie*knappheit* transformiert wurde. Mit der Prämisse der Knappheit der Energieressourcen war die Voraussetzung geschaffen, das Prinzip der innerkörperlichen Konkurrenz um Energieressourcen zu installieren. In Konkurrenz standen die im Frauenstudiumsdiskurs politisierten Körperzonen: das Gehirn und die Fortpflanzungsorgane. Die Geschlechtsspezifik der energetischen Ökonomie des Menschen vollzog sich durch die Identifizierung der Frau mit Fortpflanzung und der Zuschreibung der gesellschaftlichen Aufgabe der Reproduktion. In der Logik der energetischen Ökonomie der Geschlechterdifferenz wurde dieser Zusammenhang folgendermaßen ausgedrückt: Da die Frau für ihre Fortpflanzungsfunktion wesentlich mehr Energie aufwenden müsse als der Mann, stehe ihr für die Kulturaufgabe Bildung weniger Energie zur Verfügung.

Die Flexibilität dieser energetischen Geschlechterkonstruktion wies auf einen Wandel hin, den ich als Verlagerung von deterministischen zu dynamischen naturwissenschaftlichen Geschlechterkonstruktionen bezeichnet habe. Im Vergleich zu der Konstruktion einer anatomischen Geschlechterdifferenz waren die Grenzen in der energetischen Ökonomie der Geschlechterdifferenz durchlässiger konstruiert. Wissenschaft und Weiblichkeit wurden als Gegensatz konstruiert, aber Frauen wurde die Fähigkeit zugesprochen, sich zu bilden. Die Befähigung zu akademischer Bildung wurde anders als bei der anatomischen Argumentationsweise nicht grundsätzlich in Frage gestellt. Überschreitungen der symbolischen Geschlechtergrenzen wurden jedoch als gesundheitliche Gefahr diskursiviert. Der epistemische Anteil der Thermodynamik und Evolutionstheorie an dieser Verschiebung in der Konstruktionsweise hierarchischer Geschlechterdifferenz ist u.a. ihr historisierendes Naturverständnis. Systeme wie die Natur und der Körper wurden nicht als ahistorisch und stabil aufgefasst, sondern als wandelbar und sich im Wandel befindend.

Als Resultat der ‚gefährlichen' Grenzüberschreitungen wurden Studentinnen in diesem Diskurs als kränkelnde Frauen, als Mannweiber, Amazonen und Gehirndamen typisiert. Emanzipationsbestrebungen mit dem Ziel der Partizipation an akademischer Bildung wurden als ‚gender trouble' dramatisiert. Frauen verlören durch die Hinwendung zu Bildung und Wissenschaft ihre Weiblichkeit und stellten eine Gefahr nicht nur für den eigenen Körper, sondern mittels der energetischen Beeinträchtigung ihrer Fortpflanzungsorgane auch eine Gefährdung des Fortbestands der Gesellschaft dar. So fand im Frauenstudiumsdiskurs mit energetischen Argumenten eine Verknüpfung zwischen Frauenbildung und dem um 1900 diagnostizierten und viel diskutierten Geburtenrückgang statt. Demnach führten die Bildungsbestrebungen der bürgerlichen Frauen zu geringeren Geburtenraten und gefährdeten den ‚Fortbestand des deutschen Volkes'.

Im Diskurs über das Frauenstudium wurde für diesen Zusammenhang wiederholt das Gesetz über den Antagonismus zwischen Individuation und Fortpflanzung zitiert. Dieses Gesetz war in dem Sinne ein Geschlechtergesetz, dass Frauen mit energetischer und evolutionstheoretischer Begründung mehr der Sphäre der Fortpflanzung und Männer mehr der Sphäre der Individuation zugeordnet wurden. Für Männer seien hohe Energieausgaben für die Individuation weniger problematisch als für Frauen, weil sie sehr viel weniger Energie für Fortpflanzung ausgäben als Frauen. In Evolutionstheorien wurden Weibchen bzw. Frauen auf der Seite der Art*erhaltung* und Männchen bzw. Männer auf der Seite der Art*entwicklung* verortet. Der moderne Widerspruch zwischen individuellen und gesellschaftlichen Interessen wurde als wissenschaftliches Gesetz naturalisiert und als weiblich bestimmt. Frauen waren nach der Logik dieses sogenannten Naturgesetzes vor die Wahl gestellt, sich entweder als Individuum zu entwickeln und damit zu entweiblichen bzw. zu vermännlichen oder die gesellschaftliche Aufgabe der Reproduktion zu erfüllen und ihrer Persönlichkeitsentwicklung zu entsagen. Mit dem Gesetz vom Antagonismus zwischen Individuation und Fortpflanzung wurde folglich ein Widerspruch zwischen Weiblichkeit und Individualität formuliert. Dieser Widerspruch stützte den im Diskurs über das Frauenstudium konstruierten Gegensatz zwischen Weiblichkeit und akademischer Bildung. Als Beitrag zur bildungshistorischen Forschung motiviert dieses Ergebnis, die physikalischen Wissenschaften in Untersuchungen zur Geschlechtsspezifik von Bildungskonzepten einzubeziehen.

Für die zukünftige Diskussion um Geschlechterverhältnisse und naturwissenschaftliche Bildung liefert die vorliegende Arbeit Argumente, dieses Problemfeld erziehungswissenschaftlich nicht ausschließlich aus der Perspektive der geschlechtsspezifischen Sozialisation (Stichwort: Technikdistanz von Mädchen und Frauen) und unter schulpädagogischen Fragestellungen (Stichwort: mädchenfreundlicher Physik- und Chemieunterricht) zu betrachten. Der Perspektivenwechsel führt weg von dem Problemfokus auf Mädchen bzw. Schülerinnen hin zu der Thematisierung von Fachinhalten und dem Verhältnis von Fachwissen und Geschlechterkonstruktionen. Die Thematisierung von Geschlecht auf der Ebene der Fachinhalte in der erziehungswissenschaftlichen Debatte ist ein Schritt, um der beschriebenen paradoxen Struktur für Frauen in naturwissenschaftlich-technischen Fächern entgegenzuwirken. Die Kategorie Geschlecht verlöre durch eine nachhaltige Thematisierung ihren Status als diskursive Leerstelle auf der Ebene der Fachinhalte. Die Überdimensioniertheit der Kategorie Geschlecht auf der Akteursebene erhielte auf diese Weise ein Pendant, und die paradoxe Struktur würde entzerrt.

Für die Fachdidaktik der Physik und Chemie bedeutet diese Re-Kontextualisierung, die physikalischen Wissenschaften im Unterricht als soziales Unternehmen zu behandeln. Der geschlechteranalytische, wissenschaftshistorische Zugang hat für die Vermittlung physikalisch-chemischen Wissens den Effekt, dass dieses Wissen nicht als Ansammlung kontextloser, ‚erkalteter' Fakten präsentiert wird, sondern der geschlechterpolitische Kontext durch den Blick auf den Entstehungsprozess dieses Wissens sichtbar bleibt. Der fachdidaktische Vorschlag lautet, das Curriculum um wissenschaftshistorische Fallstudien zum Zusammenhang von physikalischen Wissenschaften und Geschlecht zu ergänzen. Physik und Chemie würden als ein soziales Unternehmen präsentiert werden, und das Geschlechterverhältnis könnte auf der Ebene der Fachinhalte thematisiert werden. Dieses re-kontextualisierte Naturwissenschaftsverständnis lädt meines Erachtens eher zur Partizipation ein und ermutigt Schülerinnen wie Schüler, sich als Teil dieses sozialen Unternehmens zu imaginieren und zu engagieren.

Es erscheint mir aussichtsreich, die Geschlechterforschung auf der Ebene der Fachinhalte folgendermaßen weiterzuentwickeln: In der Einleitung habe ich zwei Untersuchungsperspektiven auf den Zusammenhang von Geschlecht und physikalisch-chemischem Wissen vorgestellt. Ergänzend zum Forschungsbeitrag der vorliegenden Arbeit, in der die Einschreibungen von physikalisch-chemischem Wissen in einen Geschlechterdiskurs rekonstruiert wurden, halte ich die umgekehrte Untersuchungsperspektive ebenfalls für vielversprechend. Es ginge dabei darum, Einschreibungen von Geschlechterdiskursen in den Entstehungsprozess physikalisch-chemischen Wissens aufzuspüren.

Für die Erweiterung der vorliegenden Fallstudie zu Thermodynamik und Geschlecht um 1900 würde aus dieser Untersuchungsperspektive das Entropieprinzip in das Zentrum des Forschungsinteresses rücken. Die Arbeitshypothese würde lauten, dass der emanzipatorische Geschlechterdiskurs der ersten Frauenbewegung – in Koppelung mit evolutionstheoretischen und kulturpessimistischen Diskursen – die Rezeption und Akzeptanz des Entropieprinzips in den physikalischen Wissenschaften beeinflusste. Der empirische Ausgangspunkt dieser Arbeitshypothese ist, dass das Entropieprinzip, obwohl es vor dem Energieerhaltungssatz formuliert wurde, sich erst sehr viel später als der heute erster Hauptsatz der Thermodynamik genannte Energieerhaltungssatz im physikalisch-chemischen Fachdiskurs etablierte. Die zögernde und beschwerliche Rezeption ist meines Erachtens ein Hinweis auf den Einfluss nicht-thermodynamischer Diskurse. Krisenszenarios, die Bestandteil des Diskurses um das Frauenstudium waren, verweisen auf einen umfassenderen Degenerationsdiskurs, an dem mehrere Spezial- und Interdiskurse beteiligt waren. Ein Nexus, der Frauenemanzipation, Evolutionstheorien und Thermodynamik als Krisendiskurse verband, wurde durch das Bild der ‚Angleichung' und ‚Nivellierung' transportiert. Das Entropieprinzip besagt u.a., dass Arbeit dann verrichtet wird, wenn eine Temperaturdifferenz vorhanden ist und dass sich Temperaturdifferenzen, ohne äußeren Zwang, in natürlichen Prozessen angleichen. Die Vorstellung, die Fortschritt mit Differenzierung und Regression mit der Angleichung von Differenzen assoziierte, wurde durch Evolutionstheorien gestützt. Differenzierung als Fortschrittsprinzip in der Evolutionstheorie fand ein negatives Pendant in der Thermodynamik. Kein Gesetz der physikalischen Wissenschaften stimulierte Degenerationsängste in der zweiten Hälfte des 19. Jahrhundert wie das Entropieprinzip. Thermodynamik manifestierte sich als Degenerationsdiskurs in kosmologischen und in soziokulturellen Interpretationen des Entropieprinzips. Eine kosmologische Interpretation, die große Popularität erlangte, lieferte Hermann von Helmholtz. Er prophezeite dem Universum den ‚Wärmetod'. Die apokalyptische Vorstellung, dass sich die Temperaturdifferenzen im Weltall vollständig angleichen würden, die Erde für den Menschen in nicht allzu ferner Zukunft unbewohnbar sein und alles Leben erlöschen würde, zeichnete eine dunkle Zukunft – im wahrsten Sinne des Wortes. Das Bild der langsam sterbenden Sonne, das mit dem Entropieprinzip begründet wurde, war ein weiteres wirkmächtiges Bild, das Degenerationsdiskurse am Ende des 19. Jahrhunderts stützte. In soziokulturellen Interpretationen des Entropieprinzips wurden Prozesse, die ‚Angleichung' oder ‚Gleichstellung' beinhalteten, mit Degeneration und Niedergang identifiziert. Die physikopolitische Analogie zwischen der Angleichung von Temperaturdifferenzen und der Angleichung, bzw. Aufhebung von Strukturen sozialer Ungleichheit verknüpfte das Entropieprinzip als Prinzip des Niedergangs mit Emanzipationsbewegungen wie der Frauenbewegung als Apokalypse der bürgerlichen Gesellschafts- und Geschlechterordnung. Beide ‚Bewegungen' würden thermische bzw. soziale Differenzen verringern und so Systeme, die auf Differenzen als Strukturprinzip aufbauen, bedrohen. Erhärtete sich diese Arbeitshypothese, lieferte diese erweiterte Untersuchung eine

Fallstudie, welche die Einschreibungen des zeitgenössischen Geschlechterdiskurses in den thermodynamischen Spezialdiskurs belegen würde.

Die Verknüpfung beider Perspektiven – die Einschreibung physikalisch-chemischen Wissens in Geschlechterkonstruktionen und die Einschreibung von Geschlechterdiskursen in physikalisch-chemisches Wissen – ergibt ein dynamisches Forschungsprogramm, in dem Geschlecht und physikalisch-chemisches Wissen als sich wechselseitig konstituierend verstanden werden. Der geschlechteranalytische, wissenschaftshistorische Zugang hat für das Verständnis physikalisch-chemischen Wissens den Effekt, dass die Entstehung dieses Wissen als sozialer Prozess aufgefasst wird. Feministische Naturwissenschaftsforschung leistet einen Beitrag, die geschlechterpolitischen Dimensionen sicht-bar zu machen und könnte Perspektiven aufzeigen, die Entwicklung physikalisch-chemischen Wissens mitzugestalten.

Quellen- und Literaturverzeichnis

Ungedruckte Quellen

Geheimes Staatsarchiv Preußischer Kulturbesitz

Rep. 76 V a Sektion 1, Generalia VIII, Bd. X
Rep. 76 V a Sektion 1, Generalia VIII, Abteilung No. 8, Bd. I, II, IX, X
Rep. 76 V a Sektion 1, Generalia VIII, Abteilung No. 8, Adhibendium I, Bd. II

Archiv der Berlin-Brandenburgischen Akademie der Wissenschaften

Nachlass Ostwald, Nr. 1487

Gedruckte Quellen und Literatur

Abbott, Michael M. und Van Ness, Hendrick C.: Thermodynamik. Theorie und Anwendung. Hamburg 1987.

Abir-Am, Pnina: „Women in Research Schools: Approaching an Analytical Lacuna in the History of Chemistry and Allied Sciences". In: Seymour Mauskopf (Hrsg.): Chemical Sciences in the Modern World, Philadelphia 1993, S. 375-391.

Abir-Am, Pnina und Outram, Dorinda (Hrsg.): Uneasy Careers and Intimate Lifes. Women in Science, 1789-1979. New Brunswick und London 1987.

Albisetti, James C.: Schooling German Girls and Women. Secondary and Higher Education in the Nineteenth Century, Princeton 1988.

Armstrong, Henry Edward: „Presidential Address of the Chemistry Section". In: Report of the 79th Meeting of the British Association for the Advancement of Science. Winnipeg 1909, S. 420-454.

Barad, Karen: „A Feminist Approach to Teaching Quantum Physics". In: S. V. Rosser (Hrsg.): Teaching the Majority: Breaking the Gender Barrier in Science, Mathematics, and Engineering. New York 1995.

Barad, Karen: „Meeting the Universe Halfway: Realism and Social Constructivism without Contradiction". In: Lynn Hankinson Nelson und Jack Nelson (Hrsg.): Feminism, Science, and the Philosophy of Science. Dordrecht 1996, S. 161-194.

Barker-Benfield, G. J.: „The Spermatic Economy: A Nineteenth-Century View of Sexuality". In: Michael Gordon (Hrsg.): The American Family in Social-Historical Perspective. 2. Aufl. New York 1978, S. 374-402.

Barnes, Barry und Shapin, Steven: „Darwin and Social Darwinism: Purity and History". In: Dies. (Hrsg.): Natural Order. Historical Studies of Scientific Culture. Beverly Hills 1979, S. 125-142.

Bath, Corinna: „Die Vernichtung der Hydra. Mathematik vielköpfig betrachtet". In: Koryphäe. Nr. 21 (1997), S. 39-43.

Bath, Corinna: „Für die Geschlechterforschung und -lehre in der Informatik Sorge tragen wie Coyote? Über die Schwierigkeit, in einer Doppelstruktur zwischen Informatik und feministischen Studien zu arbeiten". In: Frauenarbeit und Informatik. Jg. 23 (2001), S. 56-61.

Batisweiler, Claudia: Bestandsaufnahme und Perspektiven der Gender Studies und Frauen-/Genderforschung an den niedersächsischen Hochschulen. Projektbericht Juli 2000.

Beard, George Miller: Neurasthenia (nerve exhaustion): with remarks on treatment. St. Louis 1879.

Beauvoir, Simone de: Das andere Geschlecht. Sitte und Sexus der Frau. Hamburg 1990 [franz. Orig. 1949].

Bedford-Strohm, Heinrich: Schöpfung. Göttingen 2001.

Bensaude-Vincent, Bernadette: „Lavoisier: Eine wissenschaftliche Revolution". In: Michel Serres (Hrsg.): Elemente einer Geschichte der Wissenschaften. Frankfurt a. M. 1994 [franz. Orig. 1989], S. 645-685.

Bimmer, Brigitte: Das Selbstverständnis der Akademikerin in Beruf und Familie. Eine Empirische Untersuchung an Hessischen Hochschulen, Dissertation Justus-Liebig-Universität Gießen 1972.

Birke, Lynda: Women, Feminism, and Biology: The Feminist Challenge. Brighton 1986.

Birke, Lynda: Feminism and the Biological Body. Edinburgh 1999.

Bischoff, Theodor W.: Das Hirngewicht des Menschen: eine Studie. München 1872a.

Bischoff, Theodor W.: Das Studium und die Ausübung der Medicin durch Frauen. München 1872b.

Black, Max: Models and Metaphors. Studies in Language and Philosophy. 5. Aufl. Ithaca und London 1972 [1962].

Bleier, Ruth: Science and Gender: A Critique of Biology and its Theories on Women. New York 1984.

Bloor, David: Knowledge and Social Imagery. 2. Aufl. London. 1991 [1976].

Boardman, Philip: Patrick Geddes: Maker of the Future. Chapel Hill 1944.

Boest, Regine: „Zur Theoretisierung von Erfahrung". In: 10. Nationales Treffen von Frauen in Naturwissenschaft und Technik. Stuttgart 1984, S. 92-106.

Bogart, Kenneth und Doyle, Peter: „Non-Sexist Solution of the Ménage Problem". In: Mathematical Monthly. Jg. 93, Aug./Sept. (1986).

Bordo, Susan: The Flight to Objectivity: Essays on Cartesianism & Culture. Albany 1987.

Bowler, Peter J.: „Social Metaphors in Evolutionary Biology, 1870-1930: The Wider Dimension of Social Darwinism". In: Sabine Maasen; Everett Mendelsohn; Peter Weingart: Biology as Society, Society as Biology: Metaphors. Dordrecht und Boston 1995, S. 107-126.

Brain, Robert und Wise, Norton: „Muscles and Engines: Indicator Diagrams and Helmholtz's Graphical Method". In: Lorenz Krüger (Hrsg.): Universalgenie Helmholtz. Rückblick nach 100 Jahren. Berlin 1994, S. 124-145.

Breger, Herbert: „Von der Erhaltung der Kraft zur Erhaltung der Energie". In: Max-Planck-Institut für Wissenschaftsgeschichte: Symposium 150. Jahrestag des Vortrags ‚Über die Erhaltung der Kraft' von Hermann von Helmholtz. Preprint Nr. 130 (1999), S. 23-33.

Breger, Herbert: Die Natur als arbeitende Maschine. Zur Entstehung des Energiebegriffs in der Physik, 1840-1850. Frankfurt a. M. und New York 1982.

Brush, Stephen, G.: The Temperature of History. Phases of Science and Culture in the Nineteenth Century. New York 1978.

Bublitz, Hannelore (Hrsg.): Das Geschlecht der Moderne. Genealogie und Archäologie der Geschlechterdifferenz. Frankfurt a. M. und New York 1998.

Bublitz, Hannelore; Christine Hanke; Andrea Seier: Der Gesellschaftskörper. Zur Neuordnung von Kultur und Geschlecht um 1900. Frankfurt a. M. und New York 2000.

Bug, Amy: „Gender and Physical Science: A Hard Look at Hard Science". In: Jody Bart (Hrsg.): Women Succeeding in the Sciences: Theories and Practices Across Disciplines. West Lafayette 2000, S. 221-244.

Bührmann, Andrea Dorothea: „Die Verweiblichung von Erwerbstätigkeit um 1900 – konstruktionslogische und normalismustheoretische Überlegungen zur Transformation der ‚natürlichen' Geschlechterordnung". In: Werner Sohn und Herbert Mehrtens (Hrsg.): Normalität und Abweichung. Studien zur Theorie und Geschichte der Normalisierungsgesellschaft. Opladen und Wiesbaden 1999, S. 141-160.

Bundesministerium für Bildung und Forschung (Hrsg.): Prüfungen an Hochschulen 1973 bis 1999. Berlin 2001.

Bundesministerium für Bildung und Forschung (Hrsg.): Studierende und Studienanfänger an Hochschulen 1975 bis 1999. Berlin 2001.

Burckhard, Richard W. jr.: The Spirit of System – Lamarck and Evolutionary Biology. Cambridge 1995.

Burton, Leonie: „Fables: The Tortoise? The Hare? The Mathematically Underarchieving Male?" In: Gender and Education. Jg. 11, Nr. 4 (1999), S. 413-426.

Burton, Leonie: „Moving Towards a Feminist Epistemology of Mathematics". In: Educational Studies in Mathematics. Nr. 28 (1997), S. 275-291.

Butler, Judith P.: Bodies that Matter: On the Discursive Limits of "Sex". New York 1993.

Butler, Judith: Gender Trouble. Feminism and the Subversion of Identity. New York 1990.

Canguilhem, Georges: Das Normale und das Pathologische. München 1974 [franz. Orig. 1966].

Chamberlin, J. Edwards und Gilman, Sander L.: Degeneration. New York 1985.

Clausius, Rudolf: „Über verschiedene für die Anwendung bequeme Formen der Hauptgleichungen der mechanischen Wärmetheorie“. In: Annalen der Physik. Jg. 125 (1865), S. 353-400.

Colapinto, John: Der Junge, der als Mädchen aufwuchs. Düsseldorf 2000.

Costas, Ilse: „Der Kampf um das Frauenstudium im internationalen Vergleich“. In: Anne Schlüter (Hrsg.) Pionierinnen, Feministinnen, Karrierefrauen? Zur Geschichte des Frauenstudiums in Deutschland. Pfaffenweiler 1992, S.115-144.

Darmann, Ingrid; Mayer, Christine; Wittneben, Karin: „Krankenpflege als bürgerlicher Frauenberuf“. In: Elisabeth Seidl und Ilsemarie Walter (Hrsg.) Rückblick für die Zukunft. Beiträge zur historischen Pflegeforschung. Wien, München, Bern 1998, S. 70-97.

Darwin, Charles: On the Origin of Species by Means of Natural selection, or the Preservation of Favoured Races in the Struggle for Life. Cambridge und London 1964 [1859].

Darwin, Charles: The Descent of Man, and Selection in Relation to Sex. 2 Bde. Princeton 1981 [1871].

Daston, Lorraine J. und Galison, Peter: „The Image of Objectivity”. In: Representations. Nr. 40 (1992), S. 81-128.

Daston, Lorraine J.: „The Moral Economy of Science“. In: Osiris. Jg. 10 (1995), S. 3-24.

Daston, Lorraine J.: „Wordless Objectivity“. In: Peter Becker und William Clark (Hrsg.): Little Tools of Knowledge: Historical Essays on Academic and Bureaucratic Practices. Ann Arbor 2000.

Daston, Lorraine J.: „Objectivity and the Escape from Perspective“. In: Social Studies of Science. Nr. 22 (1992), S. 597-618.

Daston, Lorraine J: „Weibliche Intelligenz: Geschichte einer Idee“. In: W. Lepenies (Hrsg.): Jahrbuch des Wissenschaftskollegs zu Berlin. Berlin 1989, S. 213-229.

Dohm, Hedwig: Die wissenschaftliche Emanzipation der Frau. Berlin 1874.

Dreas, Susanne A.: Förderung von Frauen nach dem HSP III. Bericht zur Auswertung der Förderphase 1997-2000. Hochschule für Wirtschaft und Politik Hamburg (Hrsg.) Hamburg 2001.

Dreger, Alice Domurat: Hermaphrodites and the Medical Invention of Sex. Cambridge 1998.

Duden, Barbara: „Die Frau ohne Unterleib. Zu Judith Butlers Entkörperung“. In: Feministische Studien. Jg. 11, Nr. 2 (1993), S. 24-33.

Duden, Barbara: Geschichte unter der Haut: Ein Eisenacher Arzt und seine Patientinnen um 1730. Stuttgart 1987.

Duncan, David: Life and Letters of Herbert Spencer. 2 Bde. 1908.

Ebeling, Kirsten Smilla: Die Fortpflanzung der Geschlechterverhältnisse. Das metaphorische Feld der Parthenogenese in der Evolutionsbiologie. Mössingen-Talheim 2002.

Ebrecht, Angelika: „Weiblichkeit als kulturelle Pathologie. Kulturkritik, Pathologie und Geschlecht in Theorie der Jahrhundertwende". In: Feministische Studien. Nr. 2 (1996), S. 110-121.

Elberskirchen, Johanna: Feminismus und Wissenschaft. Leipzig-Reudnitz 1903.

Elkana, Yehuda: The Discovery of the Conservation of Energy. London 1974.

Erb, Wilhelm: Über die wachsende Nervosität unserer Zeit. Heidelberg 1893.

Erdmann Regina I. und Schlegel, Monika: Frauenfördernde Maßnahmen der Hochschulsonderprogramme II und III. Ein Evaluationsbericht für Niedersachsen. Niedersächsisches Ministerium für Wissenschaft und Kultur (Hrsg.) Hannover 2000.

Erlemann, Christiane: „Was ist feministische Architektur?". In: Arch+. Nr. 60 (1981), S. 43-45.

Erlemann, Christiane: „Ich trauer meinem Ingenieurdasein nicht mehr nach". Warum Ingenieurinnen den Beruf wechseln – eine qualitative empirische Studie. Bielefeld 2002.

Farey, John: A Treatise on the Steam Engine. Historical, Practical, and Descriptive. London 1827.

Fausto-Sterling, Anne: „Gender, Race, and Nation: The Comparative Anatomy of ‚Hottentot' Women in Europe, 1815-1817". In: J. Terry und J. Urla (Hrsg.): Deviant Bodies. Bloomington and Indianapolis 1995, S. 19-48.

Fausto-Sterling, Anne: "Life in the XY Corral". In: Women's Studies International Forum. Jg. 12, Nr. 3 (1989).

Fausto-Sterling, Anne: „The Five Sexes: Why Male and Female Are Not Enough". In: The Sciences. März/April (1993), S. 20-24.

Fausto-Sterling, Anne: Myths of Gender. Biological Theories about Women and Men. New York 1985.

Fausto-Sterling, Anne: Sexing the Body: Gender Politics and the Construction of Sexuality. New York 2000.

Fee, Elizabeth: „Science and the Woman Problem: Historical Perspectives". In: Michael S. Teitelbaum (Hrsg.): Sex Differences: Social and Biological Perspectives. New York 1976, S. 175-223.

Fee, Elizabeth: „Nineteenth-Century Craniology: The Study of the Female Scull". In: Bulletin of the History of Medicine. Jg. 53 (1979), S. 415-433.

Fee, Elizabeth: „Women's Nature and Scientific Objectivity". In: Marion Lowe und Ruth Hubbard (Hrsg.): Woman's Nature: Rationalizations of Inequality. New York 1981.

Felt, Ulrike; Nowotny, Helga; Taschwer, Klaus: Wissenschaftsforschung – eine Einführung. Frankfurt a. M. und New York 1995.

Ferdinand, Ursula: Das Malthusische Erbe: Entwicklungsstränge der Bevölkerungstheorie im 19. Jahrhundert und deren Einfluss auf die radikale Frauenbewegung in Deutschland. Münster 1999.

Feyerabend, Paul: Wider den Methodenzwang: Skizze einer anarchistischen Erkenntnistheorie. Frankfurt a. M. 1976.

Fleck, Ludwik: Die Entstehung und Entwicklung einer wissenschaftlichen Tatsache. 2. Aufl. Frankfurt a. M. 1980 [1935].

Floyd, Christiane; Heinsohn, Dorit; Klein-Franke, Silvie: „Information als soziale Ressource". In: Aylâ Neusel (Hrsg.): Die eigene Universität. Internationale Frauenuniversität ‚Technik und Kultur'. Opladen 2000, S. 111-125.

Foucault, Michel: Archäologie des Wissens. 7. Aufl. Frankfurt a. M. 1995 [franz. Orig. 1969].

Foucault, Michel: Die Ordnung des Diskurses. Frankfurt a. M. 1991 [franz. Orig. 1972].

Foucault, Michel: Sexualität und Wahrheit Bd.1: Der Wille zum Wissen. 9. Aufl. Frankfurt a. M. 1997.

Friedmann, Susan: „(Inter)Disciplinarity and the Question of the Women's Studies Ph.D. ". In: Feminist Studies. Jg. 24, Nr. 2 (1998).

Friedrich, Birgit: „Publizistinnen und Publizisten aus Österreich im argentinischen Exil". In: Mitteilungen des Instituts für Wissenschaft und Kunst. Jg. 44, Nr. 3 (1989), S. 7-17.

Frougny, Christiane und Peiffer, Jeanne: „Der mathematische Formalismus – eine Maschine, die Wahres aussondert". In: Feministische Studien. Jg. 4, Nr. 1 (1985), S. 61-77.

Geddes, Patrick und Thomson, Arthur John: The Evolution of Sex. London 1889.

Gerhard, Ute: Unerhört. Die Geschichte der deutschen Frauenbewegung. Hamburg 1990.

Gibson, Mary: „On the Insensitivity of Women: Science and the Woman Question in Liberal Italy, 1890-1910". In: Journal of Women's History. Jg. 2, Nr. 2 (1990), S. 11-41.

Gillispie, Charles: The Edge of Objectivity. An Essay in the History of Scientific Ideas. Princeton 1960.

Giroud, Francoise: „Die Menschheit braucht auch Träumer": Marie Curie. München 1999 [franz. Orig. 1981].

Goldschmidt, Henriette: Denkschrift. Vom Kindergarten zur Hochschule für Frauen, Rückschau auf vier Jahrzehnte 1871-1911. Leipzig 1911.

Görs, Britta: „Zur Entwicklung eines neuen beruflichen Tätigkeitsfeldes in der Chemie zu Beginn des 20. Jahrhunderts. Die Chemisch-Technische Assistenz". In: Theresa Wobbe (Hrsg.): Frauen in Akademie und Wissenschaft. Arbeitsorte und Forschungspraktiken 1700–2000. Berlin 2001.

Götschel, Helene: Naturwissenschaftlerinnen und Technikerinnen in Bewegung. Zur Geschichte des Kongresses von Frauen in Naturwissenschaft und Technik 1977 bis 1989. Mössingen-Talheim 2001.

Gould, Stephen Jay: The Mismeasure of Man. 2. Aufl. New York 1996.

Haas, A. E.: Die Entwicklungsgeschichte von der Erhaltung der Kraft. Wien 1909.

Hagner, Michael: „Monstrositäten in gelehrten Räumen." In: Alexander Polzin und Sander Gilman (Hrsg.): Abgetrieben. Göttingen 1897, S. 11-30.

Hammonds, Evelynn: Race, Sex, and AIDS: The construction of the ‚other' ". In: Radical America. Jg. 20, Nr. 6 (1986), S. 28-38.

Haraway, Donna J.: Modest_Wittness@Second_Millenium .FemaleMan©_Meets_OncoMouse™. Feminism and Technoscience. New York und London 1997.

Haraway, Donna: „Never Modern, Never Been, Never Ever: Some Thoughts about Never-Never Land in Science Studies". Kommentar zu Latour, Bruno: We have Never Been Modern. Cambridge 1993 auf der Konferenz der Society for Social Studies of Science im October 1994 in New Orleans, USA. Unveröffentlichtes Manuskript.

Haraway, Donna: Primate Visions. Gender, Race, and Nature in the World of Modern Science. New York und London 1989.

Haraway, Donna: Simians, Cyborgs, and Women: The Reinvention of Nature. New York 1991.

Harding, Sandra und Hintikka, Merril (Hrsg.): Discovering Reality. Feminist Perspectives on Epistemology, Metaphysics, Methodology, and the Philosophy of Science. Dordrecht 1983.

Harding, Sandra: „After the Neutrality Ideal: Science Politics, and ‚Strong Objectivity' ". In: Social Research. Jg. 59 (1992) S. 567-587.

Harding, Sandra (Hrsg.): Is Science Multicultural? Postcolonialisms, Feminisms, and Epistemologies. Bloomington und Indianapolis 1998.

Harding, Sandra: „Rethinking Standpoint Epistemology: What is ‚Strong Objectivity'? In: Linda Alcoff und Elizabeth Potter (Hrsg.): Feminist Epistemologies. New York 1993, S. 49-82.

Harding, Sandra (Hrsg.): The 'Racial' Economy of Science. Toward a Democratic Future. Bloomington und Indianapolis 1993.

Harding, Sandra: Das Geschlecht des Wissens. Frauen denken die Wissenschaft neu. Frankfurt, New York 1994 [am. Orig. 1991].

Hardsock, Nancy: Money, Sex, and Power. Toward a Feminist Historical Materialism. Boston 1983.

Hark, Sabine: „Diszipliniertes Geschlecht. Konturen von Disziplinarität in der Frauen- und Geschlechterforschung". In: Die Philosophin. Nr. 23 (2001).

Hartmann, Eduard von: Moderne Probleme. Leipzig 1886.

Haste, Helen: The Sexual Metaphor. Men, Women, and the Thinking that Makes the Difference. Cambridge 1994.

Hausen, Karin: „Die Polarisierung der Geschlechtscharaktere' – Eine Spiegelung der Dissoziation von Erwerbs- und Familienleben". In: Werner Conze (Hrsg.): Eine Sozialgeschichte der Familie in der Neuzeit Europas, Stuttgart 1977, S. 363-393.

Hausen, Karin: „Warum Männer Frauen zur Wissenschaft nicht zulassen wollten". In: Dies. und Helga Nowotny (Hrsg.): Wie männlich ist die Wissenschaft? Frankfurt a. M. 1986, S. 31-40.

Hayles, Katharine: „Gender Encoding in Fluid Mechanics: Masculine Channels and Feminine Flows". In: Differences. Jg. 4, Sommer (1992), S. 16-44.

Heering, Peter (Hrsg.): Welt erforschen – Welten konstruieren. Physikalische Experimentierkultur vom 16. bis zum 19. Jahrhundert. Oldenburg 1998.

Heinsohn, Dorit: „Feministische Naturwissenschaftskritik. Eine Einführung". In: Barbara Petersen und Bärbel Mauß (Hrsg.): Feministische Naturwissenschaftsforschung. Science und Fiction. Mössingen-Talheim 1998, S. 14-32.

Heinsohn, Dorit: „Grenzgängerinnen – Auf der Suche nach Methoden für die feministische Kritik an den Inhalten der Physik und Chemie". In: Koryphäe. Nr. 21 (1997), S. 18-22.

Heintz, Bettina und Honegger, Claudia: „Zum Strukturwandel weiblicher Widerstandsformen" In: Dies. (Hrsg.): Listen der Ohnmacht: zur Sozialgeschichte weiblicher Widerstandsformen. Frankfurt a. M. 1981, S. 7-68.

Heintz, Bettina: „Wissenschaft im Kontext. Neuere Tendenzen der Wissenschaftssoziologie". In: Kölner Zeitschrift für Soziologie und Sozialpsychologie. Jg. 45, Nr. 3 (1993), S. 528-552.

Helmholtz, Hermann von: „On the Application of the Law of the Conservation of Force to Organic Nature". In: Wissenschaftliche Abhandlungen. 3 Bde. Leipzig (1882-1895). Bd. 3. Leipzig 1895, S. 565-580.

Helmholtz, Hermann von: „Über die Erhaltung der Kraft" [1847]. Ostwalds Klassiker der Exakten Wissenschaften. Bd. 1 Leipzig 1889.

Helmholtz, Hermann von: „Über die Wechselwirkung der Naturkräfte und die darauf bezüglichen neuesten Ermittelungen der Physik" [1854]. In: Ders.: Natur und Naturwissenschaft. München 1925, S. 33-70.

Helmholtz, Hermann von: „Ueber die Methoden, kleinste Zeittheile zu messen, und ihre Anwendung für physiologische Zwecke" [1850]. In: Ders.: Wissenschaftliche Abhandlungen. 3 Bde. Leipzig (1882-1895). Bd. 2 (1883), S. 862-880.

Helmholtz, Hermann von: Vorträge und Reden. 2 Bde. 4. Aufl. Braunschweig 1896.

Hertwig, Oscar: „Die Entwicklung der Biologie im 19. Jahrhundert". In: Verhandlungen der Gesellschaft Deutscher Naturforscher und Ärzte. Jg. 72, 1. Teil: Vorträge in den allgemeinen Sitzungen. Leipzig 1901, S. 41-58.

Hertwig, Oscar: Lehrbuch der Entwicklungsgeschichte des Menschen und der Wirbeltiere. 7. Aufl. Jena 1902.

Hesse, Mary: Models and Analogies in Science. 2. Aufl. Notre Dame 1970.

Heublein, Ulrich et al.: Studienabbruchstudie 2002. Die Studienabbrecherquoten in den Fächergruppen und Studienbereichen der Universitäten und Fachhochschulen. Hannover 2002

Höhler, Sabine, Luftfahrtforschung und Luftfahrtmythos. Wissenschaftliche Ballonfahrt in Deutschland, 1880-1910, Frankfurt, Campus 2001.

Honegger, Claudia: Die Ordnung der Geschlechter. Die Wissenschaften vom Menschen und das Weib, 1750-1850. Frankfurt a. M. 1991.

Hubbard, Ruth: The Politics of Women's Biology. New Brunswick 1990.

Hubbard, Ruth; Henefin, Mary Sue; Fried, Barbara (Hrsg.): Biological Woman – The Convenient Myth. Cambridge 1982.

Jahn, Ilse (Hrsg.): Geschichte der Biologie. 3. Aufl. Heidelberg und Berlin 2000.

Jordanova, Ludmilla: Sexual Visions. Images of Gender in Science and Medicine between the Eighteenth and Twentieth Centuries. Madison 1989.

Joule, James P.: „On the Caloric Effects of Magneto-Electricity, and Mechanical Value of Heat". In: Philosophical Magazine. Jg. 43 (1843).

Katharina Rowold (Hrsg.) Gender and Science: 19th-Century Debates on the Female Mind and Body. Bristol 1996.

Keller, Evelyn Fox: A Feeling for the Organism. The Life and Work of Barbara McClintock. New York 1983.

Keller, Evelyn Fox und Longino, Helen (Hrsg.): Feminism and Science. Oxford und New York 1996.

Keller, Evelyn Fox: „Der Organismus: Verschwinden, Wiederentdeckung und Transformation einer biologischen Kategorie" In: Elvira Scheich (Hrsg.): Vermittelte Weiblichkeit. Feministische Wissenschafts- und Gesellschaftstheorie. Hamburg 1996, S. 313-334.

Keller, Evelyn Fox: „Feminism and Science". In: Signs. Jg. 7, Nr. 3 (1982), S. 589-602.

Keller, Evelyn Fox: „Origin, History, and Politics of the Subject Called Gender and Science' – A first Person Account". In: Sheila Jasanoff [et al.] (Hrsg.): Handbook of Science and Technology Studies. Thousand Oaks 1995, S. 80-94.

Keller, Evelyn Fox: „Women in Science: A Social Analysis". In: Harvard Magazine. Oktober (1974), S. 14-19.

Keller, Evelyn Fox: Liebe, Macht und Erkenntnis. Männliche oder weibliche Wissenschaft? München, Wien 1986.

Keller, Evelyn Fox: Refiguring Life. Metaphors of Twentieth-Century Biology. New York 1995.

Keller, Evelyn Fox: Sectrets of Life – Secrets of Death. Essays on Language, Gender, and Science. New York und London 1992.

Keller, Evelyn Fox: The Century of the Gene. Cambridge 2000.

Keller, Reiner; Hirseland, Andreas; Schneider, Werner; Viehöver, Willy (Hrsg.): Handbuch Sozialwissenschaftliche Diskursanalyse. Bd. 1. Opladen 2001.

Kirchhoff, Arthur (Hrsg.): Die akademische Frau. Gutachten hervorragender Universitätsprofessoren, Frauenlehrer und Schriftsteller über die Befähigung der Frau zum wissenschaftlichen Studium und Berufe, Berlin 1897.

Kirsten, Christa [et al.] (Hrsg.): Dokumente einer Freundschaft. Briefwechsel zwischen Hermann von Helmholtz und Emil du Bois-Reymond, 1846-1894. Berlin 1986.

Kitch, Sally und Allen, Judith: „Disciplined by Disciplines?: The Need for an *Interdisciplinary* Research Mission for Women's Studies". In: Feminist Studies. Jg. 24, Nr. 2 (1998).

Knie, Andreas: „Versiegelter Zeitgeist: Hauptsätze der Thermodynamik mit überschrittenem Verfallsdatum?" In: Wechselwirkung. Nr. 54 (1992) S. 13-17.

Koerner, Lisbet: „Goethe's Botany. Lessons from a Feminine Science". In: Isis. Jg. 84 (1993), S. 470-495.

Korotin, Ilse: „Oda Olberg-Lerda (1872-1955)". In: Mitteilungen des Instituts für Wissenschaft und Kunst. Jg. 50, Nr. 3 (1995), S. 37-44.

Kremer, Richard L. (Hrsg.): Letters of Hermann von Helmholtz To His Wife (1847-1859). Stuttgart 1990a.

Kremer, Richard L.: The Thermodynamics of Life and Experimental Physiology. New York und London 1990b.

Kuhn, Thomas S.: „Energy Conservation as an Example of Simultaneous Discovery". In: Ders.: The Essential Tension. Selected Studies in Scientific Tradition and Change. Chicago und London 1977 [1959], S. 66-104.

Kuhn, Thomas: The Structure of Scientific Revolutions. 3. Aufl. Chicago 1996 [1962].

Laidler, Keith James: The World of Physical Chemistry. New York 1993.

Lakoff, George und Johnson, Mark: Metaphors we live by. Chicago 1980.

Lamarck, Jean Baptiste de: Philosophie Zoologique, ou Exposition des Considerations Relative à l'Histoire Naturelle des Animaux. Paris 1809.

Lange, Helene: „Die höhere Mädchenbildung und ihre Bestimmung". In: Dies.: Kampfzeiten. Bd. 1. Berlin 1928.

Laqueur, Thomas: Making Sex. Body and Gender from the Greeks to Freud. Cambridge und London 1990.

Latour, Bruno: Science in Action. Cambridge 1987.

Latour, Bruno: The Pasteurization of France. Cambridge und London 1988 [franz. Orig. 1984].

Latour, Bruno: We have never been modern. Cambridge 1993 [franz. Orig. 1991].

Lenoir, Timothy: The Strategy of Life: Teleology and Mechanics in Nineteenth Century German Biology. Dordrecht 1982.

Lepenies, Wolf: Die drei Kulturen. Soziologie zwischen Literatur und Wissenschaft. Reinbek bei Hamburg 1988.

Levèvre, Wolfgang. „Jean Baptiste Lamarck (1744-1829)" Max-Planck-Institut für Wissenschaftsgeschichte, Preprint Nr. 61, Berlin 1997.

Lewontin, Richard: „The Apportionment of Genetic Diversity". In: Evolutionary Biology. Jg. 6 (1972), S. 381-389.

Lindemann, Gesa: „Generativität und Geschlecht. Ein blinder Fleck in der sex/gender Debatte". In: Theresa Wobbe (Hrsg.): Denkachsen. Zur theoretischen und institutionellen Rede von Geschlecht. Frankfurt a. M. 1994, S. 147-176.

Lindemann, Gesa: „Wider die Verdrängung des Leibes aus der Geschlechtskonstruktion". In: Feministische Studien. Jg. 11, Nr. 2 (1993), S. 44-54.

Link, Jürgen: „Literaturanalyse als Interdiskursanalyse. Am Beispiel des Ursprungs literarischer Symbolik in der Kollektivsymbolik". In: Jürgen Fohrmann und Harro Müller (Hrsg.): Diskurstheorien und Literaturwissenschaft. Frankfurt a. M. 1988, S. 284-307.

Link, Jürgen: „Über ein Modell synchroner Systeme von Kollektivsymbolen sowie seine Rolle bei der Diskurs-Konstitution". In: Ders. und Wulf Wülfing (Hrsg.): Bewegung und Stillstand in Metaphern: Fallstudien zum Verhältnis von elementarem Wissen und Literatur im 19. Jahrhundert. Stuttgart 1984, S. 63-92.

Link, Jürgen: Versuch über den Normalismus. Wie Normalität produziert wird. Opladen 1996.

Livingstone, Frank B.: „On the Nonexistence of Human Races". In: Sandra Harding (Hrsg.): The 'Racial' Economy of Science. Toward a Democratic Future. Bloomington und Indianapolis 1993, S. 133-141.

Longino, Helen: „Knowledge, Bodies, and Values: Reproductive Technologies and their Scientific Context". In: Inquiry. Nr. 35 (1992), S. 232-340.

Longino, Helen: Science as Social Knowledge: Values and Objectivity in Scientific Inquiry. Princeton 1990.

Maasen, Sabine und Weingart, Peter: Metaphors and the Dynamics of Knowledge. New York und London 2000.

Malthus, Thomas Robert: An Essay on the Principle of Population. Cambridge 1992 [1798].

Maurer, Margarete: Feministische Kritik an Naturwissenschaft und Technik – Eine Einführung. Interdisziplinäres Zentrum für Hochschuldidaktik der Universität Hamburg (Hrsg.). Hamburg 1989.

Mayer, Christine: „ ,... und daß die staatsbürgerliche Erziehung des Mädchens mit der Erziehung zum Weibe zusammenfällt'. Kerschensteiners Konzept einer Mädchenerziehung". In: Zeitschrift für Pädagogik 38. Jg. Nr. 5 (1992), S. 771-791.

Mayer, Christine: „Zur Kategorie ‚Beruf' in der Bildungsgeschichte von Frauen im 18. und 19. Jahrhundert". In: Elke Kleinau (Hrsg.): Frauen in pädagogischen Berufen, Bd. 1: Auf dem Weg zur Professionalisierung, Bad Heilbrunn 1996, S. 14-38.

Mayer, Julius Robert: „Bemerkungen über die Kräfte der unbelebten Natur". In: Annalen der Chemie und Pharmacie. Nr. 42 (1842), S. 233-240.

Mayer, Julius Robert: Kleinere Schriften und Briefe nebst Mittheilungen aus seinem Leben. Hrsg. von Jacob J. Weyrauch. Stuttgart 1893.

Mayreder, Rosa: Zur Kritik der Weiblichkeit. Jena und Leipzig. 3. Aufl. 1910 [1905].

McGrayne, Sharon Bertsch: Nobel Prize Women in Science: Their Lives, Struggles, and Momentous Discoveries. 2. Aufl. Washington 2001.

Mehrtens, Herbert: „‚Unser geistiger Homosexualismus ist auch eine Verirrung!' Geschlecht als Thema der Naturwissenschaftsgeschichte". In: Christoph Meinel und Monika Renneberg (Hrsg.): Geschlechterverhältnisse in Medizin, Naturwissenschaft und Technik. Bassum und Stuttgart 1996, S. 43-54.

Mehrtens, Herbert: Moderne Sprache Mathematik. Eine Geschichte des Streits um die Grundlagen der Disziplin und des Subjekts formaler Systeme. Frankfurt a. M. 1990.

Merchant, Carolyn: Der Tod der Natur. Ökologie, Frauen und neuzeitliche Naturwissenschaft. München. 2. Aufl. 1994 [am. Orig. 1980].

Metz-Göckel, Sigrid (Hrsg.): Lehren und Lernen an der Internationalen Frauenuniversität. Ergebnisse einer wissenschaftlichen Begleituntersuchung. Opladen 2002.

Metz-Göckel, Sigrid; Steck, Felicitas (Hrsg.): Frauenuniversitäten. Initiativen und Reformprojekte im internationalen Vergleich. Opladen 1997.

Milne-Edwards, Henri: Eléments de zoologie ou leçons sur l'anatomie, la physiologie, la classification de moeurs des animaux. Paris 1834.

Milne-Edwards, Henri: Introduction à la zoologie générale ou considérations sur les tendances de la nature dans la constitution du règne animal. Paris 1851.

Mitcham, Carl: „Interdisziplinäre Technikforschung und Programme fachübergreifender Studien der Wissenschaft, Technik und Gesellschaft". In: Fricke, Else (Hrsg.): Interdisziplinäre Technikforschung und Ingenieurausbildung. Bonn 1992, S. 87-111.

Möbius, Paul Julius: Über den physiologischen Schwachsinn des Weibes. 8. Aufl. Halle a.d.S. 1907 [1900].

Mombert, Paul: Studien zur Bevölkerungsbewegung in Deutschland. Karlsruhe 1907.

Nägele, Barbara: Von ‚Mädchen' und ‚Kollegen'. Zum Geschlechterverhältnis am Fachbereich Chemie. Mössingen-Talheim 1998.

Nelson, Lynn Hankinson: Who Knows: From Quine to a Feminist Empiricism. Philadelphia 1990.

Newman, Louise Michele: Men's Ideas / Women's Realities: Popular Science, 1870-1915. New York 1985.

Niedersächsisches Ministerium für Wissenschaft und Kultur (Hrsg.): Frauenförderung ist Hochschulreform – Frauenforschung ist Wissenschaftskritik. Bericht der niedersächsischen Kommission zur Förderung von Frauenforschung und zur Förderung von Frauen in Lehre und Forschung. Hannover 1994.

Oellers, Norbert: „Die Bonner Schriftstellerin Johanna Elberskirchen – von der Zeit verschluckt?". In: Manfred Rey und Norbert Schloßmacher (Hrsg.): Bonn und das Rheinland. Beiträge zur Geschichte und Kultur einer Region. Bonn 1992, S. 527-544.

Olberg, Oda: Das Weib und der Intellectualismus. Berlin und Bern 1902.

Orland, Barbara und Rössler, Mechtild: „Women in Science – Gender and Science. Ansätze feministischer Naturwissenschaftskritik im Überblick". In: Barbara Orland und Elvira Scheich (Hrsg.): Das Geschlecht der Natur: Feministische Beiträge zur Geschichte und Theorie der Naturwissenschaften. Frankfurt a. M. 1995.

Osietzki, Maria: „Energie und Entropie – Überlegungen zur Konstruktion der Geschlechter". In: Christoph Meinel und Monika Renneberg (Hrsg.): Geschlechterverhältnisse in Medizin, Naturwissenschaft und Technik. Bassum und Stuttgart 1996, S. 182-198.

Osietzki, Maria: „Vom Perpetuum Mobile zur Energietechnik. Leibliche ‚Beharrlichkeiten' in männlichen Phantasmen". In: Metis. Nr. 1 (1995), S. 18-28.

Ostwald, Wilhelm: „Dekadenz". In: Ders.: Der Energetische Imperativ, Leipzig 1912, S. 147-152.

Ostwald, Wilhelm: „Die Frauen und die Wissenschaft". In: Berliner Neueste Nachrichten, Unterhaltungsbeilage. Jg. 29, Nr. 674, 21. Dezember 1909a, S. 23.

Ostwald, Wilhelm: „Maschinen und Lebewesen“ [1910]. In: Ders.: Der Energetische Imperativ. Leipzig 1912, S. 130-135.

Ostwald, Wilhelm: „Persönlichkeitsforschung“. In: Vererbung und Geschlechtsleben Jg. 2, Nr. 4 (1929), S. 193-201.

Ostwald, Wilhelm: Die Forderung des Tages. 2. Aufl. Leipzig 1911.

Ostwald, Wilhelm: Die Philosophie der Werte. Leipzig 1913.

Ostwald, Wilhelm: Energetische Grundlagen der Kulturwissenschaft. Leipzig 1909b.

Palm, Kerstin: „Die Transdisziplinärin – Grenzüberschreiterin und Ausgegrenzte“. Dokumentation des 26. Kongresses von Frauen in Naturwissenschaft und Technik. Darmstadt 2001, S. 135-144.

Paxton, Nancy: George Eliot and Herbert Spencer: Feminism, Evolutionism and the Reconsstruction of Gender. Oxford 1991.

Perry, Ruth [et al.]: „Inventing a Feminist Institution in Boston: An Informal History of the Graduate Consortium in Women's Studies at Radcliffe College“. In: National Women's Studies Association Journal. Jg. 8, Nr. 2 (1996), S. 60-83.

Planert, Ute: Antifeminismus im Kaiserreich. Diskurs, soziale Formation und politische Mentalität. Göttingen 1998.

Potter, Elizabeth: Gender and Boyle's Law of Gases. Bloomington und Indianapolis 2001.

Potter, Elizabeth: „Modeling the Gender Politics in Science“. In: Nancy Tuana (Hrsg.): Feminism & Science. Bloomington und Indianapolis 1989, S. 132-146.

Pukies, Jens: „Energie – Was ist das?“ In: Wechselwirkung. Jg. 2, Nr. 4 (1980), S. 35-38.

Pusch, Luise F. und Gretter, Susanne: Berühmte Frauen. 2 Bde. Frankfurt a. M. 1999 und 2001.

Raab, Heike: Foucault und der feministische Poststrukturalismus. Dortmund 1998.

Radkau, Joachim: „Die Männer als schwaches Geschlecht. Die wilhelminische Nervosität, die Politisierung der Therapie und der mißglückte Geschlechterrollentausch“. In: Thomas Kornbichler und Wolfgang Maaz (Hrsg.): Variationen der Liebe. Historische Psychologie der Geschlechterbeziehung. Tübingen 1995, S. 249-293.

Radkau, Joachim: Das Zeitalter der Nervosität. Deutschland zwischen Bismarck und Hitler. München 2000.

Radkau, Joachim: „Die wilhelminische Ära als nervöses Zeitalter, oder: Die Nerven als Netz zwischen Tempo- und Körpergeschichte“. In: Geschichte und Gesellschaft Jg. 20 (1994), S. 211-241.

Ranke-Greves, Robert von: Griechische Mythologie. Quellen und Deutung. 13. Aufl. Hamburg 2000 [engl. Orig. 1955].

Reimers, Tekla: Die Natur des Geschlechterverhältnisses: biologische Grundlagen und soziale Folgen sexueller Unterschiede. Frankfurt a. M. 1994.

Reiter, Birgit Michel: „'It's easier to make a hole than to build a pole' – Genitale Korrekturen an intersexuellen Menschen“. In: Koryphäe. Nr. 21 (1997), S. 47-51.

Reiter, Birgit Michel: „Kindergynäkologie und Pädiatrie: Geschlechter- und Körperkonstrukteure. Ein Vortrag über die Vernichtung intersexueller Menschen“. In: 23. Kongress von Frauen in Naturwissenschaft und Technik. Dokumentation, Darmstadt (1997), S. 381-385.

Roelcke, Volker: Krankheit und Kulturkritik. Psychiatrische Gesellschaftsdeutungen im bürgerlichen Zeitalter (1790-1914). Frankfurt a. M. 1999.

Roloff, Christine: „Chemikerinnen. Zur Bildungs- und Berufsfrage in der Chemie“. In: Anne Schlüter (Hrsg.): Pionierinnen, Feministinnen, Karrierefrauen? Zur Geschichte des Frauenstudiums in Deutschland. Pfaffenweiler 1992, S. 201-215.

Roloff, Christine: Von der Schmiegsamkeit zur Einmischung. Professionalisierung der Chemikerinnen und Informatikerinnen. Pfaffenweiler 1989.

Rossiter, Margaret: „Chemical Librarianship: A Kind of 'Women's Work' in America“. In: Ambix. Jg. 43, Nr. 1 (1996), S. 46-58.

Rossiter, Margaret: Women Scientists in America. Bd. 1: Struggles and Strategies to 1940. Baltimore 1982. Bd. 2: Before Affirmative Action 1940-1972. Baltimore 1995.

Rouse, Joseph: „Feminism and the Social Construction of Scientific Knowledge“. In: Lynn Hankinson Nelson und Jack Nelson (Hrsg.): Feminism, Science, and the Philosophy of Science. Dordrecht 1996, S. 195-215.

Rousseau, Jean-Jacques: Emil oder Über die Erziehung. 13. Aufl. Paderborn und München 1998 [1762].

Rubner, Max: „Kraft und Stoff im Haushalt des Lebens“. In: Verhandlungen der Gesellschaft Deutscher Naturforscher und Ärzte. Jg. 80, 1. Teil: Vorträge in den allgemeinen Sitzungen. Leipzig 1909, S. 54-78.

Rübsamen, Rosemarie (alias Kirschstein, Karin): „Patriarchat – der (un-)heimliche Inhalt der Naturwissenschaft und Technik“. In: Wechselwirkung. Jg. 2, Nr. 8 (1981), S. 28-32.

Rübsamen, Rosemarie: „Feministische Forschung in der Physik? Probleme und Perspektiven“. In: L. Blattmann [et al.] (Hrsg.): Feministische Perspektiven in der Wissenschaft. Zürich 1993, S. 151-168.

Rübsamen, Rosemarie: „Physik für die Medizin – Ein Lehrbuchprojekt mit feministischer Zielsetzung“. In: Verein Feministische Wissenschaft Schweiz und FrauenForum Naturwissenschaften (Hrsg.): Im Widerstreit mit der Objektivität – Frauen in den Naturwissenschaften. Zürich 1991, S. 101-110.

Runge, Max: Das Weib in seiner geschlechtlichen Eigenart. 3. Aufl. Berlin 1898 [1896].

Russett, Cynthia Eagle: Sexual Science. The Victorian Construction of Womanhood. Cambridge und London 1989.

Saupe, Angelika: Verlebendigung der Technik. Perspektiven im feministischen Technikdiskurs. Bielefeld 2002.

Say, Jean-Baptiste: Traité d'économie politique ou simple exposition de la manière dont se forment, se distribuent et se consomment les richesses. 2. Aufl. Paris 1814.

Scheibe, Wolfgang: Die reformpädagogische Bewegung, 1900 – 1932. 10. Aufl. Weinheim 1994 [1969].

Scheich, Elvira: „Was hält die Welt in Schwung? Feministische Ergänzungen zur Geschichte der Impetustheorie". In: Feministische Studien. Nr. 1 (1985), S. 10-32.

Scheich, Elvira: Naturbeherrschung und Weiblichkeit. Denkformen und Phantasmen der modernen Naturwissenschaften. Pfaffenweiler 1989.

Schenk, Barbara: „Geschlechterverhältnis". In: Hans-Uwe Otto [et al.]: Datenreport Erziehungswissenschaft. Befunde und Materialien zur Lage und Entwicklung des Faches in der Bundesrepublik. Opladen 2000, S. 99-116.

Schiebinger, Londa: „The Anatomy of Difference: Race and Sex in the in the 18th Century Science''. In: Eighteenth Century Studies. Jg. 23, Nr. 4 (1990), S. 387-405.

Schiebinger, Londa: Has Feminism Changed Science? Cambridge und London 1999.

Schiebinger, Londa: Nature's Body. Gender in the Making of Modern Science. Boston 1993.

Schiebinger, Londa: The Mind Has No Sex?: Women in the Origins of Modern Science. Cambridge 1989.

Schilling, Dietmar: „Biographie und problemgeschichtliche Einleitung". In: Jean Baptiste Lamarck: Zoologische Philosophie. 3 Bde. Leipzig 1990-91.

Schirmacher, Käthe: „Das Frauenstudium in Deutschland". In: Die Frauenbewegung. Revue für die Interessen der Frauen. 6. Jg., Nr. 2 (1900), S. 10, Nr. 3 (1900), S. 19-20 und Nr. 5 (1900).

Schlüter, Anne: „‚Wenn zwei das Gleiche tun, ist das noch lange nicht dasselbe' – Diskriminierungen von Frauen in der Wissenschaft". In: Anne Schlüter und Annette Kuhn (Hrsg.): Lila Schwarzbuch. Zur Diskriminierung von Frauen in der Wissenschaft. Düsseldorf 1986, S. 10-23.

Schmersahl, Katrin: Medizin und Geschlecht. Zur Konstruktion der Kategorie Geschlecht im medizinischen Diskurs des 19. Jahrhunderts. Opladen 1998.

Schweber, Silvan S.: „Darwin and the Political Economists: Divergence of Character". In: Journal of the History of Biology. Jg. 13. Nr. 2 (1980), S. 195-289.

Schwitalski, Ellen: Lehrerinnen an Reformschulen – Die Odenwaldschule 1910-1934. Dissertation Universität Bielefeld 2002.

Shapin, Steven und Schaffer, Simon: Leviathan and the Air-Pump. Hobbes, Boyle and Experimental Life. Princeton 1985.

Shorter, Edward: Moderne Leiden. Zur Geschichte der psychosomatischen Krankheiten. Hamburg 1994.

Sibum, Otto: „Reworking the Mechanical Value of Heat: Instruments of Precision and Gestures of Accuracy in Early Victorian England". In: Studies in the History and Philosophy of Science. Jg. 26, Nr. 1 (1995), S. 73-106.

Sime, Ruth Lewin: Lise Meitner. A Life in Physics. Berkeley 1996.

Small, Meredith: Female Choices: Sexual Behavior of Female Primates. Ithaca 1993.

Smith, Adam: An Inquiry into the Nature and Cause of the Wealth of Nations. 2 Bde. Oxford 1976.

Smith, Crosbie: The Science of Energy. London 1998.

Snow, Charles Piercy: Two Cultures and the Scientific Revolution. 2. Aufl. Cambridge 1964.

Sohn-Rethel, Alfred: Geistige und körperliche Arbeit. Frankfurt a. M. 1973.

Sohn-Rethel, Alfred: Warenform und Denkform. Frankfurt a. M. 1978.

Spanier, Bonnie: Im/Partial Science. Gender Ideology in Molecular Biology. Bloomington und Indianapolis 1995.

Spencer, Herbert: „Psychology of the Sexes". In: Popuplar Science Monthly 4 (1873), S. 30-38.

Spencer, Herbert: System der synthetischen Philosophie. 9 Bde. 3. Bd : Die Principien der Biologie. 2 Bde. Stuttgart 1877.

Spencer, Herbert: „Physical Training". In: British Quarterly Review, April (1859), S. 362-397.

Spencer, Herbert: „A Theory of Population, Deduced from the General Law of Animal Fertility". In: Westminster Review 57 (1852), S. 468-501.

Spencer, Herbert: A System of Synthetic Philosophy. Bd. 3: The Principles of Biology. Bd. 2. London und Edinburgh 1867.

Spencer, Herbert: The Principles of Sociology. 3 Bde. New York 1901.

Statistisches Bundesamt (Hrsg.) Fachserie 11, Reihe 4.4, Personal an Hochschulen 1995-1999, Wiesbaden 1996-2000.

Stepan, Nancy: „Race and Gender: The Role of Analogy in Science". In: Sandra Harding (Hrsg.): The 'Racial' Economy of Science. Toward a Democratic Future. Bloomington und Indianapolis 1993 [1986], S. 359-376.

Taylor, Frederick Winslow: Die Grundsätze wissenschaftlicher Betriebsführung. München und Berlin 1913 [am. Orig. 1911].

Thomson, William (Lord Kelvin): „An account of Carnot's theory of the motive power of heat, with numerical results from Regnault's experiments on steam". In: Transactions of the Royal Society of Edinburgh. Jg. 16 (1849), S. 541-574.

Thönnessen, Werner: Frauenemanzipation: Politik und Literatur der deutschen Sozialdemokratie zur Frauenbewegung, 1863-1933. 2. Aufl. Frankfurt a. M. 1976.

Traweek, Sharon: Beamtimes and Lifetimes. The World of High Energy Physicists. Cambridge und London 1988.

Tuana, Nancy: The Less Noble Sex. Scientific, Religious, and Philosophical Conceptions of Woman's Nature. Bloomington und Indianapolis 1993.

Villa, Paula-Irene: Sexy Bodies. Eine soziologische Reise durch den Geschlechtskörper. 2. Aufl. Opladen 2001.

Vines, Gail: „Olympiade Geschlechtertest". In: Orgyn. Nr. 1 (1993), S. 23-25.

Wahrig-Schmidt, Bettina: Der Staat als Mensch-Maschine. Die Organismus-Staats-Wissenschaftsmetaphorik bei Thomas Hobbes. Med. Habil. Lübeck 1996.

Walzer, Anke: Käthe Schirmacher. Eine deutsche Frauenrechtlerin auf dem Wege vom Liberalismus zum konservativen Nationalismus. Pfaffenweiler 1991.

Wasserman, Elga Ruth: The Door in the Dream. Conversations with Eminent Women in Science. Washington 2000.

Welzel, Petra: „Olympias ‚schöne' Töchter". In: Freitag vom 15.09.2000, S. 38.

Wiesner, Heike: Die Inszenierung der Geschlechter in den Naturwissenschaften. Wissenschafts- und Genderforschung im Dialog. Frankfurt a. M. und New York 2002.

Wijngaard, Marianne van den: Reinventing the Sexes. The Biomedical Construction of Femininity and Masculinity. Bloomington 1997.

Wise, Norton M.: „Mediating Machines". In: Science in Context. Jg. 2, Nr. 1 (1988), S. 77-113.

Woesler de Panafieu, Christine: „Feministische Kritik am wissenschaftlichen Androzentrismus". In: Ursula Beer (Hrsg.): Klasse Geschlecht. Bielefeld 1989, S. 95-131.

Woesler de Panafieu, Christine: „Naturwissenschaftlerinnen: Einmischung statt Ausgrenzung – Einleitung". In: Feministische Studien. Nr. 1 (1985), S. 5-9.

Wuketis, Franz M.: Biologische Erkenntnis: Grundlagen und Probleme. Stuttgart 1983.

Wupper-Tewes, Hans: „Normung und Normalisierung in wissenschaftlicher Betriebsführung und betrieblicher Leistungspolitik". In: Werner Sohn und Herbert Mehrtens (Hrsg.): Normalität und Abweichung. Studien zur Theorie und Geschichte der Normalisierungsgesellschaft. Opladen 1999, S. 107-118.

Abbildungsverzeichnis

Abb. 6: *Dampfmaschine als ‚Mediating Machine'*

Aus: Wise, Norton: „Mediating Machines“. In: Science in Context. Jg. 2, Nr. 1 (1988), S. 77-113, Abb. 2.

Abb. 7: *Männliche Allegorie der Dampfkraft*

Aus: Canon, Hans: Dampfkraft, Vorstudie Öl, 41 x 55 cm, ca. 1865. Aus: Die BASF, 7. Jg., Heft 1 (1957), S. 33.

Abb. 8: *„Sechs Stadien zur Entwicklung der äusseren Geschlechtsorgane im männlichen und weiblichen Geschlecht“*

Aus: Hertwig, Oscar: Lehrbuch der Entwicklungsgeschichte des Menschen und der Wirbelthiere. 7. Aufl. Jena 1902, Abb. 430 und 431.

Geschichte und Geschlechter

Karen Nolte
Gelebte Hysterie
Erfahrung, Eigensinn und psychiatrische Diskurse im Anstaltsalltag um 1900
Band 42. 2003. 351 Seiten
ISBN 3-593-37379-3

Karin Gottschalk
Eigentum, Geschlecht, Gerechtigkeit
Haushalten und Erben im frühneuzeitlichen Leipzig
Band 41. 2003. 308 Seiten
ISBN 3-593-37272-X

Kristina Schulz
Der lange Atem der Provokation
Die Frauenbewegung in der Bundesrepublik und in Frankreich 1968–1976
Band 40. 2002. 276 Seiten
ISBN 3-593-37110-3

Dorion Weickmann
Der dressierte Leib
Kulturgeschichte des Balletts (1580–1870)
Band 39. 2002. 398 Seiten
ISBN 3-593-37111-1